数智聚能供应链

Digital Convergence Intelligent Supply Chain

张瞩熹 著

国防工业出版社

·北京·

内 容 简 介

数智化转型是供应链跨越式发展的新动能。供应链企事业单位,如何把握行业发展的时代大势？如何认清自身发展的阶段水平？如何解决转型变革的难点痛点？如何构建行业领先的架构体系？这些都是本书研究与回答的重要内容。

本书系统阐述了数智化时代供应链发展的理论指导、实施路线和方法指南,深入分析了数智化成熟度的评估模型,分阶提供了转型发展的策略选择,完整设计了数智聚能的架构体系,探讨研究了高新技术的应用案例,指导打造供应链数智化转型的最佳实践。

本书可为供应链领域的管理人士、研究人员及相关读者提供有益的借鉴参考。

图书在版编目(CIP)数据

数智聚能供应链/张瞩熹著.—北京:国防工业出版社,2024.5.—ISBN 978-7-118-13380-6

Ⅰ.F252.1-39

中国国家版本馆 CIP 数据核字第 2024T9B155 号

※

国防工业出版社出版发行
(北京市海淀区紫竹院南路23号　邮政编码100048)
雅迪云印(天津)科技有限公司印刷
新华书店经售

*

开本 710×1000　1/16　印张 17　字数 300 千字
2024 年 5 月第 1 版第 1 次印刷　印数 1—1400 册　定价 117.00 元

(本书如有印装错误,我社负责调换)

| 国防书店:(010)88540777 | 书店传真:(010)88540776 |
| 发行业务:(010)88540717 | 发行传真:(010)88540762 |

前　　言

　　春江浩荡暂徘徊，又踏层峰望眼开。步入新纪元，互联网、大数据、人工智能等新技术新应用蓬勃兴起、踏浪而来，我们正置身于一个前所未有的数智时代。供应链作为经济社会运行的重要纽带，在发挥基础支撑作用的同时，也面临着数智技术革命带来的发展机遇与全新挑战。本书面向综合性、行业性、集团性链主单位，深入剖析数字经济背景下各行业领域转型发展的现实状况，系统构建一套分步进阶的供应链成熟度评价模型，分析提出供应链数智化转型的策略建议。在此基础上，重点对数智聚能的供应链体系进行完整设计，力求为相关决策者、管理者、从业者提供实用全面的业务模型范式、体系架构参考和技术实现指南，助力链主单位打造供需一体、数智驱动、多能聚合、行业领先的新一代供应链生态体系。

　　数智聚能供应链，是指综合利用数字化技术和智能化手段，打造枢纽式聚合供应链体系架构，搭建决策指挥、管理调度、作业执行三层联动的供应链协同枢纽平台，基于平台集成业务、管理、技术等要素资源，贯通需求计划、招标采购、仓储管理、运输配送、结算回收等环节流程，聚合链主单位、保障对象、上下游企业、合作伙伴等生态主体，支撑实现需求协同、生产协同、供应协同，有力驱动信息流、资金流、实物流三流合一。

　　从时代大势看，产业数字化为新时代发展注入全新动能。习近平总书记指出，要推动产业数字化，利用互联网新技术新应用对传统产业进行全方位、全角度、全链条的改造，提高全要素生产率，释放数字对经济发展的放大、叠加、倍增作用。国家"十四五"规划明确提出，要迎接数字时代，实施"上云用数赋智"行动，推动数智赋能全产业链协同转型，积极响应国家战略布局，构建以数字技术为支撑的现代经济结构，营造开放、和谐、安全的数字生态，促进科技创新、产业升级、经济高质量发展。以信息化、智能化为杠杆培育新动能，通过新技术与实体经济深度融合，加速向数字化、网络化、智能化发展，逐渐成为社会普遍共识和行业战略选择。

　　从行业内需看，现代供应链管理成为各大产业领域转型发展的重要引擎。经济全球化、数字化背景下,需求协同、生产协同、供应协同要求日益增加。传统供应链,强调生产、库存和销售等专业化管理,信息流、资金流、实物流相对分隔独立,实物状态难以感知、业务过程难以追溯、信息流向难以捕获、价值效益难以评估,供给侧难以精准感知、动态响应需求侧的实时变化,供应链整体效能提升存在瓶颈和发展局限,不同程度显露出效率低、成本高、响应慢、韧性差等问题。许多行业领域,特别是资产管理型、采买保障型、生产制造型、商超零售型等行业链主单位,纷纷意识到供应链管理不仅是支撑内部业务运行的技术手段,而且是思想变革、体系调整、业务重塑、自我升级的战略选择。现代供应链管理,通过运用现代信息技术,对内实现要素高效协同,对外实现资源紧密衔接,将内外要素资源联结形成稳固的供应链网络,进而主动预测需求变化、动态调整供需平衡、弹性适变应用场景、及时预警业务风险、精准释放管理效能,将更好适应各类外部变化,更快做出科学响应调整,切实提高供应链的整体韧性和运行效率。现代供应链管理越来越得到党政军企各方关注重视,已然成为驱动各方战略发展的核心要素和关键举措。

从技术驱动看,新技术创新应用加速供应链体系演变升级。数字化、智能化等新技术创新应用,有力提升了供应链管理的规范性、集约性、专业性、追溯性、可视性,使其不断从分散隔离向协同集约发展聚合、从粗放管理向精细高效换挡提速、从内部循环向外部互联拓展延伸,并逐步呈现出数智、灵敏、柔性、集约、绿色等多种形态特征。在规范性方面,供应链管理更加注重业务、数据、流程、技术等标准化工作,突出业务标准化建设和标准业务化管理,使数智赋能应用和业务持续发展具备更加坚实的底座支撑。在集约性方面,供应链管理采取"平台+应用"的路径方式,通过构建企业级业务中台,用多样性、专业化、插拔式业务应用服务代替传统的单一复杂巨系统模式,使业务调整变化更加敏捷灵活,全供应链调度掌控更加集中统一、集约高效。在专业性方面,通过打造多样化垂直到底的专业服务系统,如采购系统、仓储系统、结算系统等,深入行业系统基层单位,有效支撑供应链专项业务办理,形成供应链业务主干流程。在追溯性方面,现代供应链管理可全程追踪掌控采购、生产、运输、库存、回收等各个业务环节动态变化,任何一笔业务都可以精确定位、全程留痕、逆向追溯。在可视性方面,现代供应链管理追求实现全量资产资源、全链协同作业、全域风险监控等可视化管理,促进提升供应链运作整体效能。

从体系演进看,枢纽型聚合模式日益成为现代高端供应链的架构特征。数智聚能的体系形态往往是链主引领、专业集约、枢纽调控。供应链发展到现代高端形态后,通常以链主单位行政权力或优势地位为主导,辐射贯通产业链、供应链,并通过构建供应链协同作业的枢纽平台,整合跨环节跨专业的应用需求、信息系统、技术装备、资产资源,实现供应链全业务环节、全生命周期端到端协同联动,形成多主体互认互信、多平台互联互通、多循环互动互用的一体化高端发展生态。强化链主引领力,依托链主具备的行政权力或供需优势,倒逼业务、技术、数据等标准体系向上下游伙伴延伸,形成以链主意识为核心的供应链统一协同规范,不断强化其核心枢纽地位;培塑行业专注力,依托供应链枢纽平台聚合能力,实现专业服务与全链运行的松散解耦,促进管理精力、各类资源、技术手段向提升专业能力本身聚焦,推进专业服务精益化发展、纵深化挖掘,持续提升专业服务水平;升级管理统筹力,为供应链运行管理构建集中权威的决策智脑,推动各专业信息流、资金流、实物流汇聚合一,形成全供应链视角的调度管理中枢,避免各专业分头管理、各自为政,实现业务管理由追求单环节突破向统筹全链条运行转变;激活循环协同力,充分考虑供应链内外部循环交互需要,基于统一的枢纽聚能平台,强化需求协同、生产协同、供应协同,打通堵点,消除盲点,搭建循环直通链路,减少外部系统、异构系统互联互通改造的复杂性,提升协同运行质效,构建开放供应生态。

潮平两岸阔,风正一帆悬。习近平总书记指出,数字技术正以新理念、新业态、新模式全面融入人类经济、政治、文化、社会、生态文明建设各个领域和全过程,给人类生产生活带来广泛而深刻的影响。数智技术,通过独特的聚合性、铰链性、使能性,正在深刻影响现代供应链的发展变革。在这个充满机遇和挑战的数智时代,让我们共同助力大国供应链体系的建设与发展,实现更高水平战略竞争能力。愿本书能够成为"数智时代"探索供应链建设管理的有益借鉴,助力我国各行业在供应链变革角逐中制胜至强、行稳致远。

由于作者水平有限,书中难免存在不足之处,恳请读者批评指正。

作者
2024 年 3 月

目 录

第一章 数智供应链发展综述 1

一、供应链发展的历史进程 1
（一）供应链概念 1
（二）现代供应链发展沿革 1
（三）数智技术注入供应链发展新动能 2

二、供应链发展的形势环境 3
（一）供应链建设上升为国家战略 4
（二）供应链成为国家竞争力的重要体现 5
（三）供应链呈现多元化发展格局 6

三、供应链发展的技术趋势 6
（一）供应链业务从线下走向云端 7
（二）供应链资源从实体走向数字 7
（三）供应链管理从人工走向智能 8

四、供应链发展的领域现状 8
（一）生产制造领域 8
（二）零售消费领域 14
（三）快递运输领域 20
（四）能源动力领域 23
（五）通信技术领域 27
（六）军事作战领域 29

第二章 数智供应链成熟度模型 38

一、成熟度等级模型 38
（一）基础应用级 39
（二）专业管理级 40
（三）流程协作级 43
（四）全域统筹级 45

（五）生态融合级 ·· 47
二、成熟度评价指标体系 ·· 49
　　（一）评价指标体系框架 ·· 50
　　（二）基础应用级指标 ·· 53
　　（三）专业管理级指标 ·· 54
　　（四）流程协作级指标 ·· 55
　　（五）全域统筹级指标 ·· 55
　　（六）生态融合级指标 ·· 56
三、成熟度评价方法 ·· 57
　　（一）评价原则 ·· 57
　　（二）评价方式 ·· 57
　　（三）权重划分 ·· 58
　　（四）计算方法 ·· 59
　　（五）结果定级 ·· 60

第三章　供应链数智化转型策略 ·· 61

一、数智化建设主要挑战 ·· 61
　　（一）战略目标牵引不足 ·· 62
　　（二）思想观念有待突破 ·· 63
　　（三）体制机制需要创新 ·· 64
　　（四）领导管理尚需加强 ·· 65
　　（五）专业队伍亟待培塑 ·· 66
　　（六）平台支撑仍需增强 ·· 67
二、数智化转型宏观指导 ·· 68
　　（一）转型策略 ·· 68
　　（二）转型思路 ·· 70
　　（三）转型维度 ·· 73
三、数智化建设实施步骤 ·· 77
　　（一）确定发展目标 ·· 77
　　（二）诊断业务痛点 ·· 78
　　（三）梳理建设需求 ·· 80
　　（四）研制系统平台 ·· 82
　　（五）出台配套政策 ·· 83
　　（六）推广系统应用 ·· 85
　　（七）组织反馈评估 ·· 86

四、数智化发展促进手段 87
  （一）从业资质认定 87
  （二）基层作业比武 88
  （三）结对帮扶建设 89
  （四）赛道综合评比 90
  （五）定期张榜通报 90
  （六）成果集中展示 91
  （七）领导抽检问责 91

第四章 数智供应链体系设计 93

一、架构设计 93
  （一）供应链数字化常用架构 93
  （二）枢纽架构生态服务能力 96
  （三）基于枢纽架构的数智聚能供应链 100
  （四）数智聚能供应链的能力特征 107

二、决策指挥 108
  （一）全息态势感知 109
  （二）全局应急指挥 112
  （三）全链运行分析 115
  （四）全量资源可视 121
  （五）全程监控预警 124
  （六）全维绩效评价 127

三、管理中枢 131
  （一）需求管理 132
  （二）计划管理 138
  （三）采购管理 143
  （四）合同管理 153
  （五）履约管理 158
  （六）质量管理 163
  （七）供应商管理 167
  （八）运配管理 171
  （九）仓储管理 176
  （十）结算管理 181
  （十一）回收管理 185
  （十二）监督管理 189

四、专业执行 · · · · · · 193
（一）招标采购 · · · · · · 193
（二）商城选购 · · · · · · 196
（三）质量监督 · · · · · · 198
（四）仓储作业 · · · · · · 201
（五）物资配送 · · · · · · 203
（六）废旧物资拍卖 · · · · · · 204
（七）结算支付 · · · · · · 206

五、数据资产 · · · · · · 207
（一）管理机制建设 · · · · · · 207
（二）基础体系设计 · · · · · · 209
（三）数据资源汇聚 · · · · · · 211
（四）质量治理提升 · · · · · · 213
（五）数据应用支持 · · · · · · 215

六、基础支撑 · · · · · · 217
（一）组织体系 · · · · · · 217
（二）运行机制 · · · · · · 220
（三）技术支持 · · · · · · 223

第五章 数智聚能技术场景应用 · · · · · · 225

一、物联网技术在供应链中的应用 · · · · · · 225
（一）物联网技术概述 · · · · · · 225
（二）货车运输过程监控 · · · · · · 226
（三）货物运输在途监控 · · · · · · 227
（四）司机驾驶行为监控 · · · · · · 227
（五）智能仓储作业应用 · · · · · · 228
（六）生产环节流程优化 · · · · · · 228

二、区块链技术在供应链中的应用 · · · · · · 229
（一）区块链技术概述 · · · · · · 229
（二）物品防伪追溯 · · · · · · 230
（三）电子单据应用 · · · · · · 230
（四）供应链金融应用 · · · · · · 231

三、大数据技术在供应链中的应用 · · · · · · 232
（一）大数据技术概述 · · · · · · 232
（二）智能仓储管理 · · · · · · 232

（三）车货匹配应用 …… 233
（四）运输路线优化 …… 233
四、数字孪生技术在供应链中的应用 …… 234
　（一）数字孪生技术概述 …… 234
　（二）生产过程监管 …… 234
　（三）库房三维可视 …… 235
五、计算机视觉技术在供应链中的应用 …… 236
　（一）计算机视觉技术概述 …… 236
　（二）货物分类分拣 …… 236
　（三）货物外观测量 …… 237
　（四）货物损坏检测 …… 237
六、超自动化技术在供应链中的应用 …… 237
　（一）超自动化技术概述 …… 237
　（二）任务流程自动化 …… 238
　（三）机器作业自动化 …… 238
七、无人化技术在供应链中的应用 …… 238
　（一）无人化装备技术概述 …… 238
　（二）无人仓库应用 …… 238
　（三）无人配送应用 …… 239
八、大模型在供应链中的应用 …… 239
　（一）大模型技术概述 …… 239
　（二）供应链资源查询 …… 239
　（三）供应链统计分析 …… 240
　（四）供应链自主决策 …… 240
九、边缘计算技术在供应链中的应用 …… 241
　（一）边缘计算技术概述 …… 241
　（二）物联网设备管理 …… 241
　（三）生产设备预测性维护 …… 242
　（四）车货安全隐患监控 …… 242
十、星链技术在供应链中的应用 …… 242
　（一）星链技术概述 …… 242
　（二）边远地区便捷组网 …… 242
　（三）应急状态紧急用网 …… 242
　（四）游离末端随遇入网 …… 243
十一、移动5G技术在供应链中的应用 …… 243

（一）移动5G技术概述 ··· 243
（二）物流移动作业服务 ··· 244
（三）仓储人车货场协同 ··· 244

第六章　数智供应链未来展望 ··· 245

一、平台能力向产业链供应链协同延伸 ··· 245
（一）链主平台辐射引领多循环生态 ··· 245
（二）开放服务赋能中小微企业转型 ··· 246
（三）供应链数字经济生态加速培育 ··· 247

二、发展理念向带动全链绿色低碳转型 ··· 248
（一）绿色消费驱动产品绿色化升级 ··· 248
（二）绿色责任深化上下游链式传导 ··· 250
（三）绿色服务助力产业可持续发展 ··· 250

三、链主价值向引领产业创新升级聚焦 ··· 251
（一）市场需求驱动产业链布局优化 ··· 252
（二）规模订单激励卡脖子技术突破 ··· 252
（三）联合战略提升多元化供应韧性 ··· 253

四、竞争水平向出海登陆国际市场迈进 ··· 254
（一）精准投资扶持专精特新企业发展 ··· 254
（二）"一带一路"引领高端品牌协同出海 ··· 255
（三）双循环发展格局重塑产业竞争力 ··· 255

参考文献 ··· 257

第一章　数智供应链发展综述

"日月之行,若出其中;星汉灿烂,若出其里。"本章从宏观层面和历史维度,对供应链概念的缘起进行分析追问,对供应链发展的总体形势进行综述介绍,对供应链体系化重塑的技术趋势进行分析提炼,对军地各行业领域的发展现状进行剖析研究,为在更大视野、更宽领域了解掌握供应链总体情况提供参考。

一、供应链发展的历史进程

供应链的发展,经历了一个长期的历史演进过程,发端于战火硝烟的后勤实践,孕育于系统成熟的物流理念,成形于高度协同的产业社会,壮大于数智赋能的信息时代。

（一）供应链概念

供应链萌芽于第二次世界大战时期。美军为保障大范围、多军种、高强度物资消耗需要,首次把后勤保障变为"一种真正可计算、可预计的物流科学管理活动"。这个时期,供应链概念还未真正形成,仍属于物流的概念范畴。

进入20世纪60年代,物资供应保障分工日益细化,采购、仓储、运配、结算等环节业务日益成熟,物流理念的发展与运用取得实质性进展。此时,供应链理念尚未脱离于物流体系,主要专注于条块业务的局部执行和效率提升。

供应链概念成形于21世纪。随着科技和生产力的高速发展,以及信息技术、电子商务等加速驱动,社会生产协同、供应协同、需求协同日益深化,传统的物流理念逐渐难以适应现代化的产业链运作、上下游协作、生态圈合作,供应链逐渐从传统的物流概念范畴中脱胎成形。

经过持续的发展演进,供应链的概念也越发清晰明确,常见的定义:生产及流通过程中,为了将产品或服务交付给最终用户,由上游与下游企业共同建立的网链状组织。在《中华人民共和国国家标准:物流术语（GB/T 18354—2021）》中供应链管理被定义为:利用计算机网络技术全面规划供应链中的商流、物流、信息流、资金流等并进行计划、组织、协调与控制。

（二）现代供应链发展沿革

专项管理的初期阶段。起初,供应链主要关注单位内部若干的专项业务,目的是确保某项服务或产品的供应如期交付。这一时期,供应链的功能设置主要顺应各业务部门专业职能管理需要,聚焦于单体业务或行业管理,供应链各功能、各要素相对独立(有时还存在重复交叉问题),业务联动性、数据共享性不高,业务条块分割明显,"烟囱"和"孤岛"现象较为普遍。

业务协作的发展阶段。随着全球化和信息技术的迅速发展,生产和物流过程中各项业务职能加速细分,原料采购、加工制造、合同履约、质量管理等环节要素都被纳入供应链管理范畴。供应链逐渐从单一企业的内部扩展到整个供应链网络。链主单位更加注重协调和管理与供应商、制造商、分销商、最终消费者之间的协作关系。同时,信息技术的发展使得供应链的各个环节能够更加紧密协作,信息的共享和传递变得更加迅速和准确。供应链信息化水平得到提升,总体上呈现出分工协作的阶段特征。

能力聚合的成熟阶段。进入21世纪,随着跨国集团公司的整合壮大,跨国贸易、国际协作日益频繁,全球供应链网络逐步建立,对供应链全球化产生了深远影响。与此同时,网络信息技术迅猛发展,电子商务平台蓬勃兴起,头部供应链企业纷纷寻求战略转型,充分运用现代信息技术,创新方法模式,改造业务流程,搭建信息平台,聚合能力资源。供应链对现代科学和技术方法的转化运用,使其成为一个独立的学科领域。

数智赋能的提质阶段。随着数字化、智能化技术的快速发展,供应链进入了一个全新的阶段。物流和仓储系统的自动化和智能化提高了供应链的效率和灵活性。大数据和人工智能的应用使得供应链可以更加精确地预测需求、优化库存和高效配送。越来越多的企业开始意识到供应链数智化转型的重要性。由此,供应链不再被视为一项简单的服务职能,而是被视为可以创造核心竞争优势的重要资源。

(三)数智技术注入供应链发展新动能

随着数字化、智能化技术的迅速发展,世界各国纷纷推动供应链等战略领域数智化转型。有数据显示,61%的供应链管理者表示,技术是竞争优势的重要来源,34%的管理者认为,适应创新技术是未来5年供应链面临的最关键的战略变革。把握时代赋予的发展机遇,链主单位和头部企业,纷纷挖潜数智技术运用,力求从网云平台支撑、智能分析决策、全链业务管理、整体降本增效、风险主动监控、生态聚合培塑等方面为供应链的转型发展注入新动能,激发供应链转型发展新活力。

强化网云平台支撑。数智技术提供了更高效的信息管理、集成服务和共享平台。云计算、大数据、移动互联网等技术手段,可以加快供应链业务上网、数据上云、实体上链,提升供应链业务数据的集中存储、分布处理、安全管控能力,为供应链运行管理带来更高水平的互联能力、计算能力、存储能力,以及基础平台支撑能力。

提供智能分析决策。数智技术提供了更先进的分析手段、知识服务和决策支持。通过知识图谱、多模态大模型、超自动化等技术综合运用,可以建立深度学习模型、智能分析算法、辅助决策服务,为供应链战略管理、运行调度、作业执行等不同层面职能主体,提供方案生成、流程优化、绩效评估、统计分析、资源查询、自主决策等方面的智能化服务,促进供应链综合管理质效提升。

助力全链业务管理。数智技术提供了更集约的业务资源汇聚、业务流程再造、业务监督管理等能力。通过星链、物联网、边缘计算等技术运用,将广泛分布的供应链资源纳入供应链,实现入网管理、上链运行,提高链主单位管控能力。通过构建信息化供应链业务管理平台,研发数字化供应链管理系统,集成联通跨环节、跨部门、跨层级业务应用,链主单位可单点登录、在线办理供应链业务,统筹调度配置各类资源,动态监督采购招标、加工生产、库存管理、物流运输等业务活动,不仅强化了供应链全过程监管,而且深化了全要素的链上聚合,整体提高了供应链的运行效率与弹性及柔性。

促进整体降本增效。标准普尔(S&P)全球市场情报显示,受访的供应链管理者中,32%认为控制成本是当前主要任务和艰巨挑战,企业经营成本的约60%直接受到供应链成本的影响。数智化技术和信息化平台,可以帮助链主单位和各参与方密切合作关系、协同计划安排、发布价格标准、优化工作流程、统筹资源配置、推进绿色循环,促进供应链策略共商、基础共建、信息共享、资源共用,实现体系聚优,进而达到节约资金、提高效率的目标。

实现风险主动监控。数智技术具备更强大的可视监控、风险预警、策略推荐等功能。通过数字孪生、流程挖掘、机器学习、无人值守等技术应用,从供应链战略管理、业务运行、体系韧性等多维度出发,辅助链主单位制定防控策略,设定风险阈值,构建评价模型,采集指标数据,动态监测各项业务的表现水平,对供应链关键节点、核心业务、重要资源进行不间断、主动式风险评估,及时发现隐患苗头和风险征候。基于丰富的案例库,为链主单位提供应对处置策略推荐和方案建议,巩固并增强供应链稳定运行的整体韧性。

促进生态聚合培塑。数智技术提供了更便捷的可信认证、产融协同、低碳评价等服务。创新运用区块链、可信计算等技术,采取开放的技术架构,为上下游伙伴提供多元化的供应链生态服务。通过与供应链金融机构建立授信、贷款等业务合作,创新商业模式,提供授信风险评估、授信额度让渡等服务,疏解供应商资金压力。通过建立统一的供应链碳核算、碳评价指标模型,管控供应链碳排放额度,指导参与各方积极寻求绿色转型。通过推出供应链数字产品、供给业务应用服务,助力上下游伙伴开展信息化建设,实现数智化转型。

二、供应链发展的形势环境

当前,国际环境正在发生复杂深刻变化,世界经济的不稳定性上升,各国纷纷认识到,完整的产业链、供应链对国家经济社会发展至关重要。

(一) 供应链建设上升为国家战略

党中央、国务院高度重视现代供应链的建设发展,着眼支撑构建国内大循环为主体、国内国际双循环相互促进的发展格局,在提升供应链现代化水平、提高供应链稳定性和国际竞争力等方面,做出了一系列决策部署。

党和国家领导人心系产业链供应链安全稳定,明确提出,要强化高端产业引领功能,坚持现代服务业为主体、先进制造业为支撑的战略定位,努力掌握产业链核心环节、占据价值链高端地位;并指出要深刻把握发展的阶段性新特征新要求,坚持把做实做强做优实体经济作为主攻方向,一手抓传统产业转型升级,一手抓战略性新兴产业发展壮大,推动制造业加速向数字化、网络化、智能化发展,提高产业链供应链稳定性和现代化水平。2022年9月,党和国家领导人向产业链供应链韧性与稳定国际论坛致贺信,强调我国愿同各国一道,把握新一轮科技革命和产业变革新机遇,共同构筑安全稳定、畅通高效、开放包容、互利共赢的全球产业链供应链体系,为促进全球经济循环、助力世界经济增长、增进各国人民福祉做出贡献。

国家政策层面,党的十九大鲜明提出,要推动互联网、大数据、人工智能和实体经济深度融合,在现代供应链等领域培育新增长点、形成新动能。国务院办公厅专门印发《关于积极推进供应链创新与应用的指导意见》(国办发〔2017〕84号),提出要加快供应链创新与应用,促进产业组织方式、商业模式和政府治理方式创新,推进供给侧结构性改革。2020年12月,党的十九届五中全会将"提升产业链供应链现代化水平"写入"十四五"发展规划,强调要推进产业基础高级化、产业链现代化,提高经济质量效益和核心竞争力。2021年3月,十三届全国人大四次会议提出,加快数字化发展,协同推进数字产业化和产业数字化转型;政府工作报告摘要中也提出,建设信息网络等新型基础设施,发展现代物流体系。

供应链数智化转型发展方面,2021年12月,国务院发布《"十四五"数字经济发展规划》,专门指出我国数字经济发展面临一些问题和挑战,产业链供应链受制于人的局面尚未根本改变;要求利用数据资源推动研发、生产、流通、服务、消费全价值链协同;提出要大力推进产业数字化转型,支持有条件的大型企业打造一体化数字平台,全面整合内部信息系统,强化全流程数据贯通,加快全价值链业务协同,形成数据驱动的智能决策能力,提升企业整体运行效率和产业链上下游协同效率。同年12月,工业和信息化部等八部门联合印发《"十四五"智能制造发展规划》,明确着力提升创新能力、供给能力、支撑能力和应用水平,加快构建智能制造发展生态,持续推进制造业数字化转型、网络化协同、智能化变革,为促进制造业高质量发展、加快制造强国建设、发展数字经济、构筑国际竞争新优势提供有力支撑;鲜明指出发挥龙头企业牵引作用,推动产业链供应链深度互联和协同响应,带动上下游企业智能制造水平同步提升。

步入新时代,供应链管理已不仅是企业层面的问题,更是一项国家层面的战略性任务。通过制定相关政策,国家可引导和支持企业在供应链运行管理方面开展创新与协同。立足新发展阶段,贯彻新发展理念,服务新发展格局,加快数智化转型变革,成为优化供应链资源配置、重塑供应链经济结构、稳定供应链服务输出的关键举措,把握新一轮科技革命和产业变革新机遇的战略选择。

(二)供应链成为国家竞争力的重要体现

在经济全球化和信息技术迅猛发展的背景下,供应链作为连接生产、流通、消费的重要纽带,逐渐成为国家经济社会发展的重要支柱。世界主要国家高度重视发展现代供应链体系,纷纷出台战略规划和政策保障,采取多种举措打造竞争新优势,重塑数字时代供应链国际新格局。

受全球地缘政治冲突加剧,通胀压力持续,以及各国货币政策紧缩等复杂因素影响,全球产业链供应链面临着前所未有的冲击与挑战。有报道显示,超过60%的企业预计,地缘政治的不稳定性可能会在未来几年内对其供应链产生不利影响。据统计,虽然95%的供应链需要对不断变化的外部情况迅速做出反应,但只有7%的供应链能够做到弹性适变。各国只有采取务实手段,才能保持供应链体系的相对稳定性与绝对竞争力。

欧洲作为全球三大供应链中心之一,正面临能源危机带来的巨大压力,不得不采取一系列"去工业化"措施以应对危机。为了重振欧盟经济竞争力,欧盟委员会于2022年2月23日发布了《关于企业可持续尽职调查指令的立法提案》(也称为《欧盟供应链指令草案》),意在加强重点产业供应链的安全性与稳定性。

与此同时,北美供应链中心面临重大调整。受内外因素交织综合影响,美国一直致力于重构自身核心供应链体系,保持供应链战略优势,主导全球产业链发展格局。在2018年,美国发布《美国信息和通信技术产业供应链风险评估》报告,提出供应链维稳保供应对策略,注重推进供应链透明化建设,着力开展前瞻性风险预警与政策保障研究。此外,美国还发布了多项行政法令和政策文件,全面评估制造业、国防工业等关键领域产业链供应链安全性,并详细制定了实施计划,以应对激烈的国际竞争,始终保持优势站位。

在亚洲地区,日本受政治经济和地缘因素影响,高度重视供应链安全,试图构建"内强外韧"的供应链体系。2017年,日本发布《综合物流施政推进计划》,旨在构建现代物流和供应链体系,实现高附加值和高可用度。2018年,日本主导推动的《全面与进步跨太平洋伙伴关系协定》正式生效,通过整合生产和流通要素,降低贸易区供应链成本,重塑亚太地区商业模式。此外,日本还在东盟之外寻求与更多国家和地区的合作,以增强供应链的韧性和产业竞争力。

总的来看,全球产业链供应链正在加速调整,呈现出本土化、区域化、多元化、数字化等发展趋势。全球价值链的并购与重组使得供应链成为连接各环节的重要纽带。优化供应链可显著降低成本、提高效率、加速优质产品的孵化，提升国家产业竞争力。在竞争中，世界主要国家纷纷通过优化供应链管理，掌握关键供应节点，争夺全球资源和市场份额，以确保自身在全球供应链中的地位和竞争优势。这种竞争对于推动国家经济的转型升级和可持续发展具有重要意义。

（三）供应链呈现多元化发展格局

受行业差异化影响，不同领域类型的供应链在目标设定、价值追求、业务重心、管理重点等方面有所不同。有数据显示，在各类供应链各类业务占比中，11%关注物流管理，7%注重采购管理，13%强调供应商管理。供应链各领域、各要素相互渗透、相互影响，整体呈现出多样化的发展格局。

生产分销型供应链。重点关注原材料的采购、加工、运输、销售等供应链业务及流程管理，尤其注重原材料采购。有调查显示，71%的生产制造企业认为，原材料的渠道调整、价格浮动、质量变化是影响自身生存发展的重要因素。对此，企业纷纷采取先进的技术手段和管理策略，贯通上下游，打通产业链。

采买保障型供应链。这类链主单位往往具有某一领域特殊的职能任务，为保障自身发展和任务的顺利完成，需要通过资金财力向社会大量采买所需资源，通过内向为主、内外循环的供应链体系，对其内部各职能要素实施精准高效的物资供给，多见于国家事业单位，军队系统，能源、电信等大型央企。这类供应链的运行管理通常具有集团型、采买式、重资产、内供性等显著特征。

商品零售型供应链。如电商、超市、购物中心的零售行业。这类供应链掌握了消费者第一手资料，能够及时感知市场变动、发现需求变化，对制造商、分销商、物流商有重要影响。能够聚合形成以零售企业为中心供应链结构。其中，需求精准预测和库存动态管理是核心，以确保产品供应和避免缺货；物流配送是关键，以实现快速准确送达；客户服务是保障，以及时处理问题，办理退货换货，提高消费者满意度。

流通服务型供应链。这类供应链以仓储、运配为核心业务，负责在供应链各实体、各节点间架起联系桥梁，实现"物"与"流"的顺畅衔接，是促进经济社会发展、实现资源高效配置的重要基础和共性支撑。仓储服务是物资集约管理和中转流通的关键，打造智能的仓储管理能力、高效的库存周转能力、先进的作业吞吐能力成为业内普遍追求。运输配送是这类供应链的效能保障，通过整合各类物流和运输资源，统一实施需求响应、任务分配、在途监控、应急处置，确保物资安全高效运送到位。

三、供应链发展的技术趋势

数字经济、高新技术发展速度之快、辐射范围之广、影响程度之深前所未有。传统供应链已经不能满足市场需求，数智技术成为推动供应链体系重塑的重要力量,如图1-1所示。这种变革在技术层面表现为从线下走向云端,从实体走向数字,从人工走向智能。

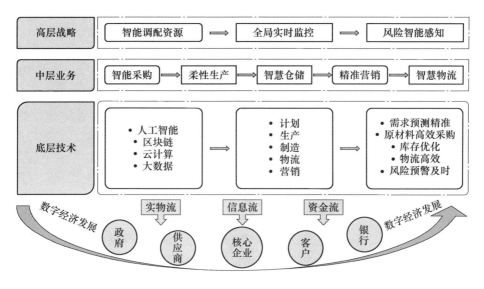

图1-1 智能供应链生态

(一)供应链业务从线下走向云端

传统的供应链业务运行管理,主要依赖机关公文、纸质票据、电子邮件等方式进行,存在流转效率低、内容易篡改、档案管理难、安全隐患大等突出问题。进入信息化发展新阶段,在先进技术的创新驱动下,以云化设施平台为主要载体,以现代信息网络为基础支撑,以数据资产资源为关键要素,以业务在线运行为主要特征的数字经济新生态孕育成型,供应链网云协同支撑能力、算网融合基础条件均得到显著改善。通过网云技术赋能,可打破供应链信息孤岛,允许所有合作伙伴在任意时间、地点通过一个基于云的平台访问同一组数据,提高了业务敏捷性;可实时更新数据,在线共享资源,极大提高供应链的可见性;可缩短系统实施周期,减少硬件投资以及软件系统的维护成本,大大降低企业的使用成本和安全风险。越来越多的链主单位积极采取措施,统筹推动技术创新与业务转型。管理上链、数据上网、业务上云成为供应链技术发展的重要趋势。

(二)供应链资源从实体走向数字

在传统的供应链管理中,各环节作业主要依赖物理世界中的实际物品和人力。随着新一轮科技革命和产业变革不断深入,数字化转型成为各领域供应链发展的普遍选择。面对机遇和挑战,各国政府和行业管理等部门积极优化外部环境,不断完善数字基础设施,注重强化高质量数据要素供给,持续提供数字化转型的催化剂

7

和孵化床。各链主单位乘势而上,大力开展物联网、大模型、虚拟现实、数字孪生等技术创新与实践运用,促使供应链不断换挡提速。通过先进技术运用,可实现供应链实体虚拟画像、业务数智建模、流程动态可视、生态线上聚合,传统的纸质文件替换为电子单据,线下的工作关系固化为平台流程,墙上的岗位职责开发为功能服务,离散的实体资源映射为数字对象,纷杂的业务运行汇聚为全息态势。各管理层级、各职能部门、各合作伙伴,即便远在"天边"的工作生活,也可近在"眼前"的线上协作,真正为供应链建设管理打开数字世界的广袤空间。

(三)供应链管理从人工走向智能

传统供应链主要依赖人工操作,效率低下,这在一定程度上限制了企业的运营和发展。随着科技的飞速发展,自动化、智能化设施设备已经渗透到供应链的各个环节,不仅部分代替了人工,而且在很大程度上颠覆了供应链的作业模式。生产环节,通过物联网、超自动化等技术应用,重复性、高危性、精密性任务实现机器生产,并实现了远程智能监造。采购环节,数智化手段运用,可构建信息化采购系统、数字化评标中心,自动遴选匹配专家,智能审核评标文件,主动甄别异常风险,大幅度提高采购效率和透明度。仓储环节,不再需要人工直接干预,智能化设备能够实现自动化存储、分拣,辅助提出仓储管理建议。运配环节,可以实现物流智能化管理,提供车辆货物精准匹配、运输路线自动规划、在途安全动态监控等能力,为构建形成数字化、智能化供应链体系提供有力支撑。

四、供应链发展的领域现状

构建现代化供应链体系是抢占行业领域制胜高地,把握新一轮科技革命和产业变革新机遇的战略选择。国内外多领域供应链创新发展蓬勃兴起,经典案例层出不穷。通过学习借鉴代表性链主单位成功做法,可掌握业界发展现状、探寻转型发展路径、汲取宝贵经验启示。

(一)生产制造领域

生产制造领域深度依赖供应链体系化赋能,从材料采购、生产监造、质量监控,到中转流通、供应销售都有赖于供应链提供全成本控制、全要素协同、全流程支撑。

1. 华为技术有限公司

华为技术有限公司(简称华为)作为制造业供应链数字化智能化的典范,始终将供应链视为华为发展的核心要素。作为全球唯一在ToB与ToC领域都取得巨大成功的公司,其供应链的发展变革释放了积极活力,产生了深远影响。

熊乐宁在《华为供应链数字化转型实践》一书中指出,华为的供应链转型升级分为四个阶段:初期供应链阶段(OSC)、集成供应链阶段(ISC)、全球供应链阶段(GSC)和智能供应链阶段(ISC+)。1987—1997年的十年间,华为处于供应链的建设期,以摩托罗拉、爱立信、思科等老牌通信巨头为标杆,起点较高。然而,初期供应链的运作能力无法满足公司迅速发展的业务需求，导致1995年底准时齐套发货率低于30%，存货周转一年仅有两次，产品交付时间长达25天，远低于同行业平均10天的水平。

随后，华为开始探索集成供应链的建设，将提供单一或多种产品和服务的供应商、制造商、销售商和客户群体协同串联。集成供应链建设完成后，华为的产品准时交付率高达65%，客户满意度大幅提高。然而，随着华为海外业务规模的扩张，集成供应链逐渐难以满足需求。集成式物流配送中心无法及时高效地配送至海外客户，IT系统无法覆盖海外，仅中文界面的IT系统对海外员工开展相应工作造成了较大的不便。

2005—2015年，华为进入全球供应链变革期。全球供应链是指在全球范围内进行供应链全过程活动，以满足日益增长的供应链业务需求。华为在全球范围内铺设供应网络，设立了5个供应中心（深圳、墨西哥、印度、巴西、匈牙利），同时在中国、阿联酋、荷兰建立了区域物流配送中心。此外，还选择物流公司成为华为的供应商，通过第三方物流、第四方物流以及一些当地的物流公司解决物流全球化的问题。

自2015年开始，华为进入智能供应链变革期。华为提出"实现超越，成为行业领导者"的战略目标，致力建成主动型供应链，确保供应保障更加及时、更加敏捷、更加可靠。通过不懈努力，华为智能供应链建设成效显著，集聚形成"精简高效的供应链策略""高柔性与快速响应""精细的成本控制与资源优化""全球化布局与协同效应""持续创新与质量卓越"等诸多优势特征。

具体做法上，华为智能供应链不局限于一个部门或几个流程，而是聚焦整体供应链指标。通过搭建内外部数字平台实现跨组织、跨企业、跨流程的价值创造。华为采用人工智能、大数据分析和物联网等尖端技术，以自动化和简化各种任务。同时，利用物联网设备和传感器从生产设施、仓库和运输车辆收集实时数据。通过对这些数据的分析，确定瓶颈、优化工作流程并提高整体运营效率。通过数字化这些流程，华为实现了供应链的更大可见性和对其控制，从而加快响应时间并降低成本。华为智能云脑如图1-2所示。

在生产方面，华为在智能供应链流程管理中不仅建立了松山湖自动物流中心等智能工厂，同时也为供应商或制造商提供了集规划运营监控于一体的无线智能工厂解决方案，实现全链条的价值创造。华为利用先进的机器人和自动化技术来提高仓库效率、减少错误，并提高订单履约速度，利用自动导引车和机械臂用于分拣包装等任务最大限度地减少人为干预，提高生产力。

在采购方面，华为智能供应链更注重在多变环境下供应商绩效考核以及供货稳定。为了加强与供应商和合作伙伴的合作，华为开发了无缝沟通和信息共享的协作平台。这些平台促进了实时协作，利益相关者能够交换数据、跟踪发货，及时解决问题。通过消除人工流程和改善沟通，华为显著缩短交付周期，提高供应链透明度。

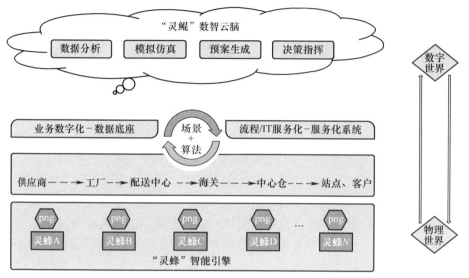

图1-2 华为智能云脑

在交付环节,华为智能供应链通过缩短产品制造周期,改善供应链各环节的活动,对合同处理、计划排产、生产制造、物流运输都做了优化,持续减少各环节的等待与浪费;全力打通前后端,做到生产周期、产品质量、生产效率和交付的同步改善;研发部署客户关系管理(CRM)系统,实现个性化互动、高效的订单处理和有效的售后支持,通过这些系统,华为可以更好地了解客户偏好,预测他们的需求,并提供量身定制的解决方案。

华为供应链的服务水平在数智化转型后得到了显著的提升,供货周期、全流程库存周转率,以及供应成本率都得到了50%以上的优化。如华为人车货场单集成调度体系如图1-3所示。在数智化供应链的强力支撑下,华为的政企云、智能汽车解决方案等新业务迅速发展,收入规模也持续增长。数智化转型促进了华为供

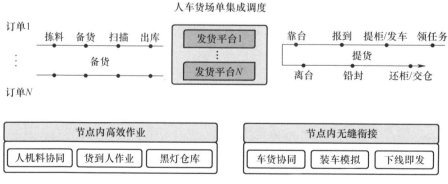

图1-3 华为人车货场单集成调度体系

应链的角色转变,使其从被动响应式供应链转变为主动服务型供应链,从保障要素转变为价值创造要素,并且成为华为的核心竞争力,为华为进行市场发展、营销竞争提供坚实保障。

2. 宝山钢铁股份有限公司

宝山钢铁股份有限公司(简称宝钢股份或宝钢)是全球领先的现代化钢铁联合企业,也是《财富》杂志评选的世界500强企业之一——中国宝武钢铁集团有限公司的核心企业。其官方文献和互联网公开资料显示,在经济下行的大环境下,宝钢反而迸发出新的活力,不仅取得丰厚利润,而且还实现了进一步发展,这与其强大的供应链体系密不可分。

宝钢由上海宝钢集团公司在2000年2月独家创立。在2017年,宝钢完成换股并吸收了武钢股份,此后上海宝山、南京梅山、湛江东山、武汉青山成了宝钢的主要制造基地。宝钢也一跃成为全球市场上粗钢产量排名第二、汽车板与硅钢产量排名第一的大型钢铁企业,并且拥有全球最为齐全的碳钢品种。

刘向阳在《国有企业供应链商业模式创新路径研究》中指出,钢铁行业的供应链不仅仅会受到上下游市场的影响,同时也受到行业信息流通、供应商动向、下游消费者习惯和国家政策等因素影响。资料显示,为了建设更加稳定、强大的供应链,宝钢经历了"生存阶段""成长阶段""转型阶段"等发展历程,如图1-4所示。

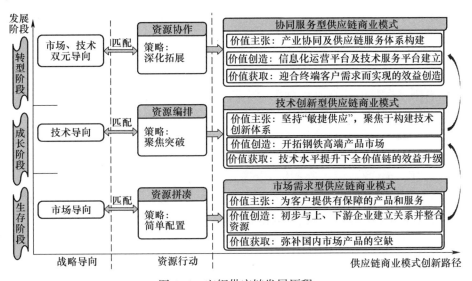

图1-4 宝钢供应链发展历程

"生存阶段"正处于中国现代化建设的起步时期,经济基础相对薄弱。当时,宝钢不仅仅要改变钢铁年产量不到3000万吨的状况,还要为各行各业提供大量钢铁产品避免出现行业缺口。在这一时期,宝钢主要通过进口方式来避免国内钢材产品品种与数量不足的问题。

为了缓解国内市场钢铁紧缺的问题,宝钢同时对上下游的需求展开供应链建设。一方面,宝钢确保了从国外进口铁矿石的渠道;另一方面,宝钢向下游企业提供了高性价比的产品,这都得益于宝钢能够充分发挥国有企业的优势,以市场为导向,利用土地、劳动力等成本优势建立了稳固的市场地位,充分满足了上下游客户的需求。

在初期,宝钢参照新日铁的规模和模式,提出了年产600万吨钢铁的目标。宝钢供应链上游的原材料供应在国家的资金与政策支持之下得到了初步保障。为了快速打开钢铁市场,宝钢与几家钢贸公司合作,对市场开发方向和重点客户进行需求分析,对不同的用户针对性地推荐产品,这使得宝钢在短时间之内得到大量客户的认可与肯定,从而在市场竞争之中脱颖而出,如图1-5所示。

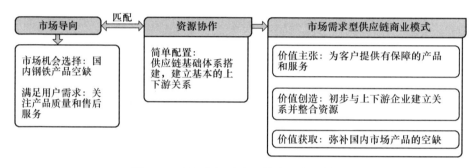

图1-5 宝钢市场需求型供应链商业模式

随着国家经济的快速发展和市场空间的不断扩大,宝钢进入"成长阶段"。这一阶段,宝钢开始注重技术创新和产品质量,以满足不断升级的市场需求。宝钢加强与供应商和客户的战略合作,共同研发新产品和技术,推动整个供应链的升级。同时,宝钢还开始投资建设自主生产基地,减少对外部供应商的依赖。在这个阶段,宝钢的供应链商业模式逐渐从"市场需求型"向"技术创新型"转变。

随着技术创新的不断推进和市场需求的持续升级,宝钢进入"转型阶段"。其间,宝钢以客户为中心,全面整合供应链资源,实现整条供应链的协同运作。通过深化与供应商和客户的合作,宝钢不断提升产品定制化程度和服务水平,满足客户的个性化需求。同时,还加强了供应链的信息化和智能化建设,提升运营效率和响应速度。在这个过程中,宝钢的供应链商业模式逐渐从"技术创新型"向"协同服务型"转变。

在"成长阶段",随着我国钢铁产量的飞速增长,市场和客户需求也日益多变和个性化。宝钢意识到,仅依靠设备水平的提高是不够的,需要调整产品结构并提高技术创新能力和水平。为了应对这一挑战,宝钢提出"技术引领、发展创新、价值提升"的战略导向,决心通过技术革新提高供应链商业模式的创新水平。专门引入 EVI(先期介入)理念,确保上下游产品研发保持一致,从而解决研发生产过程中的技术难题,提升产品的技术含量。为了与下游客户维持供需平衡,宝钢会及时根据下游客户的需求进行产品结构调整,淘汰落后产能,关停高能耗生产工序,将精力聚焦于产品研发,确保了在稳步提高产品质量的同时能够满足市场的个性化需求。

在成长阶段,宝钢聚焦于尖端钢铁产品的技术突破及抢占供应链技术优势的战略地位。为了实现这一目标,宝钢持续加大自身科研资金投入及力度,通过与上下游企业共享资源和信息,实现核心技术资源体系的创新。凭借在市场和技术创新方面的优势地位,宝钢开展了以技术合作为目标的资源编排行为。这一阶段,宝钢的战略导向从市场导向转变为技术导向,构建核心技术资源体系,发展和完善供应链技术创新能力,实现了新一轮的发展与转变,如图 1-6 所示。

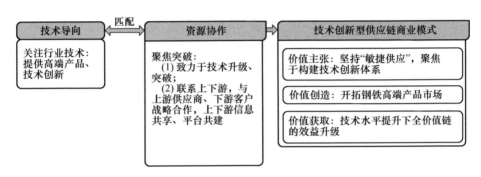

图 1-6　宝钢技术创新型供应链商业模式

在"转型阶段",宝钢以市场和技术的双重导向加速供应链商业模式进行新一轮的战略转变。首先,对大量钢铁设备生产加工企业进行并购、协同整合,开拓了配送业务、金融业务等新方向,使得自身的业务网络更加丰富。其次,注重供应链各环节信息互联,减少供应链库存并且缩短供应链周期,确保供应链各环节协同运作、高效响应。宝钢不仅充分发挥公司在国内钢铁市场的议价能力,加强与上游供应商的沟通合作,还利用产业集群优势,将供应链下游各个企业紧密串联。在这个阶段,宝钢实现了多元产业间的有效互动和高效协同,搭建了新的供应链布局。为加强与客户的沟通交流,及时满足客户新的需求,宝钢推出了定制化企业信息服务,针对不同客户的需求调整自身的生产规模,进一步加强了市场号召力。综上所述,宝钢以市场和技术的双重导向实现了供应链转型,通过"深化拓展"的发展理念实现了供应链上下游环节的资源协同,标志着宝钢供应链升级为协同服务型供应链商业模式,如图 1-7 所示。

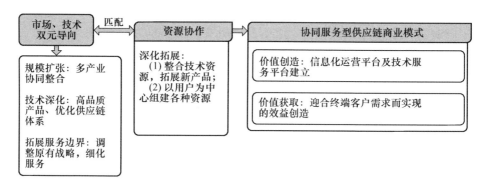

图 1-7 宝钢协同服务型供应链商业模式

（二）零售消费领域

零售消费领域产品需求量大、服务面广、竞争度高。构建现代数智供应链不仅是头部企业转型发展的内在需要，更是占据市场主导优势的必然选择。

1. 京东物流

京东集团于 2004 年正式进入电商领域，并于 2020 年 6 月在香港联交所进行二次上市，募集资金约 345.58 亿港元，用于投资以供应链为基础的关键技术创新。京东定位为"以供应链为基础的技术与服务企业"，业务涉及零售、科技、物流、健康等多个领域。京东作为新型实体企业，在强大的供应链支撑下，推进"链网融合"，为了确保自身供应链的稳定性，京东促进产业链各个环节实现数字化转型，促成了货网、仓网、云网的"三网通"。

据其官方文献和互联网公开资料，自 2007 年京东实施"自建物流"战略开始，经过十余年持续累积，京东物流已经从一个服务集团内部的物流部门，逐渐转变为一个服务全社会的物流企业。2017 年 4 月，物流版块正式从京东集团分离，成立为京东物流集团，开始全面对外开放物流服务。2021 年，京东物流成功在香港联交所主板上市。纵观京东物流的数字化进程，主要分为数据沉淀阶段、数字化发展阶段、数字化变现阶段，如图 1-8 所示。

在数据沉淀阶段（2017 年前），京东物流更多是以人力操作和运营管理为主，被动接受客户的需求，数字化水平有待发展。在这一时期，京东物流主要是沉淀数据，通过京东商城累积的数据资产是京东物流将物流服务面向社会、逐步发展成以数字化为核心驱动的一体化供应链物流服务商的基石。

在数字化发展阶段（2017—2020 年），京东物流累积的数字化物流技术能力开始对外开放。凭借其数字化技术优势，区别于其他物流公司仅作用于物流单环节，京东物流还参与客户决策的过程，以供应链全局的视角对中间环节进行审视，推出定制化的解决方案，改善运营效率，助力客户企业降本增效。在这一阶段，京东物

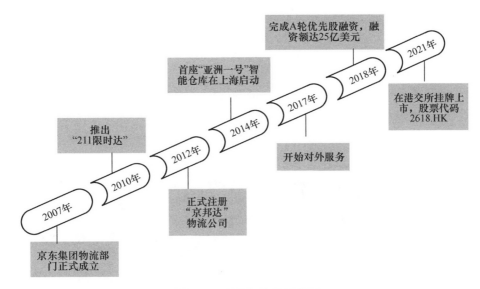

图 1-8 京东物流发展进程

流的数字化能力逐渐得以发展、数字化技术逐步运用于物流各环节,发布了涵盖京东供应链、京东快递、京东冷链、京东快运、京东跨境、京东云仓在内的六大产品体系,建成了首个全流程无人仓,投用了一体化智能物流中心。

在数字化变现阶段(2020年至今),京东物流的数字化技术逐渐趋于成熟,服务的辐射面更广、服务更具深度,同时能够按需进行灵活组合,具备了为更多中小商家提供定制化供应链服务的能力。这一阶段,京东物流除了发布诸如第三代天狼系统、第五代智能快递等聚焦物流环节中某个点的数字化产品外,还推出了诸如京慧2.0、京东物控等更注重供应链全域的平台型数字化产品,从单环节服务走向整体运营服务,与利益相关者实现价值共创。

京东物流数智化供应链解决方案,注重解决全链路可视、精准预测、通用物资供应链提效、运力资源共享与交易等供应链场景优化问题,赋能企业优化库存周转率、订单履约周期、服务水平、供应链成本等关键绩效,实现企业供应链的数智化转型升级。以供应链管理优化为目标,提供智能运力平台及智能物资供应链管理平台,融合供应链战略规划、供应链网络优化、供应链咨询等技术服务,以及仓储物流服务能力,打造智能的数字化供应链解决方案。京东一向认为,数智供应链转型能力并不是某一个系统体系的碎片化场景支撑,而是链路在业务运营中的所有场景的联动,实现环节可控、业务可拓、战略可调的灵活应用。

"亚洲一号"是京东物流在亚洲建设的规模最大、自动化程度最高的智能物流项目之一,如图1-9所示。据安世亚太《探仓京东北京亚洲一号,供应链物流的数字孪生应用》介绍,"亚洲一号"采用自动化系统、机器人和智能管理系统,应用于货物立体存储、包装、分拣、运输等各物流环节中,并进行了大规模应用,目前全国有28座运营。"亚洲一号"的出现为智能物流的应用在全球范围内树立了新的典型,其主要特点是集成运用了具有智能化的立体仓库、堆垛机械、智能分拣机、自动搬运工业机器人、智能物流机器人等先进的智能化装置。这些智能化装置运用使物流、搬运、分拣及配送等环节效率大大提高,节省了大量人力和物流成本。仓库主要应用了输送系统、交叉带分拣机系统、自动控制系统、库存信息管理系统等,部署了智能操控全局的自动化"智能大脑",如图1-10所示。

图1-9 京东"亚洲一号"

图1-10 京东物流超脑

京东智能物流平台在物流信息系统的支持下实现了全流程运营控制,其中,物流信息系统的结构发挥了关键作用。京东的"亚洲一号"园区与传统物流中心相比,所有商品都集中存储在同一仓库内,减少了跨区作业,从而提高了作业效率;智能合并同一订单的商品,迅速完成商品的拆零拣选;利用自动化立体仓库系统实现高密度存储,最大限度利用仓库空间;采用自动导引车(AGV)和叉车替代人工驾驶,完成重复的物料搬运工作;通过"货到人"系统,自动处理纸箱、周转箱等容器的存取和搬运,大幅度提升拣选效率。

京东物流如今已经形成供应链服务一体化,拥有强大的仓库储存服务和货物运输配送服务。京东物流的供应链由六大能力板块集成融合,形成了网链一体的运行架构。京东物流创新提出3S理论,即短链(Short-chain)、智能(Smartness)、共生(Symbiosis),在消费升级、产业升级、科技变革三种作用下,将商流、物流、信息流、资金流全面融合,共生共存,推动了整个物流供应链的升级。在3S理论的基础上,京东物流还提出了全球智能供应链基础网络计划,推出以供应链为核心的产品矩阵,即京东供应链、京东快递、京东冷链、京东快运、京东跨境、京东云仓在内的六大产品体系。京东物流为了缩短人们对于全球商品需求的距离,还另外开设了跨境的海外仓,通过多种方式来进行全球的智能化运输。

2. 阿里巴巴集团

阿里巴巴集团成立于1999年,最初是一个B2B电子商务平台,旨在帮助中国企业拓展国际市场。阿里巴巴集团在2004年成功推出了淘宝网,这是一个C2C电子商务平台。淘宝网的推出引发了中国电子商务的热潮,其也为中国最大的在线购物平台。2007年,阿里巴巴集团在香港联交所上市,成为中国互联网公司中首家在国际市场上市的公司,阿里巴巴集团平台模式概览如图1-11所示。

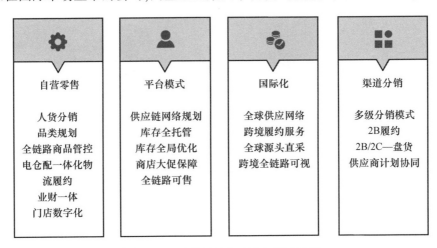

图1-11 阿里巴巴集团平台模式概览

周英等在《新冠肺炎疫情冲击下阿里巴巴供应链弹性的表现及启示》中提到,阿里巴巴国内供应链始于2003年,依托以淘宝网为主的电商平台为其提供销售渠道和商品流,并围绕这一主干建立了"蚂蚁金服""菜鸟物流""阿里云",实现资金流、物资流和信息流的一体化管理。支付宝第三方支付平台是阿里巴巴为了满足资金流需求提出的对策。同时,阿里巴巴在2008年确定了云计算和大数据战略来满足信息流的需求,并在2009年创立阿里云。2018年,阿里巴巴推出智能供应链管理平台,以数字技术简化商业活动。该平台基于自主研发的智能算法模型,协助商家精准选择产品,进行生产销售,实现了基于市场定位的自动选品、自动改价和自动协调发货门店及配送路线,解决了企业的供销管理问题。在物资流方面,阿里巴巴主要采用第三方物流。自2013年起,与申通、圆通、中通和韵达四家快递公司合作,搭建了菜鸟物流网络。通过全国仓储投资为旗下电商平台商家提供服务。借助阿里系的大量订单,吸引快递公司向旗下仓储提供配送服务,同时加强对快递公司的投资。通过阿里系构建的仓储和快递体系,以及对消费者和商品的大数据分析,整个阿里系平台的头部商家在服务体验上与京东保持一致水平。

2016年,阿里巴巴拓展国际供应链业务,在博鳌论坛上首次提出建立世界电子贸易平台(e-WTP)。年底,杭州跨境电商综合试验区率先与阿里巴巴合作,创建全球首个"e-WTP试验区"。2017年3月,首个海外中枢设在马来西亚,随后在卢旺达、比利时、埃塞俄比亚设立枢纽,影响辐射亚洲、非洲、欧洲甚至全球。2018年,凭借菜鸟全球智能物流骨干网,e-WTP为马来西亚中小企业节省大量通关时间,99.9%的线上申报包裹实现秒级通关,阿里巴巴供应链体系如图1-12所示。

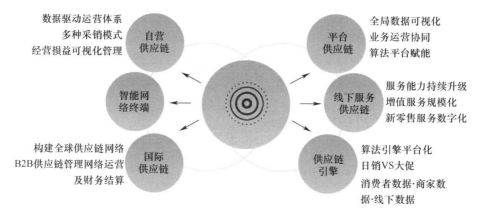

图1-12 阿里巴巴供应链体系

阿里数字供应链成功应用在多个方面。天猫消费电子2019年协同阿里生态,以大数据为基础,智能算法为指导,商家深度协同为机制,流量调控为策略,完成了端到端供应链解决方案的升级;在盒马生鲜上,阿里巴巴打造了一套生鲜智能供应链解决方案,包括销售预测、自动补货、全智鲜智能调控;在与Lazada的合作上,通过集合供应链平台事业部各产品技术领域,协同天猫、菜鸟、国际中台等相关领域能力,成功完成了端到端国际化零售与供应链产品技术体系的构建,并在6个国家上线运营,极大增强了供应链履约、库存、物流系统的一致性,提高了采购自动化、价格管理智能化水平,以及返利分析准确性;在国际直营进口上,基于控品、控货、控服务展开天猫国际进口直营业务,通过全球仓储布局,多渠道、多模式直达海外品牌货物源头,致力于为消费者提供高质量、高性价比、高服务标准的海外原装进口商品消费体验。

3. 沃尔玛

沃尔玛是一家美国的跨国零售企业,主要经营超市、仓储会员店和电商平台。1972年,沃尔玛在纽约证券交易所上市。1991年,沃尔玛进入国际市场,先后在墨西哥、加拿大、中国等国家设立了分公司和门店。沃尔玛以其低廉的价格和庞大的规模而闻名,其规模是其第二大竞争对手的两倍多,在美国的杂货销售额超过1/4,全球有10000+分店,年销售额超过6000亿美元,连续7年在美国《财富》杂志评选的世界500强企业中居首位,其成功得益于极致的供应链体系。

刘晓在《关于沃尔玛的供应链分析》一文指出,沃尔玛的供应链体系采用顾客需求驱动的拉动式模式,以最终顾客需求为核心,整个供应链高度集成,反应灵活迅捷。其供应链体系结构主要包括以下几个部分:

供应商管理:沃尔玛与全球范围内的供应商建立了紧密的合作关系,通过电子数据交换(EDI)系统支撑实时数据交换,掌握供应商的生产和库存情况。同时,沃尔玛还建立了供应商评估系统,对供应商进行定期评估,确保供应商的质量和交货期符合要求。

配送中心网络:沃尔玛建立了全球范围的配送中心,负责将供应商的产品配送到各个商场。这些配送中心采用先进的仓储管理系统和自动化设备,确保库存管理和配送效率。同时,沃尔玛还采用先进的运输管理系统,对运输过程进行实时监控和管理。

销售时点信息(POS)系统:沃尔玛的所有商品都配备了POS系统,该系统可以实时收集商品的销售数据,包括商品品种、销售数量、销售时间等信息。这些信息可以及时反馈给供应商和配送中心,以便进行生产和配送计划的调整。

电子数据交换(EDI)系统:沃尔玛与供应商之间通过EDI系统进行数据交换,实现订单、发货清单、销售数据等信息的实时传输。这可以大大提高数据传输的效率和准确性,减少人工操作失误。

全球卫星定位系统:沃尔玛是第一个使用卫星通信系统的零售公司。卫星定位系统可以实时定位车辆位置,并对车队调度进行优化。这可以实现全球范围内的数据传输、订单处理、库存管理等操作。

总的来说,沃尔玛的供应链体系结构是一个高度集成、高效运作的体系,包括了供应商管理、配送中心网络、POS系统、EDI系统和卫星通信系统等多个组成部分。这些组成部分相互协作,实现了供应链的无缝对接和高效运作,如图 1-13 所示。

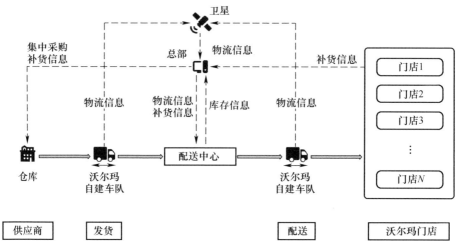

图 1-13 沃尔玛供应链体系

(三)快递运输领域

快递运输既是经济社会发展的桥梁纽带,也是供应链快速高效运转的重要支撑,还是供应链实现物资高效流通的核心能力要素。

1. 顺丰速运有限公司

顺丰速运有限公司(以下简称顺丰)于 1993 年在广东顺德创立,经过多年发展,其已成为国内领先的综合快递物流服务商,全球第四大快递公司。顺丰通过科技赋能产品创新,形成了多行业、多场景、智能化、一体化的智能供应链解决方案,网点辐射全国和全球主要国家及地区。依托其高渗透率的快递网络,顺丰为客户提供一体化供应链解决方案,涵盖采购、生产、流通、销售和售后等多环节业务。作为智能物流运营商,顺丰倚赖"天网+地网+信息网"的网络规模优势,实现全网络的强有力管控。

其官方资料显示,1997 年,顺丰向全国主要地区扩张,2002 年开始从最初的加盟网络向直营网络转型。2009 年顺丰航空正式获批筹建并完成首航,助力顺丰于 2010 年开拓国际快递业务。2012 年,顺丰在快递业务领域基本建成以中高端时效件为主的直营快递体系。2019 年 7 月,顺丰开始建设"智能物流与供应链标准化物联网平台",将物联网技术应用于"收派—中转—运输"各环节,面向设备、人员、车辆、货物、场所等对象,由点及面,探索物联网技术在物流场景下的规模化应用,创造性建立了独具特色的丰智云体系(素材来源于顺丰科技"丰智云"互联网公开资料),如图 1-14 所示。

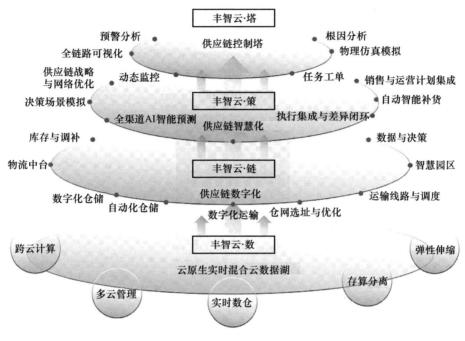

图 1-14 丰智云体系

"丰智云·塔"包括：供应链全链路中心、经营分析、大屏监控、数据中心四大部分。能够支持不同类型企业的供应链运营监控任务，辅助高层决策和中层运营管理，实时跟进供应链运营状态、发现问题、预警风险。支持供应链一单到底的全流程跟踪，在质量、时效、效能、成本、归因等方面助力分析，引入人工智能辅助进行深度解析，生成对应的数据报表和报告，以热力图、流向图、状态图、指标图表等形式进行大屏显示。

"丰智云·策"包括：路径优化、动态库存策略、智能补货、决策场景模拟等功能。顺丰科技通过大数据与人工智能结合，利用独特的运输优化算法，结合订单时效、客户分布、成本结算规则等为客户提供新的运输方案，可有效提高车辆装载率和运输时效。在企业"最头疼"的预测补货方面，顺丰科技通过算法驱动销量预测，可全面提升全渠道多品牌的预测可靠度；需求驱动门店及分仓补货，结合可灵活调整的补货策略，实现快速供给响应。

"丰智云·链"包括：物流中台、数字化仓储、智能仓储等功能，是整个供应链交付执行的核心系统。整体建设内容包括 TMS 运输管理系统、WMS 仓储管理系统、BMS 结算管理系统等多个子系统,助力企业实现产业数智化升级。

"丰智云·数"包括:以云数据湖为核心的数据资产管理、数据服务供给、数据跨云计算、数据平台支撑等能力,既是丰智云体系的关键构成要素,也是顺丰核心资产的重要组成部分。

2. 三通一达

"三通一达"指圆通速递、申通快递、中通快递和韵达快递四家快递公司。近年来,由于数智化技术和设备的应用,能让生产制造与快递物流一体融合,从供应链上保障快速反应,各大快递公司纷纷创建供应链服务公司,致力于挖掘多环节需求,集成优化全链路服务资源,集成运用大数据及互联网技术提质强能。

圆通速递公司 2000 年成立于上海,2005 年首先与阿里巴巴合作,成为第一个与淘宝网签约的配送服务商。2016—2018 年,圆通速递主要任务是多元业务发展,占据快递市场。2019 年至今是圆通的数智化发展阶段。

中通快递的发展初期是 2002—2009 年,以产能扩张为主。2010 年中通决定实现"全网一体化",将加盟转运中心转为直营。2017 年起,中通开始进行数智化转型,中通的"智能物流大脑"囊括快递链条中最核心的环节,将前沿技术与实际需求相结合,为业务带来价值,智能物流大脑包括智能路由、智能场站、智能末端。

中通建立的乌拉诺斯系统能够连接各种平台的物流订单信息,实现对线下网点和运力的精准对接。通过直接对接企业信息系统和中通系统,订单和物流信息得以无缝贯通,使得物流需求能够在平台上快速传递。中通通过智能匹配迅速链接供需双方,实现快速、高效的服务。此外,为提高物流响应速度,中通还提出"中通仓+中通配"模式,满足了"次日可达"的需求。

申通快递品牌初创于 1993 年,经过 30 余年的发展,申通快递在全国范围内形成了完善、流畅的快递网络,如图 1-15 所示。申通的供应链上游主要是三方供应,包括运输保障、设施设备、人力服务、IT 客服、行政物资、工程物业六大采购品类。中游即快递物流,以申通加盟制网络为例,还包含末端的网点公司。下游直接面对终端用户,包括客户商家、消费者。申通从 2019 年与菜鸟达成合作,双方加强数字信息化合作,推动申通数字化升级。申通在 2020 年完成全站业务上云,成为快递行业首个使用公有云的公司,发布了数智化应用"管家"系列中极为重要的一个产品——"网点管家",2022 年申通开始研发网点管家移动端,实现了网点实时监测业务动态。申通研发了时效控制塔以便实时计算最细包裹粒度;其自主研发的高速交叉带分拣效率提升 30%,能耗下降 50%。此外,申通对输送线软硬件进行改造,实现设备自适应节能,运用了高精度的超高频射频识别设备(UHF RFID),能够准确跟踪货物,显示货物位置和状态,全面促进快递业务提质增效,申通数智化核心关键能力如图 1-16 所示。

韵达快递与制造企业客户共建融合共生的现代物流中心,韵达投入使用分拣

图 1-15　申通数智化发展历程

图 1-16　申通数智化核心关键能力

效率达 4.8 万件/h 的交叉带式分拣系统,可对全类别快递高效分流和揽收。楼上生产,楼下发货,构建了一体化供应链协同平台。

当前,快递行业已率先迈向数智化时代,并集中表现出智能、实时、超自动化等技术特征,形成实时计算、智能预测、网云协同、软硬件深度融合、AI 全面赋能、数据资产积累等多种数智化能力。通过先进技术,特别是 AI 全面赋能自动化设备和算法模型,快递企业的生产力得到充分释放,技术创新的红利、活力正不断涌现。

（四）能源动力领域

能源是驱动现代社会发展的血液,我国"双碳"目标正推动"城市级智能能源系统"加快形成,新型能源系统的建设关键是采用智能能源、发展能源数字化。数据资产在企业信息化和数字化转型中扮演着关键角色,在数字经济的发展中日益凸显其核心作用。在能源行业,数字化转型应以业务和技术双重推动为基础,将数字技术融入企业的管理和运营流程,推动业务和管理变革,提高效率,优化成本结构,促进能源产业价值链的整体优化。

1. 国家电网有限公司

国家电网有限公司(简称国家电网公司或国网)成立于2002年12月,以投资建设运营电网为核心业务,是关系国家能源安全和国民经济命脉的特大型国有重点骨干企业。国家电网公司下辖6家分部、27家省公司和35家直属单位,公司电网业务由分部、省、地市及县公司等多层级单位开展,直属单位按专业划分为金融业务、国际业务、支撑产业和战略新兴产业等板块,形成了"一体四翼"发展总体布局。

据国家电网有限公司组编的《现代智慧供应链创新与实践》一书介绍,2009年起,国家电网公司致力于供应链管理集约化、数字化、精益化,实现了物资采购由分散向集中、质量管理由入网一次性向全生命周期、物资供应由单点保障向全域统筹、风险防控由人防向智防技防的"四个转变",构建了"五E一中心"一体化供应链协同平台,打造了"智能采购、数字物流、全景质控、合规监督、智慧运营"五大业务链,建成了具有国网特色、国内领先的现代供应链管理体系。

一是电子商务平台ECP。在实现采购计划、招标采购、合同签订执行、供应商管理及废旧物资处置等业务全流程电子化的基础上,运用云平台、微服务、微应用架构等新技术升级平台能力,满足业务快速迭代要求,提高业务数据结构化比例,拓展跨专业系统数据和流程贯通,推动供应链"业务一条线"。

二是企业资源管理系统(ERP)物资模块。向前延伸贯通至规划计划环节,对接项目储备信息自动转化为采购需求,扩展协议库存覆盖物料范围,推动服务类合同全流程在线管控,深化需求、订单、库存、资金等企业资源"一盘棋"统筹水平。

三是电工装备智慧物联平台(EIP)。通过工业互联网技术,将管理延伸到供应商产品质量控制最源头最关键的制造生产线,平台实时采集供应商产品生产制造的原材料准备、工艺控制、出厂试验等全流程质量信息,与合同要求参数进行比对,对质量、进度问题自动智能预警、告警。

四是电力物流服务平台(ELP)。针对特高压换流变等价值高、运输路线长、运输方式和道路情况复杂、运输安全性要求高的大件设备,建设初期具备"大件物资运输全程可视监控"功能,用来监控保障运输安全。后续将此功能拆分出来,升级为独立的平台,拓展打造电力设备物流服务体系,引入社会物流资源开展配网物资主动配送,该服务体系还可以合理调度运输车辆,优化路径,减少空载,降低碳排放和物流成本,推动现代物流保障体系建设。

五是一体化移动应用E物资。主要就是将分散在各级单位、各环节的移动作业辅助工具进行统一整合,纳入国家电网企业级移动应用"i国网"APP,形成物资专业统一的移动应用工具。物资从业人员和供应商,都可以随时随地掌上办理计划、采购、物流、质控、评价、监督六大业务。

六是供应链运营中心 ESC。应用数据中台技术，借鉴供应链管理控制塔的理念，构建形成供应链运营中心平台，打造数据存储、数据计算、数据应用和数据更新等方面的高性能高可靠服务能力，提升运营分析、资源调配、风险预警、数据应用、应急指挥五大功能，推动实现供应链智慧运营。

通过不断的创新、发展和实践，国家电网公司供应链管理主要取得了以下显著成效：一是建立完备的供应链管理体系，提升了集团化运作能力。依托"一级平台管控、二级集中采购、三级物资供应、四全运营保障、五统机制运行"的供应链管理新模式，实现了从单一采购业务向全方位、全过程、集约化的供应链管理升级，集团管控能力大大提升。二是全供应链业务数字化转型，提升了全链运营质效。构建"云采购、云签约、云检验、云物流、云结算"的"五云"新业态，实现供应链全流程业务从"线下"向"线上"升级，运营决策从"经验判断"向"数据说话"转变，极大地提升了公司供应链业务的效率、效益和效能。三是全网资源"一盘棋"统筹，提升了物资保障能力。打造了先进的仓储物流体系，汇聚形成供应链"云上实物资源池"，实现全网实物资源、供应商资源、检测资源、物流资源统筹调配，做到平时服务、急时应急。四是设备全生命质量监督，提升了质量管控能力。通过海量的设备和供应商数据分析，以及对生产制造过程开展"云监造"，既强化了对招投标和入网检测环节的质量管理，又大大加强了对中间监造环节的管控。五是供应链业务线上智能监督，提升了物资领域风险防范水平。用技术手段快速识别风险，实现供应链合规监督由"人防"向"智防"转变，由事后被动处理向事前主动感知转变，做到及时预警、在线纠偏。

2. 中国石油化工集团有限公司

中国石油化工集团有限公司（简称中石化），是 1998 年 7 月国家在原中国石油化工总公司基础上重组成立的特大型石油石化企业集团。

相关公开报道显示，2018 年，中石化国际石油勘探开发有限公司（简称国勘公司），针对现行供应链中的问题，对海外作业者项目供应链实施垂直过程管控。具体做法：一是在垂直过程管控中将供应链分为两级管理中心，上级为总部采办贸易部门，下级为海外作业者项目部门；二是规划优化了供应链流程，提高了供应链管控效率；三是搭建了全程在案、实时追溯的信息系统。国勘公司根据实际业务流程与供应链运营情况，构建了数字能力模型+控制塔的数字化供应链，如图 1-17 所示，推动现有业务流程进行数字化转型。

与之相呼应，王明虎在《企业集团财务管理教程》一书中分析提出，数字化转型过程中，首先需详细制定数字化供应商管理的协同策略，如图 1-18 所示。积极推进供应链总部与海外供应商的合作，充分发挥数字手段的作用，有序推进各级供应商、数据和系统的连接，全面推动供应商与总部及时共享结构化信息，使总部能够实时跟进海外供应商生产制造进度，及时在生产制造过程中展开催交催运工作。

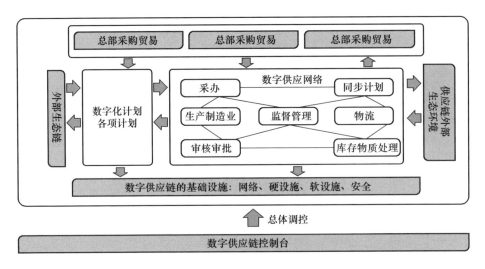

图 1-17 中石化数字供应链控制塔

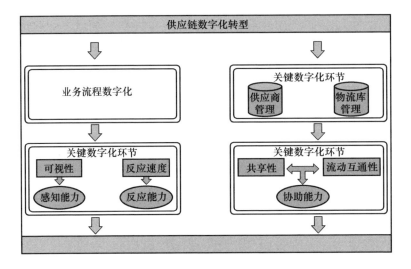

图 1-18 供应链数字化转型

其次,需详细制定数字化供应商的细分策略,将大数据作为数字化战略资源,将不同资源国的政策差异传递到数字化供应塔模型中,提前做好应对准备,并尝试对供应商选择做出调整,避免政策风险。最后,需开展数字化供应商评价模块的标准化工作,实现对总部供应商与海外项目供应商的财务信息、资质证书、生产加工能力、信用证明等关键指标进行评价。

(五) 通信技术领域

通信技术领域具有科技密集型特点,既为数智供应链建设注入了创新动力,自身也依靠先进的供应链体系,实现科学管理、降本增效、维稳保供、高效运转。

1. 中国移动通信集团有限公司

中国移动通信集团有限公司(简称中国移动),是国内三大基础电信企业之一,资产规模超过1.65万亿元人民币,拥有全球最大的网络和客户群体,连续19年位列《财富》杂志"世界500强",拥有超过448万座5G和4G基站,9.5亿户移动连接,1.87亿户有线宽带连接、8.84亿户物联网智能连接。王昕《中国移动——数智一体化哈勃分析平台助力供应链全链路数字化》一书讲道,其供应链发展经历了四个时期。

2010—2013年,基础管理时期。这一时期,中国移动设置了总部采购部门,明确了集中化采购的主导方向,设置了总部和省公司两级采购模式。

2013—2015年,规范管理时期。这一时期中国移动成立了采购共享中心,并且对不同的业务展开专业化运营,全面推进合法合规阳光采购,同时建设了电子采购与招标投标系统(ES)系统以及供应链管理(SCM)系统加强数字化建设。

2015—2017年,精细管理时期。这一时期中国移动注重于主动型供应链建设,为了增强供应链柔性,加强了内部各环节的跨部门协同,实现各部门全流程在线贯通。

2017年至今是数字化管理时期。这一时期中国移动以建设供应链数智化平台为目标持续推进集中化、标准化和规范化管理。

2014年起,中国移动以电子采购与招标投标系统、供应链管理系统、大数据分析平台作为数字化建设的推手,实现了采购物流业务的快速发展。中国移动推出(SCM)系统来提供供应链需求计划、项目管理、合同/订单管理、仓储物流管理、供应商管理、质量管理、主数据管理等功能,实现了供应链数字化管理,串联了供应链各个环节的业务流程,也产生了大量的业务数据支持数据分析的开展。

为了实现供应链的数字化,中国移动首先建设了可视化大数据平台。中国移动拥有上万家交易供应商,大数据平台搭建了全网供应商的知识图谱,对供应商的基本信息、投标信息、产能信息、负面行为、企业图谱、新闻舆情等进行了全方位的监控。确保在采购执行环节能够实时监测企业的产品质量管理信息。同时,中国移动也对收集到的数据进行了全方位整合,并进行了资源共享从而实现了平台对供应链各个环节的数据监测防控(素材来自公司官网和互联网公开资料),如图1-19所示。

2. 中国联合网络通信集团有限公司

中国联合网络通信集团有限公司(简称中国联通)拥有覆盖全国、通达世界的

图 1-19 中国移动供应链平台

现代通信网络和全球客户服务体系。"大联接"用户规模超过9亿。联通数字科技有限公司(简称联通数科)是中国联通打造独特创新竞争优势、实现创新赛道差异化突围的重大战略布局,致力于推动数字经济高质量发展,为政企客户的数字化转型赋能。中国联通供应链平台历程如图 1-20 所示。

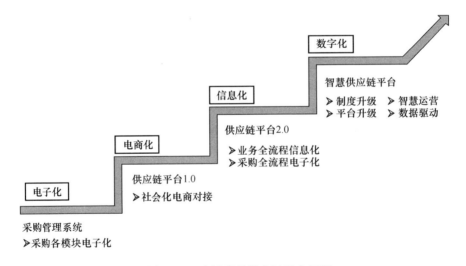

图 1-20 中国联通供应链平台历程

联通数字科技《2022 国有企业数字化创新优秀案例——联通智慧供应链平台》显示,中国联通为实施供应链智能化转型升级,大力发展以智能化采购管理为核心的联通智能供应链平台,主要由"1+6+N"的产品体系构成。"1"是核心全流程业务管理产品,涵盖供应链的各个环节;"6"是平台细分的 6 大核心业务板块;"N"是为满足供应链管理中各个环节业务的不同需求,对业务进行拆解细化,形成独立的业务产品。同时,平台也引入了目录结构体系,降低了采购过程中的差错率,使得采购环节更加稳定。此外,平台也应用了人工智能以及大数据等技术,实现数字化运营,充分挖掘供应链的价值潜能,如图1-21所示。

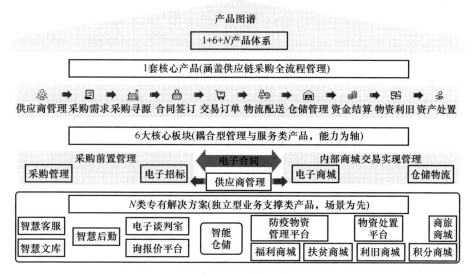

图1-21　中国联通供应链产品图谱

（六）军事作战领域

军事供应链是一种独特的生态存在。相比于民用领域,军事供应链的建设运用与管理有着十分显著的独有特征。

一是空间范围的广域性。随着国际战略形势的深刻变化,大国间战略博弈多发频发,大国军队海外战略运用、全球兵力部署、跨境多域作战有增无减。为适应全球用兵需要,大国军队必须构建与海外兵力行动相适应的全球供应链系统。以美军为例,冷战前,其军事基地最高曾多达5000个,冷战后,随着其海外兵力部署的精简调整,现仍在140多个国家建立有300多个军事基地,成为其海外兵力行动的重要基石。同时,为充分发挥海外基地的保障效能,实现全球供应链体系聚能增效,美军高度重视信息化和数智赋能手段运用,一方面研发部署了全资产可视化系统,对其各类作战保障所需资产资源进行编目编码、可视掌控,助力扫清"资源迷雾";另一方面,大力推广全域覆盖的战斗勤务保障相关系统研制运用,基于可视化资源底座,实现全球范围快速响应需求、就近就便精准调配资源、面向部队快速直达供应。虽然在空间范围上,民用领域也有一些跨国性企事业集团,但其海外机构点位相对固定,军事供应链与之相比机动性更强,所需跟进覆盖的潜在任务空间范围也相对更广。

二是任务响应的指令性。军人只对誓言负责,商人只对合同负责。军令如山的内在要求和行为模式,在一定程度上决定了军事供应链任务响应的指令性、任务执行的强制性。从宏观层面看,民用领域供应链保障,如不能按时保质完成目标,则只会存在合同违约理赔等处罚。军事供应链一旦下达任务,如不能按期保供,则难逃军法问责。从实施层面看,有的国家军队在组织供应链运行保障时,一方面会对军队内部的采购、储供、运配力量下达指令性任务,按照军令体系督导执行;另一方面,即便对社会力量,在急时战时也不再采取平时签订合同的模式,改为下达动员征用指令,利用国家机器的权威性,将社会力量纳入建制体系管统用。例如,我国2003年专门以国务院、中央军事委员会名义修订并公开印发《民用运力国防动员条例》,专门明确"在战时及平时特殊情况下,根据国防动员需要,国家有权依法对机关、社会团体、企业、事业单位和公民个人所拥有或者管理的民用运载工具及相关设备、设施、人员,进行统一组织和调用。一切拥有或者管理民用运力的单位和个人都应当依法履行民用运力国防动员义务"。这一特点与民用领域供应链的商业化运作模式有着显著差异。

三是保障行动的适变性。"兵无常势,水无常形"。军事对抗瞬息万变的特点,决定了军事供应链必须具备弹性适变的能力特征。对此,一些发达国家军队聚焦生成和提高供应链弹性适变能力,采取网络化、数智化手段进行了很多有益尝试和成功探索,主要有:支撑保障力量动态重组,能够根据任务变化,基于统一的信息平台,快速筹组保障力量;支撑保障行动精准调控,能够及时跟踪掌控供应保障进程,根据战场形势变化,给予智能化方案比选和决策支持,辅助对保障力量、保障资源、保障模式进行灵活调整、精准掌控;支撑保障效能科学评估,引入先进的模型算法,建立供应保障能力指标体系,对保障效能进行量化评估,对保障行动进行快速反馈和及时修正。例如,美军为增强其血液供应链系统的柔性韧性,专门采取数字化编码、多点位存储、组合式运用、灵活性替代等策略,基于数智化资源调度手段,大幅度提高了美军士兵战场血液供应保障的效率效能。

四是体系运行的抗毁性。与民用领域供应链不同,军事对抗的爆裂性,决定了军事供应链往往成为重点打击的对象,因此必须具有较强的抗毁性。美国海军分析中心的迈克尔·科夫曼提出"战争中最重要的不仅是意志的较量,也是物资的较量,这要看谁先耗尽装备和弹药以及他们最好的部队"。近几年的地区军事冲突,既是各方军事供应链综合实力的比拼较量,更是供应链"绞杀战"的生动诠释。对抗双方往往从战争伊始便持续不断实施后勤供应系统的"体系性打击",有条件的军队甚至动用空天部队毁灭性打击交通枢纽、仓储要点、补给力量,严重毁瘫敌方供应链体系,有报道显示,有效的供应链打击可使物资供应和运送能力下降一半以上。

五是供应品类的特殊性。相比民用领域的物料供应,军事供应链主要针对多样化行动任务,提供弹药、武器装备、后勤物资器材等供应保障,其供应品类具有一定的专属性,供应商多为军工领域生产制造和物资供应企业。同时,由于军品较之民品对安全保密要求更高,且易燃易爆、核生化等危险品相对集中,因此,军事供应链运行管理的特殊性、复杂性特征更为显著。西方发达国家的军队,在战时,特别是遭敌封锁、打击情况下,为保障供应链持续稳定运行,往往会采取更为特殊的策略手段和技术加持,如通过数字化、标准化技术对重要装备零件、物资器材的品类属性进行统一编目编码,增强战损供应的复用性和可替代性;通过搭建供应链协同管理平台,强化重要军品的需求协同、生产协同、供应协同;通过优化重组军工产业链生态,形成主备结合、多路多点的韧性供应链产业格局。

六是资源消耗的陡增性。诚然,军事对抗所需弹药、装备器材、特种燃料等资源类型本身就与民用领域存在较大差异。但从供应链视角看,物资类型的特殊性并不是关键差异,物资消耗的陡增性、海量性,才是对供应链提出的最大挑战。"养兵千日,用兵一时"。和平时期,军事供应链大多处在一种"节能运行"状态,仅保障日常战备、例行训练和生活供应等需要,物资消耗类型相对单一,物资供应规模相对平稳,物资保障对象相对固定,这一点与民用领域供应链平台运行状态极为相似。然而,一旦遇有应急应战任务,军事供应链将迅速根据战备等级转进,实现由"节能"状态切换至"高能"状态,物资消耗量空前巨大、供应并发性空前增加,如事前不能有预见性地对军事供应链体系进行专门设计建设,必将付出战时供需断链的惨痛代价。伊拉克战争中,美军为保障从本土和欧洲向作战区域快速实现直达供应,专门开通20条跨洋空中投送走廊,与平时相比,其供应保障的运力运能短时间便增加了400%以上。

1. 美军供应链

美军公开资料显示,其军事供应链体系主要由需求计划、采购管理、物资储备、运输配送、回收利用五大职能要素组成。这五大职能要素,以供应链保障环节的方式相互衔接,与美军组织体制、法规标准、网信体系、技术手段相互作用,共同构成美军全球作战、全域保障的能力基石。

需求计划职能要素。美军在供应链运行管理上,坚持向战聚焦聚能理念,以联合作战后勤指挥为核心,以战区联合作战司令部为基本依托(通常由一名副司令员负主责),实施联合作战供应保障的统一指挥、需求管理和计划协同。对内,战区可根据形势任务需要,灵活设立由国防部、战区和有关军种代表共同组成的供应保障专职机构(中心、委员会),以增强战区供应链运行的计划性、统筹性、协调性;对下,战区司令部可对区内军种部队实施后勤指挥和计划统筹调控,适时与军种有关后勤供应机构进行需求协同、计划协同、供应协同;对上,战区司令部可针对应急应战物资供应需求,通过参联会联合参谋部后勤职能机构,以直接或间接的方式,向国防部六大直属保障机构(国防部后勤局、合同管理局、财会局、合同审计局、日用品局、卫生局)提出专业勤务支援需求计划,对口实施通用物资器材供应、物资装备和保障勤务采购、财务供应保障、合同监管审计、生活用品供应、卫生勤务支援等供应链专业保障活动。

采购管理职能要素。采购管理职能要素是美军面向战场、联通市场的枢纽桥梁,其采购职能的运转,主要由三个层次的专业机构梯次协作。第一层,宏观管理机构,位于国防部和各军种的后勤机构,主要负责制定采购政策和法规,决策重大采购项目,进行采购工作的宏观调控,以及领导采购系统的业务发展建设。其中,美国国防部设有一名负责采购工作的副部长,并设置专门负责采购工作的帮办;陆军、海军、空军设有专门负责采购工作的助理部长,负责指导和管理各自领域的采购活动。第二层,采购业务机构,是具体负责采购实施的业务单位,主要根据作战保障需求、美军建设规划、采购政策规定,按照通专两线的模式运行,直接与市场发生业务联系,处理具体采购事宜。其中,国防部后勤局负责全军通用装备物资采购,各军种下设专用物资装备采购机构,具体实施专业采购、供应和维修保障任务。第三层,国防合同管理机构,主要根据采购机构签订的采购合同,负责直接与供应商对接协调,监督生产厂商的供应活动,处理合同履行过程中的问题,确保合同顺畅履行。国防部合同管理局负责对所有采购合同实施集中统一管理,其在美国主要工业基地设有多个地区合同处和驻产地军代表室。值得一提的是,美军采购管理的精细化、系统化、信息化、规范化程度较高,依托履约监管信息平台,可有序实施采购计划制定、采购申请提交、采购价格确定、采购厂商遴选、采购合同履约等活动,为其供应链高效运转提供了网信手段支撑。

物资储备职能要素。美军物资储备,总体上采取通专两线、三级联动、区域联勤、动态监督、技术赋能的运作模式。通专两线,即美军由国防部后勤局各职能机构,对各军种实施通用物资统一储供保障,各军种后勤部门设有专用物资供应保障机构,实施本军种特殊物资储供保障。三级联动,即国防部、军种、战区物资储备管理机构及相关保障实体,三级机构自上而下协同运行,调度指挥各保障实体对作战行动进行物资储供保障。区域联勤,主要在各战区、任务区设立多个国防部或军种统管的物资供应保障实体力量(保障中心、物资库存控制站、军种后勤基地、伴随保障力量、工业供应中心等),对任务部队实施区域化通专结合的物资储供保障。例如,美国国防部后勤局在全球范围设立有国防战略物资储备中心、海陆供应链保障中心、航空补给中心、欧洲与非洲保障中心、印太保障中心等,可为各军种任务部队大范围机动提供联勤接力保障,是其供应链全球覆盖的重要支撑。动态监督,美军专门设有国防物资战备委员会,对各类物资储备规划、政策标准、供应保障、管理质效进行审查评估,定期提出专业化评估意见,并向国防部等权力机构进行专题汇报,相关意见被采纳后将及时反馈各级物资储备管理部门,促进其及时改进工作,不断提高效能。技术赋能,美军物资储备系统高度依赖先进的信息技术和物流管理系统,专门投入力量,研发物资统一编码服务、实时库存管理系统、物资识别跟踪技术等,以提高物资管理调配的准确性、灵活性,有效满足各类部队平战时物资保障需要。

运输配送职能要素。美军供应链的运输配送运作主要依托其运输司令部组织实施。指挥管理层面,美运输司令部,一方面负责统筹各军种投送力量运用,指挥陆军地面部署与配送司令部、海军军事海运司令部、空军空中机动司令部的运输力量与保障任务;另一方面,统管国防快递等小件配送业务,为全军使用地方物流快递力量提供服务。以美军强大的战略海运能力为例,美在伊拉克战争中,依赖战略海运输送了超过90%的军事物资,主要通过在全球范围设立大西洋军事海运司令部、太平洋军事海运司令部、欧洲军事海运司令部、中央军事海运司令部、远东军事海运司令部、海上预置作战部队,统筹调用美军建制运输力量,动员征用所需民用运输船只,有效支撑供应链大宗物资的全球调运需要。技术层面,美军专门打通了与本国、同盟国大型运输物流集团公司的信息共享链路,在线掌握铁、公、水、空战略投送的运力运能;研制开发了运输配送管理跟踪服务系统,该系统结合全球定位系统,自动向作战任务网络报告在途位置,通过为部队配备简易型、高级型两种定位终端,可动态掌控建制运力分布、任务动态、在途轨迹,为美军统管统用运输力量提供了有效技术手段。理念层面,美军通过集中掌控运输资源、健全军民融合机制、挖潜运用信息技术等方式,不仅极大提高了其物资快速收发、全球运输配送、直达精准投送等保障效能,而且凭借强大的投送能力创新发展了配送式物流、聚焦式后勤、感知反应式物流等多种先进保障模式、保障理念,成为美军形成供应链比较优势的关键所在。

回收利用职能要素。美军高度重视废旧物资回收利用。美国国防部在20世纪70年代便着手制定"物资再利用计划",专门成立了国防物资处理服务部(Defense Material Processing Service Department),后更名为国防物资再利用和销售服务中心(Defense Reutilization and Marketing Service,DRMS)。美军的物资回收,主要通过两级协同、区域运作的方式组织实施。国防部层面,主要依托国防部后勤局下属国防物资再利用和销售服务中心统管全军物资回收和再利用业务;战区层面,主要依托DRMS下设多个国防物资再利用和销售服务办公室(The Defense Reutilization and Marketing Office,DRMO),在美国本土和海外任务区分散设置,统一负责区域范围内美军废旧、超限物资的接收、分类、回收、调剂、销售等工作。美军对装备物资的回收利用,是其实现供应链绿色共享、循环再生、增值增效的重要举措。

2. 俄军供应链

俄军经过多年改革实践,继承利用苏联后勤体系"遗产",丰富发展、逐步构建形成以俄罗斯军事运输组织(MTO)为枢纽,在统一的指挥调度下,分专业、成梯次、前推式实施供应链体系运作的基本模式。对此,俄军曾公开表示:"在俄罗斯,物流管理和供应链控制主要继承于苏联体系,采用的是中央集中管理调控的模式;在这种体系中,大部分设备器材和供应品都在战略、战役层级进行统一管理、分类施供;这种方式使得俄罗斯军事指挥机构和运输组织能对作战需求进行集约响应、对作战资源进行精准掌控、对供需矛盾进行全局调控。在分类施供上,最具支撑性、代表性的主要是俄军弹药、油料、给养、装备等专业领域供应链体系。

弹药供应链。俄军高度重视弹药补给,"因为俄罗斯目前的军事理念在很大程度上依赖于大规模火力,这需要大量的弹药消耗"。在体系构成上,俄军弹药供应链主要采取枢纽依托、梯次部署、交通串联的架构形式。在战略战役后方,主要依托交通枢纽(主要是铁路交通枢纽),构建后方集散型弹药库,为各作战方向实施多路多向的辐射支援;在作战区域腹地,主要毗邻交通沿线,距前线 35~50km 处,构建中间野战型弹药库,持续实施弹药中转收发、快速前送,是俄军通达战场的弹药供应骨干节点;在对敌作战一线,主要依托部队后勤,构建火线队属型弹药库,供各作战单元、武器平台直接取给;三个梯次的弹药供应实体通过俄军交通运输力量相互串联、结点成链,形成独具特色的弹药供应链体系。在保障模式上,主要采取机动支援和战略预置相结合的方式。例如,俄军为增强战术层级弹药供应的机动性,专门组建了机动保障部队,通过应召保障、伴随保障、配属保障等方式,为作战行动持续提供弹药补给。同时,俄军也经常在重要方向演习后,有意留存大宗装备弹药以备后需。2008年"高加索"演习后,俄军大量存储弹药,后被用于格鲁吉亚冲突行动;2021年"西部"演习和准备与乌克兰开战的早期春季演习期间,俄军也大量在预设阵地预储弹药物资,旨在通过弹药供应的预见性,支撑作战行动的突然性。在矛盾问题上,俄军弹药供应补给也面临一系列挑战,由于储存不当,集中存放在仓库中的弹药经常失效;由于缺乏自动装载设备,铁路和公路装卸转运时需要花费大量人力和时间,且俄军大多数运输车辆已经服役超过30年;由于信息化建设有限,俄弹药供应管理数字化、网络化水平不高,许多保障作业依靠线下人工办理,与其作战部队信息化程度相比存在差距,等等。

油料供应链。俄军作战装备多、油品种类杂、油料消耗大,油料供应链建设从苏联至今,始终备受军方高度重视。俄军高层曾专门表示,"维持对燃油及其他石油、油料和润滑油产品的不间断供应,是俄军武器平台和保障单元赖以生效的能力源泉"。在体系构成上,俄军油料供应链主要采取分方向、成梯次、高流量的网络架构。在战略后方,主要依托国家大型油料加工存储基地,建立油料战备储备,形成多点分布的军用油料资源池。在各军事区,主要依托高速运输网和重要交通枢纽,建立中央储存库,其一般具备两周左右的油料储存供应能力;当中央储存库和一线任务部队距离超过100km 时,通常建立前方油料仓库,以简化运输环节,支持部队油料快速收发供应。在作战部队一线，俄军为强化末端供应，还会多点开设野战加油站，每个野战加油站以油罐车为单位，为战斗车辆提供燃料，同时可为多达10辆战斗车辆加油。从中央储存库、前方油料仓库到野战加油站的不间断转运作业，主要通过MTO的军地油料机动运输力量实施，每个MTO机动旅通常包括一个管线营和一个野战加油公司队伍。在保障模式上，俄军油料供应链运作主要采取"推送式"运配模式。这种模式沿袭自苏联时期，主要根据预先确定的补给标准，通过标准化消耗公式测算，获得各作战部队所需油料数量，再通过俄军运输系统，定期将油料前送至各作战部队。在面临问题上，俄军推送式油料保障，与美军基于实际需求进行油料供应的做法形成鲜明对比，俄罗斯部队通常面临"被分配"的尴尬局面，不论实际消耗如何，都要被动接受，从而常常导致油料供应不足或供应过剩的两难情况。

给养供应链。俄军给养供应体系较为完整，在多次作战行动中经受住了冲击和考验。在体系构成上，俄军在各军事区后方建立有固定的给养支持中心，中心下辖多个食品储备库，并配有装卸搬运、安全监测、温湿控制等较为先进的技术装备，"可在不暴露于环境的情况下将食品装载到机动运输车辆上"。在作战地域，俄军通常会建立多个移动野战仓库，以实现给养食品的集中暂存、快速收发和生产加工；随着战斗部队的持续机动推进，野战仓库通常2~3天会随任务调整部署一次。在一线部队，俄军主要通过开设前沿野战厨房，作为给养供应链的末端节点，为单兵提供餐食保障。在保障模式上，类似于"推送式"配送模式，俄军给养保障人员，根据预定参战标准、消耗限额进行给养食品的供应需求测算，由机动保障力量主动实施物资前送。在存在问题上，主要是给养供应链技术手段陈旧、机动伴随保障能力不足、信息辅助决策支持欠缺。有媒体报道，俄军为保障面包烘焙供应，需靠近一线作战部队开设机械化面包厂，由于部队需保持高度的机动性，面包厂每次都要进行设备拆卸、转运、组装，每个移动面包厂参与面包烘焙的30名士兵由于缺乏必要的运输装卸手段，往往很难同时兼顾部队饮食和机动转场的需要。

装备供应链。俄军机械化程度较高，在作战行动中，需要依靠其装备供应链，及时提供配件前送、战场维修、装备回收等保障支撑。在体系构成上，俄军在战略后方，依托大型军工集团，建有装备生产制造和维修保养的完备体系；在各军事区，建立有集中维修库，为该方向作战行动提供基本的装备保障依托；在作战前沿，俄军会针对装备保障需要，建立集结点，用于受损装备的集中回收、紧急修理。同时，俄军为提高装备供应链的机动性，依托其机动保障力量，编配有装备保障支援排，由专门的装备维修人员和机动运输车辆，对前线受损装备进行火线处置。在保障模式上，俄军装备供应链主要采取固定式区域保障与机动式伴随保障相结合的模式实施，通过梯次布设集中维修库、前沿集结点的方式，确保供应链主干的综合性、专业性，通过支援力量前出的方式，确保供应链末端的机动性、灵活性。在存在的问题上,一方面,俄军装备保障实体技术手段落后,俄军近期的装备采购,主要侧重作战部队和武器平台,对装备保障所需技术手段投入不足;另一方面,俄军装备供应链信息化程度有限,依托信息平台感知需求、调度资源、实施供应的能力水平较西方国家军队存在一定差距。

3. 北约供应链

北约供应链体系在功能维度上主要由指挥调配、物资保障、跨国运输、装备技术、统一编目等专业勤务模块构成,"这些专业模块共同构成了一个全面、多元的后勤供应系统,确保北约能够有效地执行各项任务"。

指挥调配勤务。为加强北约部队后勤供应的国际协调、统筹组织和计划调控,北约于2021年专门成立北约后勤司令部(简称北约后勤),并设置后勤指挥官负责多国部队供应保障,统筹后勤资源的协议签订、临机调控、事后补偿。在协议签订上,北约后勤高度重视与地中海对话国家、伊斯坦布尔合作倡议国家、全球伙伴国家之间的后勤合作,合作主体既有多国军队建制后勤力量,也有各国物资供应、装备维修、弹药生产、物流运输等供应商,北约后勤通过签订一系列规范翔实的后勤合作协议,实现供应链要素资源的有效聚合,确保供应链按预订协议程序平稳有序运作。在临机调控上,北约作战体系中,各成员国对其部队所辖后勤资源拥有第一调配权,但当全局层面出现供需失衡、资源紧缺、供应断链等保障危机时,北约后勤指挥官、联合部队指挥官、联合后勤支持组(JLSG)指挥官等,有权对多国部队相应层级后勤力量资源实施统一调度和重新分配。在事后补偿上,一旦出现紧急情况,北约后勤将根据事先约定和后勤操作规程,对后勤资源进行临机调配,并在事后对接收转移后勤资源的国家和地区,按照协议替换相关保障资源,或为让渡国提供经费、物资、勤务等事后补偿。

物资保障勤务。北约后勤为强化物资供应的持续性、稳定性,常常建立多国共享共用的物资储备,注重加强仓储物资的信息化集约管理,并提供储备物资的前送分发保障。北约方面曾多次公开宣称,为应对军事冲突和地区安全威胁,必须建立起规模相当的弹药、油料、给养供应仓库。对此,北约后勤积极协调美国、东欧、埃及乃至韩国等诸多国家和地区,开展各类物资加工生产、紧急筹措、共享存储。据媒体报道,北约针对近年来的军事冲突,在波兰建立了专门的北约武器弹药库,成为北约东翼"后勤大后方"。针对集中存储物资,北约后勤部队会同多国部队后勤,专门提供一系列物资前送分发勤务,包括提供战斗补给、弹药供应、油料给养、野战食堂、邮政服务等。"通过有效的物资供应管理和优质的分发服务,北约能够确保其部队保持高效运作和良好的士气"。

跨国运输勤务。跨国运输与物流保障是北约供应链体系不可或缺的重要组成部分。北约后勤及其成员国,高度重视并大力推进实施"集体物流策略",通过构建跨国战略运输通道和战场战术配送网络,统一组织多国部队运输资源,分工协作实施战略投送、战役输送、战术配送等系列行动。疏通"开头一公里",主要面向供应链上游生产加工环节,克服国际封锁、干扰袭击等,通过北约后勤"集体意志",周密组织各类供应商向军工产品制造商源源不断运输生产资料。畅通"中间一公里",主要面向合作伙伴国家或军工产品制造商组织实施大宗、跨国、不间断物流运输,主要方式包括伙伴国家战略运力投送、供应商跨国物流运输、北约后勤部队物资前接自运等。近年来的地区性军事冲突期间,北约后勤多次组织亚马逊、沃尔玛等大型物流企业,强化了储供转运等中间环节效率,成功实施了直达后方的跨国物流运输,确保了供应链体系持续稳定运行。打通"最后一公里",北约后勤十分重视战场供应链"毛细血管"网络建设与运输组织,要求多国部队运输力量落实隐蔽性、衔接性、防卫性要求,注重加强战场交通线抢修抢建和防卫保通。为应对空域封锁打击,以及成员国空运物资难题,北约后勤大量组织军地汽车运力,编组形成物资分发前送车队,采取小股多路隐蔽策略,快速实施物资配送。"这些车队需要通过地对空导弹、车载武器等保护自己,并清除道路上的障碍"。

装备技术勤务。受限于多国部队武器装备的技术差异,北约后勤很难统一组织实施各型武器装备维修、检测、回收等勤务支援。取而代之,基于健全的物资编目体系,并通过构建统一的装备技术与后勤信息通信技术(ICT)能力,支撑多国部队后勤开展装备维修资源共享共用、相互支援。北约后勤指挥员曾公开表示,"建立灵活且有效的多国协作支援架构和后勤 ICT 安排,北约才能更好地协调成员国和伙伴国的资源,提高联合行动的装备保障协同效应,从而确保北约能够有效应对各种复杂的安全挑战"。

统一编目勤务。在多国联合行动日益常态的今天,后勤互联互通互操作成为保证任务成功的关键因素。对此,北约后勤着力筑牢多国部队后勤协同的标准基础,致力于发展"链接全球物资的通用技术"。早于 1957 年,北约便在其理事会建立了北约国家编目主任小组,由北约理事会编目主席统管北约物资编目体系建设。通过数十年的建设发展,北约编目体系应用覆盖范围已多达数十个国家。在使用效果上,"打通了国家间供应链,实现了能力共享""提高了多国部队装备物资、配件器材的通用性、替代性""通过合并管理方式进行批量采购,有效降低了单件商品价格"。

第二章 数智供应链成熟度模型

"举步稳重行千里,磨砺坚韧尽英姿。"供应链转型发展是一个持续迭代、螺旋上升的历史进程。本章借鉴国家和行业供应链成熟度通用评价标准,结合数智化转型需求,体系化构建相关成熟度等级模型,差异化设计各级评价指标要素,程式化提供评价策略方法,为链主单位把握自身发展阶段,谋划梯次进阶或跨越发展提供分析手段。

一、成熟度等级模型

供应链的成熟壮大要经历梯次进阶的多个阶段,各阶段都有明显的特点,围绕每个阶段战略认知、业务形态、关键技术、数据能力和物流装备等差距,可以对供应链的数智化水平进行等级划分。本章在参考工业和信息化部《数字化供应链成熟度模型》、中国物流与采购联合会《企业采购供应链数字化成熟度模型》基础上,着眼链主单位建设定位,将供应链成熟度等级分为基础应用级、专业管理级、流程协作级、全域统筹级和生态融合级五个阶段,其最主要的分界线,就是各级别供应链数智化所服务的主体业务范围,分别对应至单一群体、专业条线、供应链部门、链主单位集团以及供应链上下游生态主体等层面。成熟度等级模型如图 2-1 所示。

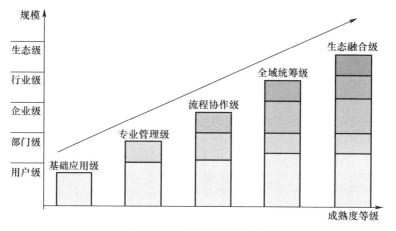

图 2-1 成熟度等级模型

（一）基础应用级

基础应用级是供应链信息化建设的早期萌芽阶段，从业人员对信息化的认知仅仅是把线下业务搬到线上，认为这样能够提升业务的办理效率，使信息留存归档；信息化建设还未得到管理层的高度重视，只是个别业务部门开始尝试信息系统的建设，建设过程也是"小作坊"的管理方式，基本上是"想到哪里、干到哪里"；需求变化反反复复，建设成本高、周期长、效益低，成果往往只是汇报几次，实际应用效果达不到预期目标；系统应用也仅能够支撑在线汇总库存账目信息、在线发布招标采购公告、在线公示中标结果等个别业务，部分业务告别了传统手工记账的"账房先生"模式。此时，大量关键业务过程仍需手工线下处理，线上仅仅记录了结果，各业务之间无法形成有效衔接，跨环节的业务只能通过制式单据流转办理。

在理念认识方面，该阶段大家对信息化的理解并不透彻，认为信息化只能解决部分业务的效率问题。高层管理者、中层管理者和一线人员对信息化理念的认知存在较大差异。中层管理者往往最先接受信息化相关理念，初步了解到信息化可以提升业务办理效率，实现全过程留痕等优势，萌发了尝试信息化建设的意愿；高层管理者认为信息化对企业战略发展的影响微乎其微，重视程度并不是很高，也没有成立信息化专项管理部门；一线人员对信息化的认知不尽相同，他们把信息化作为一种新生事物，一般是通过项目培训了解到信息化的相关概念，属于被动学习，初期的信息化基本上是以管理为核心的，变相增大了一线人员的学习成本，要改变习惯的传统模式，常被视为"负担"，导致大家的态度都较为抵触。

在业务应用方面，基础级业务应用的主要特征是信息收集和信息汇总，业务应用更注重服务中层管理者，通过系统应用在线收集一线业务的作业结果，通过系统应用快速形成汇总结果，也就是所谓的"电子账本"，支撑的业务场景单一，往往针对有考核要求的重要业务环节。例如，在采购业务中，通过官方门户网站发布招标公告和中标结果，线下签订后的合同通过扫描上传至系统备案；在仓储业务中，利用 Excel 导入等方式，批量导入库存统计结果，等等。这些应用很多时候只能满足中层管理者在线查看业务结果，并进行一些简单的业务分析，还无法切实服务一线人员，为他们减轻业务负担，同时也无法满足高层管理者的业务决策要求。

在信息技术方面，基础应用级的技术特征是单机版、小规模、更新慢、管理乱。该阶段的信息化技术尚处于起步探索阶段，研发队伍规模相对较小，基本上都是"小作坊"的管理方式，对信息化标准项目管理规范重视程度有限，工程质量难以得到保障，所采用的技术路线五花八门，技术成果无法形成复用。例如，利用文本报表技术实现复杂统计业务的电子化，或者利用数据分析工具支撑账务统计业务。这样的信息化成果也只能部署在单台计算机上运行，用户规模较小，一般为业务部门的几个人员。从运维和更新角度上来看，由于信息化建设缺乏长期的规划，建设团队离场后，每次更新、升级都需要协调原厂外部力量，运维效率低下，运维工作混乱。

在数据管理方面，基础应用级的数据规模较小、标准不规范、准确性差、保鲜度低、分析能力弱等。受限于该阶段的技术特征，信息化零星应用形成的数据常常是仅支撑查询和统计，此时还谈不上数据管理，只是把数据存储在数据库中。从数据的规范性来讲，由于业务的割裂化，导致同一数据在不同应用上表现出不同格式，如命名上的差异、值域的不同、结构上的不统一等。这样的数据特征是在向信息化更高级阶段发展时需要首先解决的问题。由于缺乏严格的业务逻辑和数据校验程序，基础应用级的数据准确性也很差，从而影响到据此产生的业务分析。供应链信息化的灵魂是数据，数据最大的作用在于能够从中分析、挖掘出有价值的信息，基础应用级的数据无论从规模上，还是准确程度上都难以支撑大规模的数据分析和数据挖掘工作，从数据中获取到价值信息比较有限。

在装备手段方面，基础应用级供应链中，技术装备品类少、功能单一，多属于传统物流装备，如仓库里的普通货架、叉车、托盘、周转箱等。这些传统装备以机械部件为主，没有集成到信息系统中，所以无法在线识别货物和传达指令，入库、出库、分拣、搬运装卸等作业，大量依靠人工，劳动强度大且出错率高。从软硬件集成的角度来看，由于该阶段信息化建设尚未形成规模，物流装备也不具备与整个业务系统集成的条件，自动化、智能化更无从谈起。

基础应用级面临的主要问题是观念上认知不一致，该阶段的链主单位从业人员在接受信息化时理解上存在偏差。中层管理者受考核管理压力，强行推进信息化应用，导致一线业务人员应对态度十分消极，很多业务需要一线人员重复劳动，线下做一遍、线上还要录一遍，严重时会产生强烈的抵触情绪。所有业务节点的数据主要靠手工录入、人工核对，数据的准确性很难保证，导致线上、线下两套账共存，但数据"永远对不上"，很多情况下是一线人员"闲了想起来录几条，一忙起来就搁置"，数据时效性差。可想而知，基于这样的数据，链主单位即便投入再多的科研力量和技术研发也无法支撑实际应用。

(二) 专业管理级

专业管理级是供应链数智化进程中的起步发展阶段。该阶段信息化建设主要在各业务部门内部，如规划设计部门建设了发展策划管理系统，物资保障部门建设了需求管理、计划管理等系统，采购管理部门建设了招标采购、合同管理、供应商管理等系统，运输部门建设了运输配送系统，财务部门建设了资金管理、结算支付等系统。这个阶段信息系统建设的重要性得到共识，信息化建设似遍地开花。但此时部门与部门之间各自为政，信息化建设缺少顶层规划和基础实施，系统建设标准化管理意识差，各部门的业务流程、业务颗粒度和数据规则差异巨大，数据难以在跨部门的系统之间流转，业务协同大多通过线下方式传递，形成了一系列的"信息孤岛"，专业间的业务融合十分迫切，链主单位高层管理者对此最为关注。

在理念认识方面,在专业管理阶段,链主单位各层级对信息化都有了进一步的认识,中层管理者已经尝到信息化的甜头,高层管理者也深刻意识到,不能"拍脑袋"决策、"拍胸脯"保证、"拍大腿"后悔,用数据说话、靠数据决策已成为科学管理的常识,一线员工逐渐接受了信息化的相关理念,认可了信息化建设是未来发展的必然趋势。尤其是高层管理者为了能够将信息化建设提升到战略发展的高度,已经开始考虑如何设立独立的信息化管理部门,统筹管理各业务线条的信息系统建设,形成统一的管理模式,让信息化建设不再分散、多头,形成技术统一、标准规范的研发管理体制成为当前阶段的首要任务,要避免各业务条线发展不均衡的局面产生。

在业务应用方面,此阶段业务相对孤立、应用缺乏整合、体系难以管理。信息化发展重视局部,容易忽略局部与整体间的联系,专业部门内部建设初有成效、但部门之间的协同几乎为零。各业务部门聚焦自己专业内部的信息化建设,部分实现了专业内流程线上化,建立了自己专业的各项业务标准,大幅提升工作效率和服务质量,初步实现了本专业的管理规范化。然而,各专业只关注自身发展,不协同考虑紧前紧后业务,导致跨专业协同出现断点,加之业务标准不统一,专业间的业务无法打通,难以串联形成完整的业务链条。从管理角度来看,部分业务存在交叉和多头管理,因为同一类业务有不同的管理主体、不同的管理要求,执行层面工作量较大,难以应付,同时造成只能从单一专业的视角进行决策分析,不能从全局视角进行综合决策,前后衔接的业务不能进行关联检验,可能存在合规风险,如运输任务,如果不能与采购合同、物资调拨等业务关联,就存在假计划、假运输,以及私货公运等风险。

在信息技术方面,系统技术架构多以单体应用为主。该阶段,各部门各自建设自己的信息管理系统,为实现信息流转与共享,多数会在部门内部搭建一个局域网,实现信息系统的集中化部署,实现了业务从线下转为线上。各部门所采用的技术路线均不统一,所采用的技术路线良莠不齐,技术路线往往取决于承建厂商,在实际建设过程中,经常发生厂商一变,系统就要推翻重建的情况,成果无法得到很好的继承。主要原因仍然是信息化管理部门的地位作用没有得到充分发挥,没有形成自主的技术发展路线。从系统运维上看,由于各个部门自行开展建设,不仅难以统一运维,而且囿于资金和技术力量,系统可靠性相对脆弱,容易出现雪崩效应,一旦某个环节出现问题,将导致整个系统宕机。

在数据管理方面,专业管理级的数据资源初具规模,但数据共享难,质量也难以保障,数据价值的挖掘更是无从谈起。该阶段主要采用数据库技术管理数据,并尝试建立小规模的数据中心,配置专门的服务器用来存储和备份数据。随着系统的投入运行,数据的规模逐渐增长,初步有了数据管理的意识,统计报表也逐渐丰富,实现了部门级的数据集中管理。可惜的是,部门之间数据标准无法统一,数据质量参差不齐,难以实现"一数一源",同一数据在不同专业间存在结构差异、格式差异、结果差异等,数据共享困难重重。此外,尽管有了数据管理的意识,但是该阶段只停留在对系统物理表的统计跟踪层面,只能是物理上集中汇聚数据,应用上不能发挥数据合力,难以从这些数据中挖掘出有价值的信息。

在装备手段方面,专业管理阶段物流装备的品类逐步丰富,一些新兴的自动化装备开始崭露头角。除了基础应用级已经具备的传统物流装备外,导向叉车、自动穿梭机、无线射频标签、手持盘点终端等装备开始在供应链管理中广泛应用。这些新装备的投入使用,提高了物流活动的自动化水平,保证了物流数据的准确性,使得整个供应链的效率得到提升。部分物流装备具备了物联传感等能力,物流装备可以接收信息系统传达的业务指令,运行数据也可实时反馈至系统平台。例如,电子标签记录的货品信息,业务人员通过手持扫描器可以迅速获得货品的信息,然后这些信息将通过数据接口录入到信息系统,实现供应链数据的在线采集。再如,通过读取信息系统下发的运输指令,自动穿梭机的管理程序可灵活设置运行路径和目的地,设置成本低,且机动能力强。尽管该阶段的物流装备在自动化水平上迈出了一大步,但是该阶段的物流装备仍然不具备智能化水平。

专业管理级面临的主要问题是"信息孤岛",并由此产生一系列连锁反应。这也是任何一个链主单位发展信息化的必经过程。专业系统建设如雨后春笋,每隔一段时间就会产生一批新的业务系统,系统建设越来越多、管理难度越来越大,各系统之间存在严重的业务交叉、功能重复、流程各异等问题,极其缺乏体系性的规划与设计,导致"信息孤岛"不断产生。虽然较之基础应用级,这个阶段的业务人员已经开始接受并认可信息化技术,但不可避免出现认识误区,容易急功近利,追求实用快上、速战速决,也存在重硬轻软等情况,容易在信息化的硬件资源上大做文章,追求高配置,频繁更新,造成硬件资源大量浪费,很少把精力放在系统的流程整合、标准制定、统筹规划、集中管控上。业内常有人打趣称:信息管理的行政人员每天变身"表哥""表妹",全部工作就是从系统中导出一张张表,再输入到另一个系统中,沉溺沦陷在"表"的海洋。对于"信息孤岛"的问题常常在链主单位各种高层会议中反映,但考虑到整合重塑带来的资产浪费、重复投资、资金压力、时间成本等问题,高层组织也很难下定决心进行系统性的解决,也就是通常说的"推倒重来"。此外,由于缺乏业务功能交互与信息共享,致使企业的物流、资金流和信息流脱节严重,账账不符、账物不符情况多有发生,不仅难以进行准确的财务核算,而且难以对业务过程实施有效监控,造成计划失控、库存过量、采购与销售环节暗箱操作等现象,给链主单位带来严重后果。

如前所述,"信息孤岛"的产生有一定必然性,但也并不可怕,可怕的是嘴上重视,但缺乏具体行动和有效方法,甚至允许新的"信息孤岛"继续出现。综合分析各领域多年实践经验,解决这一问题的唯一路径是重新规划底层架构,重建信息化的基础支撑,配备一套完整的标准化管理机制和信息化技术体制。所有上层业务系统建设必须遵循统一的管理规范和架构模式,对各系统的职能进行重新定位,整合并重塑业务流程,对现有信息系统做"减法"。特别指出的是,从历史经验看,这种体系性整合、基础性重塑、业务性变革,往往"近在眼前"却"难如登天",进退成败的正反面例子很多,更多考验的是链主单位管理高层的决心意志,在很大程度上是其对走向胜利与故步自封的战略选择。

(三) 流程协作级

流程协作级是供应链数智化发展的中期成长阶段。该阶段,信息化建设突破了专业部门之间的壁垒,实现了供应链主干业务流程的协同,基本贯通了物资需求、采购计划、招标采购、合同签订、仓储管理、物资配送、质量检测、交接验收、财务结算等供应链全环节,使物流、资金流、信息流形成有效融合,"三流合一"业务特征逐渐突显,业务环节紧密衔接,业务流程平滑顺畅,数据信息透明可视,供应链整体效能水平大幅提升,基本解决了"信息孤岛"的问题,数据资源已经提升到资产管理的高度,利用大数据、人工智能等技术,深度挖掘数据的潜在价值,为业务提升带来了更广阔的空间,信息化发展也从业务数据化向数据业务化、作业自动化向业务智能化转变升级。

在理念认识方面,流程协作级阶段,链主单位对供应链数智化理念的理解更深更透。通过从困苦挣扎中走出专业管理级这一最易沦陷的关键阶段,链主单位迎来了更大发展空间,真正掌握了创新发展的主动权。这个阶段各层级已经充分体会到信息化对业务决策、业务管理和日常作业带来的益处,用系统办业务成为惯例,也形成了"线上是常态,线下是例外"的网信文化,进一步学习、使用和推广信息化系统、创新数智化技术的意愿不断加强。其中体会最深、收获最大的是担负大量重复统计工作的业务人员,例如,仓储部门年末的盘点工作,通过"一键式"操作替代了以往数十个日夜的手工统计,不但效率高,而且准确率高;高层管理者通过驾驶舱、仪表板可以时刻掌握业务运行风险、供应保障进度以及供应链全量资源等,为业务决策提供了坚实的基础。

在业务特征方面,流程协作级阶段主要是业务数据化、流程信息化和决策科学化。这个阶段,供应链内的业务流程实现了数字化的全面转变,由保障需求牵引,拉动采购、合同、仓储、配送、结算等全业务过程衔接,逐渐形成了物资的全寿命周期管理,各供应链相关信息系统全部贯彻执行了统一的业务标准,构建形成了物资实例、采购规范、质量检测、运输包装等标准化管理体系,业务管理规范化水平得到大幅提升。供应链业务评价体系的建立,能够客观反映整个供应链的运行健康状况,业务发展不再满足于常规线上化作业,而是开始重视新型业务的探索与应用。例如,供应链金融以供应商全息画像为基础,供应链平台全面掌握供应商的基本信息、产能信息、库存信息、履约表现、中标合同等全方位的信息,可提供给金融机构进行信贷评价,为具备培养潜力和战略合作的供应商提供信用担保,促进供应商制造生产工艺升级,提高产品质量。但不可否认,也有一些问题值得引起注意,虽然打通了供应链主要干道,但是与供应链非紧密衔接的规划设计、人力资源、设备管理等部门还存在一定壁垒,供应链的潜能还未得到全面释放。

在信息技术方面,信息化的流程协作级的技术有了质的飞跃,由于在建设前期供应链有了系统的信息化建设规划部署,各个业务系统技术路线统一、设计模式一致、数据格式标准规范。这个阶段大量采用新兴的信息化技术,实现了众多技术突破。从所采用的系统架构模式来看,流程协作级的信息系统已经摆脱了专业管理级的单体架构模式,实现了向服务化模式的转变;从系统部署来看,基本上已经基于云平台架构模式,最大化合理利用硬件资源,核心业务全面实现了云端部署;从信息系统的运维更新来看,也由单体维护模式开始集中化和线上进行。这些技术突破克服了专业管理级所面临的"信息孤岛",解决了由其产生的一系列问题。除此之外,这个阶段大面积尝试人工智能、物联网、大数据等前沿技术,成为链主单位信息化建设的储备库、驱动器、增长极。

在数据管理方面,流程协作级的数据规模增长迅速,且高度统一集中管理。这个阶段,从业人员对数据有了全新的认知,以前是"轻数据重业务",现在发现"数据是宝藏""数据值得挖掘",于是开始关注数据资源统筹规划,形成了将数据作为资产进行集约管理的意识。组织结构上,成立了数据管理的专项组织,由专人专班负责数据的统一管理,保证了数据管理有专门的技术手段和技术力量。随着供应链全流程业务都实现了信息化管理,数据规模呈爆炸式增长,常常由一个供应链数据管理平台实现对大规模数据的集中统一管理。有了系统的供应链数据模型,从概念数据模型、逻辑数据模型到物理数据模型,实现了对数据的采集、传输、存储、计算等功能。这个阶段,数据质量治理工作也有了新转变,以前只关心技术传输问题,现在向关注源头业务问题转变,数据治理形成常态。

在装备手段方面,处于流程协作级的供应链,其装备手段品类开始从自动化向智能化进阶。自动装卸机器人、智能存储货柜、智能传感器、超宽带无线通信技术、智能安防摄像头、车载运输监控终端等智能化设备不断涌现,硬件装备与软件系统实时连通,有些已从半自动走向了全自动。例如,京东"亚洲一号"物流配送中心,投入使用了大量拣选机器人,机器人根据订单管理下达的拣选指令,智能规划拣选路径,自动识别和躲避障碍物,把传统的"人到货"的拣选模式变革为"货到人"的全新拣选模式,不但把一线员工从繁重的劳动中解放出来,而且拣选效率大大提高,出错率大大降低。需要注意的是,正常情况下,常规操作物流装备都能自动执行,但在异常情况下或重点环节仍需要人工辅助。例如,个别特殊场景下,拣选机器人路径堵死,整个系统有可能发生"死锁",此时仍需要人工干预,手动除障。

流程协作级已达到较为领先的管理水平。链主单位通过成功走出"雄关漫道真如铁"的专业管理级,在流程协作阶段将充分享受自我革新带来的发展红利。这一阶段,面临的最大挑战是链主单位如何充分发挥供应链优势,在战略目标设定、站位调整提升、业务发展进阶等方面做出决策,尤其是"一把手"对供应链的地位作用要有重新认识,将其作为行业竞争的关键要素和博弈手段,设立"一把手"工程,将供应链与核心业务紧密捆绑,倒逼供应链从被动供应向主动赋能转变,推动供应链平台从服务物资部门向服务需求部门延伸,进一步提升业务质效。同时,针对这一阶段涌现出的新思想、新技术、新装备,链主单位要审慎决策,避免过度追求业务创新,好高骛远脱离实际业务。

(四) 全域统筹级

全域统筹级是供应链数智化进程中的成熟阶段。该阶段,链主单位内部的供应链管理已经基本完成数智化转型,供应链全域资源得到有效整合,供应链与其他专业通过全面规划,实现了资源共享、业务协同。例如,通过统一的数智供应链平台,整合了需求、采购、运配、财务等部门的应用功能和业务数据,采购和财务部门在同一平台上开展供应商管理、采购询价、采购订单、价格协商、财务支付、交付追踪等业务办理,关键业务信息实现共享共用。该阶段,通过平台融合了供应链与前后端的业务,能更好适应需求动态变化的形势,提高了供应链的柔性和韧性。

在理念认识方面,链主单位已经切实收获到供应链数智化转型的成效,如减少基层负担、保证业务质量、提高决策效能等,释放了从高层管理到基层执行的大量从业人员,开始将数智供应链转型发展的目标,聚焦到整体业务的支撑与带动上。例如,强化采购、到货等进度安排与预算、结算计划的深度协作,支撑资金精准排程;推动物资采买供应与生产制造、工程建设等实际进度精确匹配,实现库存物资"零积压"。在这一时期,链主单位的高层开始强化全业务的"链式"思维,将供应链作为自身发展的重要调节工具,更认识到人工智能、大数据、物联网等数智新技术对传统业务的颠覆式创新能力,坚定了大力发展数智供应链的决心和信心。

在业务特征方面,处于全域统筹级的供应链,实现了跨专业、跨层级、跨单位的业务协同和要素共享,以供应链为枢纽,向前衔接发展策划、资产筹划,向后联通设备运维、财务管理,打造一体化、集团化、规模化运作的业务格局。这一阶段,链主单位的供应链完全突破了招标采购、仓储供应等业务局限,真正形成需求计划、物资采购、合同签约、生产制造、供应履约、物流配送、仓储管理、质量监督、财务结算、设备运检、回收处置的端到端链条,提高供应链的效率和灵活性,使其向着更具柔性和更有韧性的方向升级迈进。例如,与物资需求部门建立计划、进度的闭环协同链条,以实际需求的动态引导采购、供应等业务合理安排,实现大件物资直送需求现场、备品备件提前成套化储备,灵活响应需求的变化调整;与资产管理部门建立集成化、自动化的转资模式,在采、在途、在库等阶段物资根据规则及时向实物资产转移,支撑资产管理从片段化、静态化向全生命周期延伸;与设备运维部门建立精益化检修、预知性维修支撑服务,推动物资质量检测检验信息向后续环节扩展应用。

在信息技术方面,处于全域统筹级的供应链,链主单位的软硬件技术应用更加成熟,呈现全面服务化态势。技术应用上,"云大物移智边链"等数智技术与供应链业务场景广泛融合,图像识别、文字提取等技术极大提升了电子文件处理效率,流程自动化很大程度上替代高频的重复作业,大数据技术使百亿级数据的快速查询计算成为现实,区块链推动了中标结果、电子合同等重要单证的在线防伪互信,通过数智新技术的深度应用,供应链业务线上化效率更高、质量更优。平台架构上,中台化、微服务架构全面取代传统单体式架构模式,标准化、组件化的供应链业务服务拼装聚合为更完整的场景,逐步形成集团级的供应链服务总线和业务中台,支撑快速与财务、设备等跨部门平台灵活对接和深度嵌合,促进供应链相关平台的整合化、一体化。研发方式上,传统靠大量人工堆代码的情况,逐步转向依托平台技术组建组合式开发的低代码方向,有效提高了开发效率和质量,大大降低了迭代成本,让信息化发展更加智能和高效。

在数据管理方面,处于全域统筹级的供应链,对于海量数据资产的管理和应用已经十分熟练,不再满足于常规的统计报表和分析专题,而是通过供应链与其他专业数据的融合应用,大力发展智能分析技术与场景,不断提升数据挖掘的业务深度、价值广度。这一阶段,链主单位构建了集团级的统一数据平台,供应链与其他部门的业务数据集中汇聚,形成更加全面和综合的数据视图,数据管理从单个环节、单个专业向集团全量业务统筹转变,更强调整体业务的融合性和全域数据的一体性。同时,链主单位建立集团级的统一数据模型,对各层级、各单位的数据按照相同的标准进行清洗转化,保障数据的高度一致性和安全可靠性。大力发展可视化分析、算法模型等数据应用技术,面向非专业人员提供"拖拉拽"方式的数据分析能力,降低业务人员探索挖掘数据价值的难度,逐步形成人人都是"数据科学家"的业务氛围,数据应用成果开始百花齐放。

在装备手段方面,处于全域统筹级的供应链,更加追求技术装备的自动化智能化水平,有条件的链主单位开始研制更加自主可控的装备。仓储、运输等环节的装备迈向智能化2.0时代,具备强大的边端决策能力和协同作业能力,从主要依靠人工编排动作指令,向根据复杂环境、场地条件、气候气象等因素,自主决策设定路径和动作等参数转变,并可实现与其他设备的协同化作业;无人机、无人车等设备应用开始兴起,自动化作业逐步摆脱固定场所的限制,通过与云端平台的信息联动与协同,形成更具灵活性和先进性的装备应用模式。同时,为保障供应链业务运行的坚韧性和可控性,链主单位围绕实体仓库、运输载具、评标场所等物理作业环节,开始组织研制自主产权的技术装备,一方面强化装备的安全保障,一方面更贴合实际业务需求,供应链技术装备从量产走向定制。

全域统筹级已经在链主单位内形成了供应链与其他业务共生、与整体发展一体的良好局面,这一阶段的问题主要是链主单位自身的快速发展与上下游伙伴发展不均衡、不协调、不衔接的矛盾。一是在业务体系方面,供应链与链主单位的其他业务高度嵌合、协同贯通,但与上游供应商、下游物流商等合作伙伴的业务衔接仍有断点,供需信息的传导还停留在线上平台公告、线下人工通知的阶段,信息传递有时差、易偏漏,产生大量的沟通协调成本,严重时容易出现物资需求与供给的失衡,对链主单位和合作伙伴均产生不利影响。二是在合作关系方面,链主单位的影响力辐射范围还局限在其一级合作伙伴,更前端的原材料、组部件企业等,尚无有效的业务机制和技术渠道进行衔接,关键原材料的市场价格波动和链上企业储备情况还不能及时获悉,成品物资制造商及更下游的链主单位,都可能会受到原料供应中断的风险,这种不平衡的合作关系会带来不确定性和风险,影响供应链的稳定性和可持续发展能力。解决这一矛盾,需通过建立与上下游的信息化协同机制,推动整个供应链的数字化和智能化发展,实现全程可视化和高效协同。

(五) 生态融合级

生态融合级是供应链数智化发展进程中的升华阶段,链主单位已经通过数智供应链,实现了与完整产业链供应链上下游伙伴的全面贯通和高度协同,与金融机构、行业协会等第三方合作伙伴建立了紧密的合作关系,并通过共享数据和资源,打造数智化、智慧化的供应链生态系统。例如,国内能源头部企业与供应商、物流商和质量检测机构等合作伙伴,打造了能源设备领域的供应链生态圈,通过数智供应链平台,需求单位、采购单位与供应商进行实时的订单管理、供应计划协同和交货进程追踪,并根据实际生产需求和市场波动变化,及时下达采购订单,与供应商共享销售预测和生产计划等数据,以便供应商能够及时调整产能和计划供货。同时,质量检测机构将检测结果不落地上传到数智供应链平台,合作伙伴之间通过共享质量检测数据,共同营造"质量第一"的市场氛围,通过需求侧高质量要求推动供给侧构建严格的质量保证体系,共同支撑质量强国战略落地。

在理念认识方面,处于生态融合级的供应链,充分体现出链主单位社会价值的升华,从追求单一企业的高质量发展,向主导推动一个地区、一个行业的产业链供应链升级迈进。链主单位已然体会到"不畏浮云遮望眼,只缘身在最高层"的领跑压力与孤独寂寞。这一时期的供应链,是创新发展的关键阶段,无旧例可循、无陈迹可参,只能摸着石头过河。但从管理层到执行层,都能清醒地认识到持续发展创新对未来前途的深刻影响,对信息化、智能化的学习理解与认知水平不断提高,不再满足于简单应用数智化工具和平台,而是开始主动设计、前瞻筹划、自主创新。该阶段,不仅能够应对国际国内环境与需求变化,提高供应链的柔性和韧性,还能够根据自身需求进行主动的探索和创新,以更好优化供应链和提高核心竞争力。

在业务特征方面,发展重心由追求业务流程和场景的线上化、智能化,向侧重产业链供应链的绿色低碳、行业统标、市场拓展、产业协同等方向转变。在绿色低碳上,依托数智供应链平台,实现与合作伙伴业务的网上办、异地办,发展零碳物流、零碳仓储,实现供应链管理自身的减耗与降碳;开展产品、企业碳采集与核算,发布绿色采购指南,推动环保低碳意识向上下游传导。在行业统标上,主导建立供应链统一的物资标准,推动采购技术规范、质量检验标准向上下游合作伙伴延伸,筑牢协同基础,推进产品设计、生产工艺、服务流程等方面的业务标准化、流程规范化,确保产品质量和服务质量的稳定性和可靠性,助力提升链主单位的竞争力和品牌形象,促进自身发展和国际合作。在市场拓展上,面向行业中小微企业开放数智供应链平台及服务,带动供需交易对接,吸引货源与商流,形成更大规模平台化交易市场,发挥产业规模和社会影响力,协助拓宽产业渠道和扩大市场份额,提升产品质量和服务竞争力。在产业协同上,注重产业合作共赢,构建资源共用和信息共享生态,通过与上游供应商务实合作,更好地掌握原材料价格和物资供应状态,保证产品质量和交货时间;注重生产协同,提前感知生产计划和订单安排,有效减少库存积压和产品滞销风险。

在信息技术方面,链主单位开始推动自主可控的先进技术标准和成果向行业延伸,引领带动上下游的合作伙伴数字化升级,形成共同推动产业链供应链技术创新进步的良性循环。在平台互联上,以链主单位数智供应链平台为枢纽,通过多元化的物联设备、标准化的接入服务等,广泛集成链上合作伙伴的平台、设备、环境和场景,形成跨单位、跨区域、跨行业的工业互联网生态。在技术合作上,链主单位积极打造开放的技术底座,面向可信的合作伙伴和第三方开发者,提供高性能的计算、海量的数据和丰富的技术等资源,共同开展供应链领域的技术研发和场景建设,打造优质的成果"商城",支撑产业链供应链企业的数智化应用。在创新孵化上,加强自主创新和核心技术的研究应用,探索新的技术应用场景和新的商业模式,围绕高附加经济价值的业务组件和数字产品,加强基层创新成果和外部企业优秀成果的引入,共同发掘和培育新的业务增长点。该阶段,注重构建开放、共享的创新生态系统,与合作伙伴共同推动技术的研发和应用。

在数据管理方面,数据的规模体量和业务内涵快速突破链主单位自身的局限,数据质量的协同治理开始成为行业共识,数据增值创收成为供应链数字经济的新业态。在数据资源上,链主单位业务数据与上下游企业、政府部门、第三方合作机构等数据广泛融合,数据规模急剧增长,数据种类、来源、结构日益复杂多元。在数据整合上,链主单位的数据标准向行业迈进,会同重点企业、政府部门共同建立行业通用的数据标准和数据模型,对各类数据的业务内涵、内容表征等进行标准化的定义和描述,提升数据的一致性和可靠性,提高数据共享和应用质效。在数据质量上,形成链主主导、各单位分工负责的协同治理局面,建立了行业级的数据校验规则和技术治理手段,并通过数据可视化、数据报告等方式呈现数据质量,支撑链主单位和合作伙伴在数据管理上的战略指导、手段创新、共治共管。在数据增值服务上,数据作为一种资产进行交易。通过数据交易平台或数据合作等方式,与其他企业或机构进行数据交换共享,实现数据资源的最大化利用和价值协同。积极适应数据驱动的时代要求,通过集成共享和分析挖掘行业数据资源,利用更全面、精准的数据视图和大数据模型,实现数据流程向信息化和智能化转型。同时,还注重在合规性和道德方面的考虑,确保在利用这些数据时严格遵守相关法律法规和行业准则,强调数据隐私保护与社会责任、商业道德的联系,为链主单位可持续发展提供保障。

在装备手段方面,具有完全机械化、全面自动化、充分智能化的特点。该阶段,装备配置处于新的技术高度,智能化应用得到全面普及。例如,黑灯工厂利用先进的自动化设备和智能化系统,实现了生产线的全自动化运行,无须人工干预即可完成复杂的生产任务。无人仓库则利用智能化的仓储设备和机器人,能够实时感知库存情况,并通过自主的移动和搬运操作,实现高效的货物存储和取出。智能化自动驾驶技术使得物流配送过程更加精准和高效,能够实现无人驾驶的配送车辆根据路况实时调整行驶路线和速度,确保货物准时送达。这些智能化设备还能够通过传感器、智能标签和无线通信等手段,实现对货物、车辆和设备等各种要素的实时感知和监测,进行全方位的物联感知和数据分析。总体而言,生态融合级使用全面智能化的装备手段,不仅提高了自动化和智能化水平,还大幅度提升了运营效率和安全性,为链主单位保持绝对竞争力注入了强大动能。

在生态融合级,链主单位面临的主要问题是协同提升产业链供应链的国际竞争力。随着全球市场的竞争加剧和技术创新的不断发展,生态融合级的单位面临着国际竞争的巨大压力,需要不断提高自身的技术水平和市场竞争力,才能在激烈的市场竞争中保持优势地位。这对链主单位自主创新和国际化能力提出了更高的要求,链主单位必须拥有较高的研发能力和先进的技术创新体系,同时实施全球化战略,了解国际市场的运作规律,认清行业趋势,提高对不同国家市场的适应能力。在高精尖技术的研发方面,需要大量的人力、物力和财力投入,加之市场不确定性和风险挑战,使得在技术研发上面临更大的压力。由于技术研发周期长,需要不断测试和验证,这也会涉及更多的成本和资源投入。面对综合形势,链主单位需要具备先进的研发设施和实验室,吸引和培养优秀科研人才,并与高校和研究机构建立紧密合作关系,共享创新资源,不断引进先进的技术和创新思维,与国际领先企业合作,加强自主创新、集成创新,形成梯次储备的技术布局,推动技术革新和产业进步。

二、成熟度评价指标体系

工欲善其事,必先利其器。国家部委和行业领域着眼推进供应链高质量发展,提供了成熟度评价的推荐策略。本节在参考借鉴相关标准规范基础上,面向数智供应链成熟度等级模型,结合链主单位的职能定位,对相关评价体系与指标进行系统设计,为从业主体评价自身所处阶段,谋划后续进阶发展提供方法手段支持。

（一）评价指标体系框架

数智化供应链成熟度评价指标体系包含战略规划、落地实施、建设成效三个维度，指标编码每级由 2 位流水号组合构成，如大类指标为 01 战略规划，中类指标为 0101 战略与规划，小类指标为 010101 战略设计，详细设计如表 2-1 所列。

表 2-1　数智化供应链指标体系

大类指标	中类指标	小类指标
01 战略规划	0101 战略与规划	010101 战略设计
		010102 目标与计划
	0102 战略落实保障	010201 组织保障
		010202 资源与机制保障
02 落地实施	0201 平台赋能行动	020101 数据管理能力
		020102 数据模型能力
		020103 信息追溯能力
	0202 能力建设行动	020201 智能协同能力
		020202 业务承载能力
		020203 技术承载能力
		020204 安全防护能力
	0203 业务场景应用行动	020301 需求与计划数字化场景
		020302 采购寻源数字化场景
		020303 履约执行数字化场景
		020304 供应资源管理数字化场景
		020305 仓储物流与废旧物资处理数字化场景
		020306 质量管理数字化场景
		020307 品类管理数字化场景
		020308 风险管理数字化
03 建设成效	0301 数字化成效	030101 供应链全业务在线率
		030102 供应链柔性性能
		030103 供应链韧性性能
		030104 供应链数字化效能
	0302 产业数字化功效	030201 供应链风险防控
		030202 新业态培育创新
		030203 行业引领示范作用

1. 战略规划(01)

010101 战略设计:指供应链数智化战略发展的设计,包括供应链数智化战略制定、竞争策略、发展规划等。该指标的作用是确保供应链数智化建设能够持续跟随社会变化与技术革新,链主单位可根据发展需要进行自主调整和升级。

010102 目标与计划:指供应链数智化建设目标、计划制定、执行监控,包括供应链数智化建设总体目标、业务规划计划、实际实施情况等。该指标的作用是确保供应链数智化建设能够顺利达成预期的战略目标,实现初期业务规划的计划任务,并能够及时有效地调整计划以适应市场变化和内部需求。

010201 组织保障:指供应链数智化建设组织结构的健全性和人员队伍的合理性,包括供应链数智化建设组织结构、工作分配、人员技能水平等方面。该指标的作用是确保供应链各部门之间密切协作,资源合理分配,为供应链数智化建设目标的实现提供有力的支持。

010202 资源与机制保障:指供应链数智化建设相关资源的配置和使用情况以及供应链管理机制的系统性和执行情况,包括供应链数智化建设资金、技术、物资、设备等方面以及规章制度、流程、考核等方面。该指标的作用是为供应链数智化建设提供必要的资源保障和管理机制的支持,确保供应链的高效运营和优质服务。

2. 落地实施(02)

020101 数据管理能力:指供应链数据采集、存储、处理、展现等方面的情况,包括供应链各环节数据的完备性、可靠性、实时性等特征。该指标的作用是保证供应链管理者能够获得准确的数据支持决策,并为供应链的数智化转型提供支持。

020102 数据模型能力:指基于供应链数据资源建立的数据运算模型,能够基于数据的分析以及基于数据所做出判断的能力,从而对供应链进行评估、优化以及决策支持。该指标的作用是为供应链管理者提供全面、系统、可视化的指标分析能力,帮助管理者更好地了解供应链的运行情况。

020103 信息追溯能力:指供应链运作过程中,对采购生产、合同履约、仓储运输、销售回收等环节信息的追溯能力。该指标的作用是为供应链管理者提供对可能出现的问题进行跟踪和分析的能力,从而使管理者及时制定相应的解决方案,降低可能的损失。

020201 智能协同能力:指供应链各环节包括内部各部门以及外部供应商、分销商等之间,通过计算机和网络技术实现的协同和信息交流能力。该指标的作用是提高供应链各环节之间的信息共享和协作效率,提高供应链的管理水平和运作效率。

020202 业务承载能力:指供应链运作过程中,各环节的接单、发货、跟踪、对账等能力,以及对订单管理的系统支持能力。该指标的作用是确保供应链正常、高效运作,满足用户的需求,并为用户提供满意的服务。

020203 技术承载能力:指供应链技术与系统的可靠性、稳定性和适应性,以及对新技术的应用能力。该指标的作用是确保供应链能够快速适应技术的变化和发展,提高供应链的信息化水平和竞争力。

020204 安全防护能力:指供应链在运作过程中,对安全风险的识别、评估和防范能力,包括对信息和数据的安全保护措施。该指标的作用是确保供应链的运作安全,防止潜在的威胁和风险对供应链造成损害。

020301 需求与计划数字化场景:指将需求和计划管理过程进行数字化转型,包括需求预测、订单管理、需求计划制定和优化等。该指标的作用是提高供应链对各类需求的灵活应对能力和计划执行效率。

020302 采购寻源数字化场景:指将采购寻源过程进行数字化转型,包括供应商信用评估、寻源渠道拓展、采购合同管理等。该指标的作用是提高采购效率和降低采购风险,确保供应链中的物资采购稳定可靠。

020303 履约执行数字化场景:指将供应链履约执行过程进行数字化转型,包括订单执行、物流跟踪、配送管理等。该指标的作用是提高供应链履约的准确性和效率,提升客户满意度和供应链的竞争力。

020304 供应资源管理数字化场景:指将供应资源管理过程进行数字化转型,包括原材料库存管理、供应商绩效评估、供应网络优化等。该指标的作用是提高供应链资源的利用效率和成本控制能力。

020305 仓储物流与废旧物资处理数字化场景:指将仓储物流和废旧物资处理过程进行数字化转型,包括仓储设备管理、仓储物流优化、废旧物资回收等。该指标的作用是提高仓储物流的效率和配送速度,加强废旧物资处理。

020306 质量管理数字化场景:指将供应链质量管理过程进行数字化转型,包括产品质量检验、供应商质量评估、不良品处理等。该指标的作用是提高供应链产品质量的稳定性和可靠性,保证产品符合质量标准和客户要求。

020307 品类管理数字化场景:指将供应链物资品类管理过程进行数字化转型,包括品类结构优化、产品组合管理、品类生命周期管理等。该指标的作用是提高供应链产品组合的多样性和适应性,满足不同客户群体的需求。

020308 风险管理数字化场景:指将供应链风险管理过程进行数字化转型,包括风险识别、风险评估、风险预警和应对措施等。该指标的作用是提升供应链对潜在风险的识别能力和应对能力,降低供应链运营风险和损失。

3. 建设成效(03)

030101 供应链全业务在线率:指整个供应链业务在线化的程度和范围,包括供应链各环节的信息化程度和各环节的数字化转型率。该指标的作用是衡量供应链的数字化程度和在线化程度,并为供应链的数字化转型提供指导和支持。

030102 供应链柔性性能:指供应链对市场变化和需求变化的适应能力,包括对生产流程、物流流程和库存管理等方面的调整能力和灵活性。该指标的作用是提高供应链对市场需求的敏感度和响应速度,从而保证最佳的运营效率和客户服务质量。

030103 供应链韧性性能:指供应链对外界风险和不确定性的应对能力,包括对供应中断、采购成本变化、自然灾害等方面的综合应对能力。该指标的作用是提高供应链的抗风险能力和应急响应能力,保证供应链的稳定性和持续性经营。

030104 供应链数字化效能:指在供应链数智化转型中,度量供应链数字化程度和数字化工具应用的效果和成效。该指标的作用是通过衡量供应链的数字技术应用水平、数据整合和分析能力、自动化和智能化程度等来评估供应链的数字化效能,帮助供应链管理者了解数字化转型的效果和价值,为进一步优化数字化策略和提高供应链运营效率提供指导。

030201 供应链风险防控:指供应链对内、外部风险和问题的防控能力,包括供应商延误、物流瓶颈、成本波动等方面的控制能力。该指标的作用是为供应链管理者提供对潜在风险进行预警、评估和控制的支持,从而降低供应链的运营风险。

030202 新业态培育创新:指在供应链数智化转型中,培育新的业态和创新模式,通过引入新技术、新概念和新产品等来驱动供应链的创新和增长。该指标的作用是通过评估供应链内部的新业务模式、新产品开发和新合作关系的建立来衡量新业态培育创新的情况,促进供应链的可持续发展和业务创新。

030203 行业引领示范作用:指在供应链数智化转型中,扮演行业引领者和示范者的角色,通过创新实践和成功案例来引导整个行业的数字化转型。该指标的作用是通过评估供应链在数字化转型中的创新能力、领先地位和业界影响力,推动行业更快速、更全面地进行数字化转型,提高整个行业的竞争力和创新能力。

(二)基础应用级指标

针对供应链信息化建设的萌芽阶段,从战略规划维度、落地实施维度、建设成效维度,对数智供应链评价指标体系进行实际运用,遴选评价指标和衡量要素进行典型说明。

1. 战略规划维度

处于基础应用级的供应链管理单位,在战略与规划、战略落实保障等方面的表现是,能够将数字化工具应用在单一的场景中,但无法有效支撑完整的业务过程在线运行。将数字化工具应用在有限的建设领域,数字化的业务应用缺乏集成,无法形成完整的数字化流程。

2. 落地实施维度

处于基础应用级的供应链管理单位,在平台赋能行动、能力建设行动、业务场景应用行动等方面的特征表现是,数字化工具手段已在需求、供应、仓储、销售等方面进行部署,但因其未能实现集成,导致业务数据在不同系统中的存储和处理不一致,影响了信息的及时更新,造成了数据的冗余。

3. 建设成效维度

处于基础应用级的供应链管理单位,在数字化成效、产业数字化贡献等方面的表现是仅仅在单一的业务下应用了数字化工具,关注点仅在管理和考核要求,未能按照完整的业务流程进行横向串联和横向应用。出现业务信息碎片化、业务流程断层化,导致业务质量问题漏检和管理混乱。

(三)专业管理级指标

针对供应链信息化建设的起步阶段,从战略规划维度、落地实施维度、建设成效维度,对数智供应链评价指标体系进行实际运用,遴选评价指标和衡量要素进行典型说明。

1. 战略规划维度

处于专业管理级的供应链管理单位,在战略规划、落实保障等方面的表现是,能够聚焦各自内部专业的长远发展,但容易忽视业务环节之间的协同,未能从整体视角出发进行统筹规划。各专业条线较为清晰,但缺乏协同考虑前延后续业务,导致各专业在信息化建设方面参差不齐。

2. 落地实施维度

处于专业管理级的供应链管理单位,在平台赋能行动、能力建设行动、业务场景应用行动等方面的特征表现是,系统基本实现网络化部署,系统技术路线各异、专业系统更新不同,单体应用模式占据一定地位。各专业按照需要部署信息化管理系统、仓储管理软件,并逐步引进专业化管理工具,如 AGV 叉车、立体货架、电子标签等设备。

3. 建设成效维度

处于专业管理级的供应链管理单位,在数字化成效、产业数字化贡献等方面的表现是,数据中心陆续建成,能够做到物理意义上的集中管理,但不同专业间数据共享难度大,数据中心聚合能力有限。各专业级的统计分析报表逐渐丰富起来,但是数据管理的意识还处于基础性统计层面,集中的业务数据质量参差不齐,多源难用。

（四）流程协作级指标

针对供应链信息化建设的成长阶段，从战略规划维度、落地实施维度、建设成效维度，对数智供应链评价指标体系进行实际运用，遴选评价指标和衡量要素进行典型说明。

1. 战略规划维度

处于流程协作级的供应链管理单位，在战略与规划、战略落实保障等方面的表现是，部门内部基本实现流程协同，正在探索部门外业务的互联互通，内部也已形成统一的流程标准，但与其他部门之间的业务往来仍有壁垒。此时，供应链的发展建设逐渐显现出探索业务创新转变的势头。

2. 落地实施维度

处于流程协作级的供应链管理单位，在平台赋能行动、能力建设行动、业务场景应用行动等方面的表现是，供应链发展技术路线逐渐统一，开始从单体架构模式向服务化模式转变，从物理集中部署向云化部署转型，日常业务运行集中化、线上化水平显著提高，更加关注技术的探索创新应用。供应链核心业务平台也在内部完成部署应用，打通自动化仓库、运输车辆等自动化设备以及其他业务系统，支持供应链计划、采购、生产、交付等核心业务的集成管控。

3. 建设成效维度

处于流程协作级的供应链管理单位，在数字化成效、产业数字化贡献等方面的表现是，形成供应链数据管理协同平台，建立供应链丰富的数据模型，可运用数据管理的专项组织和技术手段，统一提供数据采集、传输、存储、计算等能力，能够基于数字化平台办理采购寻源、生产制造、物流配送、客户服务等业务，动态调整物资品类、设备资产、人员力量、资金预算等资源，逐渐开始优化产品服务的品类、质量和数量。

（五）全域统筹级指标

针对供应链信息化建设的成熟阶段，从战略规划维度、落地实施维度、建设成效维度，对数智供应链评价指标体系进行实际运用，遴选评价指标和衡量要素进行典型说明。

1. 战略规划维度

处于全域统筹级的供应链管理单位，在战略与规划、战略落实保障等方面的指标表现是，更加注重供应链整体运营最优目标，也制定了数字化供应链发展战略以及建设实施方案，并与内部相关专业在数字化供应战略的制定上紧密协同。

2. 落地实施维度

处于全域统筹级的供应链管理单位，在平台赋能行动、能力建设行动、业务场景应用行动等方面的表现是，已具备供应链体系架构设计、业务运营监督、风险在线管控、绩效评价管理的高端能力,建成了一体化数智化供应链管理平台,高度集成供应链相关业务系统,联通生产制造、仓储管理、运输配送等自动化、智能化设备,拓展跨领域的供应链全链业务管控和协网运营,建立起统一的供应链数据资源标准体系和数据安全防护机制,实现供应链全链业务动态感知、信息实时交互,供应链全流程的正向追踪和逆向溯源。

3. 建设成效维度

处于全域统筹级的供应链管理单位,在数字化成效、产业数字化贡献等方面的表现是,数字化技术得到全面应用与发展,尤其在需求报送、采购执行、生产制造、物流配送、仓储管理等环节的数字化管理能力凸显,智能化、自动化和可视化管理动能更强,业务服务要求更高。

（六）生态融合级指标

针对供应链信息化建设的高级阶段,从战略规划维度、落地实施维度、建设成效维度,对数智供应链评价指标体系进行实际运用,遴选评价指标和衡量要素进行典型说明。

1. 战略规划维度

处于生态融合级的供应链管理单位,在战略与规划、战略落实保障等方面的表现是,着力协同打造数字化供应链生态环境,更愿与产业链合作伙伴强强联合、价值共创,更加谋求产业链供应链的生态战略布局,对内部建立健全数智化发展目标,对外大力拓展新兴产业领域合作,战略与规划高度一致。

2. 落地实施维度

处于生态融合级的供应链管理单位,在平台赋能行动、能力建设行动、业务场景应用行动等方面的表现是,联合产业伙伴共同构建一体化、国际化数智聚能供应链平台,高度集成供应链生态合作伙伴相关业务系统和自动化设备,跨域跨境协同电子商务平台、工业互联网平台等互联互通,支持供应链生态智能运营、资源动态调配和模式创新,利用人工智能、物联网、区块链等信息技术,实现供应链全链路和产品全生命周期信息的实时追踪、业务溯源和精准预判。

3. 建设成效维度

处于生态融合级的供应链管理单位,在数字化成效、产业数字化贡献等方面的表现是,构建了生态级模型服务,依托数智化平台重构供应链生态网络结构和业务流程,跨行业、跨区域、跨国境调度供应链生态及社会化资源,动态变更产品服务的品种、质量和数量,具备快速响应市场变化和多元化需求的自优化能力,与供应链产业链生态伙伴建立供应链管理风险动态感知、精准评估、联动处置和超前预警的一体化防控机制,实现对供应链生态风险的预先响应、精准控制和高效应对。

三、成熟度评价方法

本节着眼数智供应链评价指标的实践运用,围绕评价原则、评价方式、权重划分、计算方法、结果定级等具体方面,为链主单位运用评价指标体系,开展成熟度评价工作提供遵循。

（一）评价原则

供应链成熟度评价方法的运用,总体上应遵照客观真实、全面覆盖、重点对标的原则组织实施。

1. 客观真实

应秉持客观公正的原则,在充分理解供应链数智化成熟度模型基本逻辑和各项评价指标的分级标准基础上,紧扣供应链发展实际情况,实事求是,保障评价结果的客观性和真实性。

2. 全面覆盖

应掌握模型的评价体系,按照战略规划、落地实施、建设成效三个维度的指标设置,利用供应链数智化成熟度模型评价工具,对供应链数字化的各个方面进行全面评价,评价内容应涵盖供应链数智化成熟度模型中的各项评价指标,评价对象应覆盖供应链管理单位总部及各分支机构。

3. 重点对标

应理解指标和合理对标,基于现有的供应链数字化程度,找准并重点关注契合供应链自身管理及业务特点的维度指标成熟度层级,探索得到适合自身的发展提升路径。

（二）评价方式

供应链成熟度评价方法的运用,主要采取链主自评、委托评价两种方式,必要时也可对两种方式进行综合运用,以确保评价结果真实有效。

1. 链主自评

制定评价计划。应制定供应链数字化成熟度评价计划,并在链主单位内部提交计划审核审批流程,审批通过后,按照计划内容进入执行程序。

组建评价小组。应组建5人及以上单数的评价小组,并推举一人为评价负责人;评价小组成员应是供应链数字化领域的专业人员(应有至少3年供应链数字化从业经验),至少包括一名供应链管理专业人员、一名采购业务专家、一名熟悉信息技术的专业人员。评价小组成立后,应组织小组成员对本评估模型统一学习并考核,确保小组成员对评价标准统一认识。

收集材料数据。评价小组应按照本评估模型中各指标评价要素的要求,收集或获取相关证明材料及数据,证明材料及数据要充分翔实,足以支撑对供应链数字化成熟度评价工作的实施。

分析评价打分。评价小组在各指标证明材料、数据收集获取工作完成后,首先应组织对各自收集的材料内容进行交底,且应分别评价、打分;然后对打分结果进行汇总,形成最终评价结果,且全部成员签字同意后,方可生效。如成员内部有不同意见,应组织研讨会进一步商讨;如仍不能达成一致意见,应采用少数服从多数的原则进行表决确定。

出具评价报告。评价工作完成后,评价小组出具评价报告,写明供应链数字化成熟度级别,分析梳理长板短板,找准下一步工作目标,写明建议方案,为链主单位供应链数字化建设指明方向。

2. 委托评价

立项委托。为确保评价工作客观有效,根据链主单位实际,可选择经授权的第三方评价机构,立项并委托其进行供应链数字化成熟度评价工作。

提供材料。链主单位相关职能机构,在安全受控前提下,向第三方评价机构提供相关评价证据、数据、报表、材料。供应链单位还应安排相关管理人员、采购业务人员、信息技术人员做好材料的解释说明。

评价打分。第三方评价机构按照数智化成熟度模型中各评价指标,审核具体内容,然后分工负责评价、打分。供应链单位相关职能部门全程予以配合。

出具报告。第三方评价机构工作完成后,出具评价报告,写明供应链数字化成熟度级别,标明存在的主要矛盾,必要时可以提供进阶发展的策略建议,为供应链数智化建设指明方向。

审定结果。链主单位职能部门,对第三方评价机构出具的评价报告进行审核认定,以正式公文方式印发生效,并及时通报相关各方,督导做好能力提升和转型发展相关工作。

(三) 权重划分

为便于量化开展供应链成熟度评价,需对不同指标赋予权重。本节结合业内常规做法,系统提出通用的成熟度权重划分建议,如表2-2所列。

表2-2 指标权重表

大类指标		中类指标		小类指标	
指标名称	权重	指标名称	权重	指标名称	权重
01 战略规划	20%	0101 战略与规划	10%	010101 战略设计	50%
				010102 目标与计划	50%
		0102 战略落实保障	10%	010201 组织保障	50%
				010202 资源与机制保障	50%

续表

大类指标		中类指标		小类指标	
02 落地实施	60%	0201 平台赋能行动	15%	020101 数据管理能力	35%
				020102 数据模型能力	35%
				020103 信息追溯能力	30%
		0202 能力建设行动	15%	020201 智能协同能力	20%
				020202 业务承载能力	20%
				020203 技术承载能力	30%
				020204 安全防护能力	30%
		0203 业务场景应用行动	30%	020301 需求与计划数字化场景	10%
				020302 采购寻源数字化场景	15%
				020303 履约执行数字化场景	15%
				020304 供应资源管理数字化场景	15%
				020305 仓储物流与废旧物资处理数字化场景	15%
				020306 质量管理数字化场景	10%
				020307 品类管理数字化场景	10%
				020308 风险管理数字化	10%
03 建设成效	20%	0301 数字化成效	10%	030101 供应链全业务在线率	20%
				030102 供应链柔性性能	30%
				030103 供应链韧性性能	30%
				030104 供应链数字化效能	20%
		0302 产业数字化功效	10%	030201 供应链风险防控	20%
				030202 新业态培育创新	30%
				030203 行业引领示范作用	50%

（四）计算方法

数智供应链成熟度的具体计算与评价,通常采取三级指标分值计算和各级指标综合计算两种方法。

1. 三级指标分值计算

将评估过程中针对最末级指标(三级)采集的证据与不同等级成熟度等级的各条要求进行对照,按照满足程度进行打分。成熟度满足程度与得分对应如表2-3所列。

表 2-3　成熟度满足程度得分表

成熟度满足程度	得分 x_i
完全满足	10
大部分满足	8
部分满足	5
偶尔满足	3
不满足	0

2. 各级指标综合计算

评估过程中对各级指标进行综合计算,按照满足程度进行打分。各级指标计算方法如表 2-4 所列。

表 2-4　各级指标计算方法

指标	计算方法
三级指标	x_i
二级指标	$y_i = \sum \omega_i x_i$
一级指标	$s_i = \sum \omega_i y_i$
总分	$S = \sum \omega_i s_i$

(五) 结果定级

根据成熟度计算的总分,可以定级链主单位数智化成熟度,具体参考标准如表 2-5 所列。

表 2-5　供应链数智化成熟度定级参考表

成熟度评价得分 S	成熟度等级
$0 \leq S < 1$	基础应用级
$1 \leq S < 3$	专业管理级
$3 \leq S < 6$	流程协作级
$6 \leq S < 8$	全域统筹级
$8 \leq S \leq 10$	生态融合级

第三章 供应链数智化转型策略

"万物得其本者生,百事得其道者成"。本章着眼链主单位供应链数智化发展需要,分析探讨转型之道,从面临挑战、宏观指导、实施步骤、促进手段等方面,成体系提供相关方法路径和策略建议。

一、数智化建设主要挑战

供应链数智化建设周期长、投入资源大、风险挑战多。链主单位能否从全局高度分析形势、把握重点、应对挑战,在很大程度上决定最终的成效与成败。从实践经验看,供应链数智化转型过程中面临的主要挑战包括战略目标、思想观念、体制机制、组织管理、专业队伍、平台支撑等多个方面,如图3-1所示。

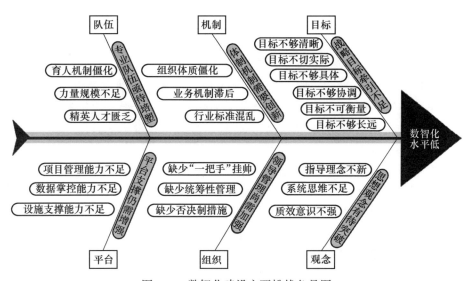

图 3-1 数智化建设主要挑战鱼骨图

从具体方面来看,供应链数智化转型发展的挑战有不同表现:在战略目标方面,传统的供应链战略目标已经难以适应竞争不断加剧的形势要求,制定并实施符合时代潮流的战略目标是从业者需要不断深化研究的重要课题;在思想观念方面,供应链体系的研究和实践也需要突破传统的供应链管理思维模式,顺应供应链信息化、智能化的发展趋势,持续拓展创新思维;在体制机制方面,需要对供应链体系架构和运行机制进行深刻变革与创新,以适应新的发展需求;在组织管理方面,随着供应链体系复杂性的不断增加,需要逐步探索新的管理理念和方法,提高组织的运作效率和灵活性,以适应供应链体系发展的需要;在专业队伍方面,供应链领域的不断发展对具备跨学科知识和综合能力的专业人才需求也日益增加,培养和吸引高素质的供应链管理专业人才将成为未来供应链体系研究的重要任务;在平台支撑方面,数字化、智能化技术日新月异,基于前沿技术的供应链平台支撑能力需不断增强,以满足日益增长的业务需求。综上所述,供应链数智化建设过程中面临的挑战错综复杂,需要以不断创新的思维进行系统性、持续性发展变革,才能在激烈竞争中得以立足。

(一)战略目标牵引不足

"自顾无长策,空知返旧林。"战略目标一旦存在偏差或牵引驱动力不足,将导致整个供应链转型的停滞甚至倒退。具体表现主要有战略目标不够清晰、不切实际、不够具体、不够协调、不可衡量、不够长远等。

1. 目标不够清晰

供应链数智化转型战略目标不够清晰,主要体现在缺乏明确定义的阶段性目标,以及目标与整体战略方向衔接不足。这一问题主要源于战略规划不完善、信息共享不畅、决策过程不透明等。目标不清晰将会导致供应链管理中各个环节的业务部门局限于追求自身效益,而忽视了供应链整个体系的价值最大化,使得各级组织在应对环境变化和竞争加剧时缺乏统一方向。链主单位要有清晰的目标引导,及时对供应链管理目标做出灵活调整,要从加强信息共享、提升决策透明度等方面入手,明确整体和局部的周期性目标,为供应链数智化建设指明方向。

2. 目标不切实际

目标不切实际体现在,制定的目标超出供应链组织管理的实际能力和资源范围,无法实现既定的战略目标。这一问题主要源于对形势任务把握不住、对外部环境了解不足,以及对目标设定的组织管理不科学等。在制定供应链数智化建设战略目标时,供应链管理者需要对外部环境因素进行充分分析和评估,确保目标的可行性,同时要避免组织内部中出现追求短期利益、局部利益以及决策过程不科学等情况发生,使得制定的目标脱离实际难以实现。要在环境分析预测、内部管理和文化建设等方面入手,制定合理的目标计划,以确保供应链数智化建设战略目标具备实际可行性。

3. 目标不够具体

目标不够具体体现在,供应链管理者在制定战略目标时没有可量化或可评估的指标体系,相关团队在落实过程中行动不明确。高层制定的目标不具体,实施团队则会根据自身的理解和利益进行落实,最终导致目标执行偏差和中断,影响供应链体系的整体运作效果。同时,目标不具体也会对绩效评估和激励机制产生负面影响,岗位绩效评估无法公平公正,从而影响员工的积极性和团队的协作效率。因此,需要对战略目标进行拆解细化,实时跟进目标落实进度,以确保供应链战略目标切实可行。

4. 目标不够协调

目标不够协调体现在,各部门的战略目标不协调、不一致,各部门在追求自身目标的同时,忽视了供应链体系的价值最大化。目标不协调将导致各部门在目标重复、冲突时相互推诿、相互掣肘,供应链整体运作出现异常,灵活性和应变能力降低,组织在面对变化时难以快速准确地做出决策和调整,从而影响供应链整体竞争力。因此,要从战略规划和沟通协调等方面突破,以确保各层级、各部门的战略目标与整体战略方向保持一致,增强供应链整体效能。

5. 目标不可衡量

目标不可衡量体现在,缺乏明确的、可量化的指标来衡量其完成程度,会影响供应链管理者对目标进行有效评估和监控,难以实现持续改进。缺乏可衡量的量化指标,业务团队则无法对目标进行准确理解和实施,管理者难以判断供应链的运作效果,无法采取合理科学的措施对供应链进行持续改进。因此,目标制定不能过于空泛,要进行指标量化,以确保供应链战略目标可执行、可衡量。

6. 目标不够长远

目标不够长远体现在,供应链转型发展的目标制定缺乏长期视角和未来导向性,这一问题主要源于管理者过度专注短期利益,忽视了长期发展和持续竞争优势的构建。长远的战略目标对于供应链资源配置、技术投资和合作伙伴关系建立至关重要,还会影响对未来趋势和变化的适应能力。因此,在目标制定时要具备宽广视野,构建长期持续竞争优势,从而促进供应链体系的长期稳健发展。

(二)思想观念有待突破

思想为先,行动为要。思想观念是具体实践的指引和先导。纵观历史长河,历次社会进步、科技革命,无不得益于思想观念的创新和引领。数智供应链转型发展亦然,陈旧的思想观念,将导致创新活力的禁锢,主要表现在以下方面。

1. 指导理念不新

在当今世界供应链转型发展的大势下,传统陈旧的管理理念已造成诸多障碍。数字化智能化的先进技术手段应用投入不足、各业务环节协同合作推动困难、应对风险挑战的柔性化韧性化建设重视不够等问题,大多是思想观念陈旧导致。探索新的管理理念、推动思想观念转型、鼓励创新,重视供应链的数字化、智能化思想创新、理论创造,才能持续不断为供应链建设管理赋予新的生机与活力。

2. 系统思维不足

在供应链数智化建设过程中,常出现因缺乏系统性思维,导致具体实践缺乏实际可行性,主要体现在以下几个方面:一是顶层设计不充分,缺少先进的体系设计理念,规划设计过程中没有充分理解和分析跨领域、跨层级、跨业务的协同需要,系统建成也无法满足体系化运营要求;二是系统架构设计不合理,缺少系统工程方法,没有充分考虑系统的可扩展、可维护等因素,无法满足需求变化的系统升级需要;三是数据集成不彻底,没有把数据资产等重要建设内容提升到全局层面,未全面衡量数据来源和质量因素,导致数智供应链"基础不牢"。

3. 质效意识不强

重视高质量、追求高效益,是供应链思想观念更新突破的重要体现。由于对供应链发展质效重视不足,常导致多种问题出现:一是对需求分析精准性重视不足,导致系统开发变更频繁,影响数智化供应链建设效果;二是对过程管理规范性重视不足,技术选型、系统设计不合理、开发过程不规范,影响系统的功能和性能;三是对应用成效反馈性重视不足,缺乏全过程、全寿命、全成本管理思维,没有构建成果应用反馈回路,没有采取专门的措施手段确保建设成果形成聚集性、涌现性效果,影响了供应链数智化建设成效。

(三)体制机制需要创新

机制完善使人尽其才,达其志,善其事。数智供应链的创新发展离不开体制机制的保驾护航。从实践经验看,组织体制僵化、业务机制滞后、行业标准混乱往往是最大隐患。

1. 组织体制僵化

供应链管理的复杂多样性要求各级组织机构能够协调一致,更好地适应变化要求,提高行动效率。从实际情况看,很多链主单位不同程度存在的组织机构支撑不力等问题:一是管理层级过多,导致业务流转费时、信息传递滞后、决策响应迟缓,无法快速响应形势任务的复杂变化;二是跨部门协作困难,缺乏跨部门沟通和协作的工作轨道与激励措施,没有建立跨部门协作机制,无法实现供应链管理的整体优化;三是缺乏明确的角色分工(特别是牵头管总部门往往不明确),责任不明确、决策不清晰则无法推动供应链高效运作。因此,与时俱进的组织机构改革势在必行,这是推动供应链发展的必要举措。

2. 业务机制滞后

业务机制创新旨在通过改变业务流程、信息传递方式和协调机制提高供应链管理的效率,但目前业务机制落伍、创新举步维艰,主要体现在以下几个方面:一是对业务机制创新重视程度不够,缺乏业务创新的内驱措施和长效机制,难以动态适应业务发展最新需要,往往成为供应链数智化转型的突出障碍;二是缺乏业务流集约管理,没有支撑管理中枢发挥智能作用的机制保证,枢纽平台成为"空壳",无法实现信息的及时、全面共享，阻碍了实时、精准的管理决策；三是未能打通工作流堵点，考虑到成本代价、工作难度等因素，有的链主单位缺少决心，对存在的业务集成、机制协同等堵点视而不见，无法解决业务条块化和横向协作不畅等问题，难以形成合力；四是没有实现任务流全程追踪，很难提升供应链管理的透明度，无法加强整个供应链体系的责任管理。因此，需要从创新业务流、集约信息流、优化工作流、追踪任务流等方面入手，加强实践探索研究，多方面创新激活体制机制管理。

3. 行业标准混乱

缺乏行业标准是体制机制创新的障碍，阻碍了新型体制机制的培育，主要体现在以下几个方面：一是缺乏统一的数据标准体系，导致各个环节的协同合作和信息交换不畅；二是流程标准化的推进困难重重，由于重视程度不高，缺乏制定和实施标准化流程的相关举措，供应链管理工作不够规范；三是缺乏对质量标准化的足够重视，产品和服务质量的稳定性差，无法满足客户的需求；四是行业标准国际化不足，行业标准在国际市场上缺乏通用性和认可度，在全球供应链竞争中无法取得优势地位。规范行业标准是链主单位实现转型发展的重要方面，要充分发挥链主单位引领作用，不断强化数据标准化、加强执行流程标准化、注重质量标准化，以及推动标准国际化，最终提高整个供应链体系的战略竞争能力。

（四）领导管理尚需加强

领导力是组织成功的关键因素，科学的领导管理是推动供应链数智化转型的重要力量。长期以来，因领导管理不足导致的失败案例屡见不鲜，其常见原因主要有以下方面。

1. 缺少"一把手"挂帅

组织管理面临的最大挑战是缺少"一把手"领导挂帅。这会使战略制定、核心决策、多方协调等很多方面的工作难以推动。在战略层面缺少"一把手"挂帅，会导致战略规划和执行偏差；在决策层面缺少"一把手"挂帅，会导致决策不够果断、意志不够统一；在协作层面缺少"一把手"挂帅，会导致组织内部的利益冲突和合作困难；在技术创新层面缺少"一把手"挂帅，会导致机制体制难以统一，集成开发难以协调，应用推广难以见效等。通过"一把手"挂帅，加强领导管理，建立完善的管理机制，加强跨部门协同当务之急。

2. 缺少统筹性管理

统筹管理人力、物力、财力、智力，是供应链转型发展的先决条件。实践过程中，问题集中表现在以下方面：一是缺少具备整体规划和战略制定能力的信息化"管总"部门，无法开展全局统筹协调信息化建设的工作；二是没有具备相应专业知识和技能的专门部门负责解决各种专业性问题，确保供应链体系的正常运作；三是缺乏具备技术知识和能力的统筹部门，不能够有效地统筹各种技术资源；四是缺乏相应的监管部门，不能够有效地监控反馈，无法及时发现和解决各种问题，导致整个转型过程散兵游勇、前后脱节。加强决策指挥、资源利用、立项审批的集中统一领导,势在必行。

3. 缺少否决制措施

政策是刚性的,但执行期间,很多链主单位不同程度存在"白头胜过红头""红头不如口头"等问题,导致供应链转型过程因政策落实的随意性大打折扣。链主单位往往缺乏"一票否决"的机制措施。一是计划方案的一票否决,当总体目标确定后,任何背离主线主流的方案计划,都应一票否决;二是项目立项的一票否决,与转型需要、统建要求、集成目标相冲突的项目及资源投入,都应一票否决,确保集中精力办大事;三是失职人员的一票否决,数智化转型没有"自留地",只有"责任田",要切实立起选人用人和追责问责的鲜明导向,确保高度集中统一。

(五)专业队伍亟待培塑

"但得人才即治安,不忧外侮敢相干。"正所谓致天下之治者在人才,人才是数智供应链创新发展的第一资源。然而,链主单位在不同进阶时期,受内外因素影响,其专业队伍建设往往问题突出,集中表现在以下方面。

1. 育人机制僵化

僵化落伍的人力资源管理机制无法确保专业队伍的高效运作,还会遏制人才的培养和发展,成为供应链数智化建设过程中体系创新和优化的掣肘,主要问题体现在以下几个方面:一是人才培养机制不完善,缺乏必备的培训计划、职业发展规划、技能提升培养等,不利于提高员工的专业技能和综合素质;二是激励机制不完善,难以留住关键人才,无法激发员工的工作积极性,表现为团队的凝聚力低和战斗力差;三是团队协作和沟通频率低,团队协作效率低下,会造成恶性循环。建立灵活健全的育人机制,通过建立完善的人才培养机制、注重绩效评估和激励机制、推动团队协作和沟通等措施,才能实现数智化建设专业队伍的高效运作。

2. 力量规模不足

人才队伍规模力量不足的主要原因包括以下几个方面:一是招聘计划吸引力小,不能招募到具有相关专业知识和技能的人才;二是人才储备计划不完善,没有通过内部骨干抽调与外部人才引入相结合搭建智囊团队,无法确保人才资源稳定性;三是团队建设与管理不完善,没有建立有效的团队建设计划、激励机制以及有效的沟通和协作机制,不能确保庞大专业队伍的协作。因此,需要在招聘与人才储备、团队建设与管理等方面制定相应的策略和机制,确保专业供应链数智化建设队伍的规模和稳定。

3. 精英人才匮乏

具备专业知识和核心技能的精英人才数量匮乏,主要原因体现在以下几个方面:一是培训重视不够,精英人才没有获得持续的培训和发展机会,专业水平和技能无法更新迭代;二是培训计划不完善,缺乏全面的内部培训、外部培训和专业认证培训,人才队伍参差不齐;三是知识共享不足,队伍在知识管理、知识分享和交流创新方面相对落后,难以形成知识成果转化。因此,需要在培训与发展、知识管理与创新等方面制定相应的策略和机制,培塑一支能够支撑供应链体系建设的精英队伍。

（六）平台支撑仍需增强

平台如海,应用如鱼。数智供应链离不开多维度、体系化的基础平台提供支撑。通过分析国内外实践案例,链主单位在转型提质过程中,往往因基础支撑能力薄弱,导致改革发展动力不足,集中表现在以下方面。

1. 项目管理能力不足

项目管理能力不足主要体现在以下几个方面：一是项目立项管理水平低,不能准确把握项目背景与需求,目标范围不明确,需求追踪不及时,导致返工和失误频现;二是风险管理水平低,不能对项目面临的各种风险进行准确识别、评估、应对和监控,无法规避项目实施过程中的不确定性;三是知识产权管理体系不完善,对项目成果的资产管理重视程度不够,无法确保项目中的知识产权得到充分保护和利用;四是项目整体管理水平低,项目计划不够完善,进度控制不够精准,难以规范项目管理过程,无法合理分配和利用项目资源,确保各阶段目标按时完成。形成项目管理能力是供应链数智化建设中的重要挑战,通过对项目立项管理、风险管理、知识产权管理等多个方面的提升,共同构建完整的项目管理体系。

2. 数据掌控能力不足

数据掌控能力不足主要体现在以下几个方面：一是数据采集机制不完善,面对海量的数据来源,无法实现及时、有效、精准的数据采集体系,数据管理混乱且误差较大,无法反映真实的业务情况;二是数据分析和挖掘能力不足,数据分析工具技术落后,无法对数据进行深入挖掘和分析,难以发现其中的潜在风险与机会;三是数据安全和隐私保护不达标,数据加密、访问控制、数据备份等相关措施不完善,供应商、客户、产品、交易等多方面数据安全无法得到充分保护。形成数据掌控能力是供应链数智化建设中的重要环节,通过培养数据掌控能力,增强供应链数智化建设的核心竞争力之一。

3. 设施支撑能力不足

设施支撑能力不足主要体现在以下几个方面：一是物流仓储设施支撑能力不足,物流网络运输体系、仓储管理体系的滞后,对货物的快速流通配送和安全存储管理造成了不利影响;二是信息通信设施支撑能力不足,信息系统、数据库、数据中心等信息化设施服务能力不足,通信网络、通信设备等通信设施覆盖不全,网络不稳定,互联不通畅;三是环境设施和安全设施支撑能力不足,未能建立环保节能、安全防护和容灾抗毁的生产环境,无法确保供应链运行的安全和稳定。形成设施支撑能力是供应链数智化建设中的重要环节,通过建立起完善的设施支撑能力,可以提高供应链的灵活性和响应速度,对构建供应链数智化生态体系起到积极影响。

二、数智化转型宏观指导

着眼应对转型挑战、解决矛盾问题,要充分结合行业趋势和自身特色,从供应链数智化转型的宏观指导出发,围绕转型策略、转型思路、转型维度等方面,建立方法论、路线图。以"五全策略"树立数智化转型方针,通过"七位一体"统一链主单位数智化发展的思想认识,激发管理、业务、技术"三维联动"内驱能力,推动数智化建设任务高效稳步推进。

(一)转型策略

不同阶段、不同主体、不同领域的供应链转型诉求各不相同、具体方案千差万别,着眼宏观层面共性化转型发展需求,本书提出"五全"策略,围绕"流程、要素、场景、平台、主体"等供应链数智化核心对象,形成具备规律性、普适性的实施建议。

1. 全流程在线化办理

规范化、在线化的工作流程是推动供应链业务从物理空间向数字空间迈进的重要抓手。通过全流程在线化办理,打破供应链活动在地理位置、作业时段等方面的限制,形成全天候的线上业务环境,解决线下作业模式下不同环节资源、进度匹配性差的问题。同时,通过在线化打造链主单位、上下游企业及合作伙伴紧密沟通协作的窗口,供需动态、业务单证、管理要求即时传导,减少信息差导致的业务失衡风险。

在转型策略上,一是明确供应链线上流程的业务范围,通过对标链主单位集团级战略发展目标,将供应链转型融入链主单位创新发展的整体架构中,确定供应链与财务、资产、运维等部门的协作界面切分,明确供应链线上化流程范围、跨专业协同节点和要求,指导在线流程的总体规划;二是统一参与方在线协作的流程窗口,梳理供应链各项流程活动的参与主体,确定供应链内外部组织机构、业务伙伴的管理诉求和协作节点,围绕在线沟通协作,构建跨部门、跨单位、跨层级的集中型在线服务窗口,通过"线上数据多跑路",实现线下参与主体"少跑腿";三是推动供应链在线流程标准化,规范固化供应链主干流程和共性环节的在线办理规则,纵深开展分支流程的精益化设计,形成供应链在线流程的统一业务和应用蓝图,通过组织、制度等保障,固化业务流程,打造"线上办业务、线上管业务"的日常工作氛围。

2. 全要素数字化贯通

保障任务、保障资源、保障实力等要素是支撑数智供应链有效运作的共同基础。强化全要素数字化贯通,推动建立链主单位主导的供应链数据信息资源共享与交换规范,支撑供应链与跨专业平台、链上其他业务平台的数据对接和资源互通,真正将信息串成链条实现多点共享,彻底打破各环节、各平台的"信息孤岛"局限。加强数字要素价值挖掘,对内发挥提质增效的赋能作用,促进供应链业务和管理再上新台阶;对外探索增值变现的商业模式,创新发展供应链数字经济新业态。

在转型策略上,一是加快供应链要素结构化数据化升级,针对需求计划、合同订单、出入库单据等关键单证,推动其由传统的纸质单据、扫描文件、Excel文档等形式向结构化电子表单升级,提高关键字段的数据化比例,形成机器可以识别处理的数字化要素,利用技术手段全面提升要素处理和业务流转效率;二是强化供应链要素自动化线上化生成,结合全流程业务在线办理,推动各环节源头单证的基本要素应用平台线上填录,辅助信息基于规则模板自动生成,实现信息随业务无感伴生,减少手工转录的工作量和误差率,从根源保障线上要素与实体业务匹配一致;三是推动全量要素跨专业跨单位共享,建立供应链全环节数据汇聚共享的管理机制和技术手段,推动供应链与跨专业、跨单位数据整编融合,强化中标结果、合同订单、财务账款等关键要素的上链认证和防伪追溯,提升数据可信开放水平,形成集团级、行业级数据湖,支撑构建发展供应链数字经济体系。

3. 全场景智能化作业

科技是第一生产力,创新是第一驱动力。在供应链的决策、管理和执行等场景中,深化数智新技术与供应链业务创新融合,是构建智能化作业形态的重要利器。运用链式思维、创新思维深化全场景智能作业,推动数智新技术的研发应用,与供应链业务全方位融合,推进供应链流程再造和管理重构,实现业务自动化执行、设备智能化操控、服务智慧化运营,支撑各类场景中实物流、信息流、资金流的协同合一。

在转型策略上,一是推动基础设施自动化无人化升级,大力发展仓储作业设备、运输投送载具、物流监控终端等新技术手段,打造"无人仓""无人机"等保障作业模式,打通技术装备与环境场地、业务平台、管控人员等交互操控渠道,实现供应链基础设施从劳动密集型向技术密集型升级;二是创新发展新技术系统性应用,加快大模型、人工智能、超级自动化、数字孪生等数智技术研究孵化,与采购、合同、仓储、物流、检测等业务融合应用,打造供应链"数字员工"服务,培育供应链日常办公的新模式,促进基层精力从高频重复劳动向创新探索实践转变;三是构筑自主可控的技术"护城河",将数智技术纳入供应链韧性保障体系,强化链主单位价值导向,引领行业级新技术应用规范和安全标准,加快国产化自主可控技术培育,全力打造供应链原创数智技术的策源地,掌握供应链转型浪潮中技术进步和产业发展的主动权。

4. 全平台服务化融合

平台是数智供应链业务流程、保障要素、领先技术的共同载体,是为各类参与主体提供一站式场景服务的线上窗口。加强平台一体化整合,推动链主单位、链上企业、政府部门等重要参与方的平台联通,支撑跨环节、跨单位、跨行业流程协作与数据融合,形成开放共享数字技术体系,提升供应链对内对外的数智化转型服务能力。

在转型策略上,一是加强供应链平台一体化整合,在链主单位内部统筹供应链各级各类子系统的业务、技术、数据蓝图规划,对线上承载的业务和功能应用优化整合,按照中台化架构推动平台能力迭代升级,融合内外部用户的各类供应链服务需求,打造供应链"一网通办"公共业务窗口;二是推动链上主体平台互联互通,发挥链主引领作用和平台枢纽价值,建立统一的数据交互规范、物联接入标准,加强与上下游重点企业、政府部门、合作伙伴等平台的对接,支撑链上标准互认、业务互通、数据共享,打造设计与制造、制造与运维等跨行业的数字化交互模式;三是培塑供应链兼收并蓄的技术环境,主导建设行业级技术底座,开放算力、数力、智力等资源,支撑个性化场景开发和应用,提供满足链主单位、链上企业、政府部门的灵活技术服务,形成开放互信、共享复用的市场化技术商城,驱动供应链全环节协同,提升数智化水平。

5. 全主体生态化合作

以链主单位为中心、链上重点企业和政府部门等主体为节点,推动供应链横向扩展、纵向延伸,形成开放合作的生态圈,是永葆供应链发展活力的重要基础。在物流配送网络、应急保障资源、跨链交互协作等方面,加强各主体的优势互补和深度合作,凝聚供应链数智化转型的更广泛力量,促进供应链生态高质量可持续发展。

在转型策略上,一是强化物流配送网络合作,与国家交通路网设施资源对接,与社会物流头部企业和地方特种运输力量深度协同,构建融合物资生产、运输、存储、使用、回收等各环节关键地理信息和储运力量信息的数字供应网络,支撑运输路线科学规划、储运状态透明可视、运配服务精准高效,提升供应保障能力;二是统筹应急保障资源共享,融入国家应急指挥体系,打造国家、地方、企业等多层级应急物资共享服务,建立应急资源成套化储备、战略资源联合型储备等保障模式,实现全链条应急物资可见即可调,提升极端情况下供应链的紧急保障能力;三是发展跨链支撑模式,以链主单位为中心,加强与上下游重点供应商的资源共享和业务协作,推动链主单位与供应商的供应链延伸对接,加强物资、仓储、运力等基础资源的跨链统筹,打造多链互补、跨链协作的供应支撑模式。

(二)转型思路

思路决定出路。通过大量分析案例,试图从供应链数智化转型发展的内在动力、组织保证、基础支撑、建设路径、活力源泉、赋能形态、价值追求等方面提供"七位一体"的思路建议。

1. 以一条链路、流程再造、机制创新为内在动力

聚焦供应链在物资供应保障、经营降本增效等方面目标诉求,聚拢供应链全业

务环节、物资全生命周期的管理规范,以信息流、资金流、实物流协同链路为主线,分级分类梳理在需求、采购、运配、仓储、结算等主要环节的业务流程,提炼共性业务环节、活动节点,屏蔽差异化分支流程、冗余节点等,建立主要链路、主干流程的统一环节要求、操作规范和运转规则。

各单位、各专业对标统一流程要求,分析自身业务流程差异,制定流程再造方案、实施策略、改进计划,并通过借鉴业内经验、引入新兴管理工具等方式,提高流程的效率和灵活性,并确保后续的流程优化响应能够适应市场的变化和链主单位的发展需求。

重视为供应链业务运行提供保障,围绕业务流程协同、风险联合防控、资源统筹共享、数智能力融合等体制机制,创新业务管理模式和数字化服务能力,不仅强调建设应用,更要重视创新成果成效,切实发挥业务流程和体制机制升级发展的红利效应,通过加大对基层用户的服务保障和获得感培育,形成"要我用"向"我要用"的思想观念转变,凝聚业务创新发展的内生动力。

2. 以一个机构、统管共建、监督问效为组织保证

供应链数智化转型发展是一个实施周期长、业务覆盖广、参与主体多、协调事项杂的任务,需要加强统筹组织,把握处理好统一决策与多方共建、顶层设计与基层实践、强基固本与革新发展等多方面的辩证关系。在建设管理方面,通过建立一个集中管控机构,推动各级主要负责人亲自抓建、靠前指挥、定期督办,按照"挂图作战""联合作战"模式,保障资金、人才、时间、精力投入,确保各项任务顺利推进。

按照供应链数字化建设的顶层规划,强化各类各级任务统筹和动态管控,明确和细化"量、质、期、责"等具体要求。业务主管部门、技术建设部门分别落实好专业管理和技术管理主体责任,项目、财务等专业协作机构在项目、资金落地等方面全力支持。承担牵头任务的归口部门、支撑单位精心组织,工业部门全力支撑,推动供应链数字化建设齐抓共管、形成合力,链主单位内外部、供应链上下游"一盘棋"推进。

实化量化供应链数字化建设的目标任务和价值效果,按照"管业务就要管应用、管技术就要管成果"的要求,建立职责分工矩阵、任务跟踪矩阵、风险提示榜单等监督管理机制,强化对需求管控、建设管理、实施协调等责任团队的专项管控,推动供应链数字化转型从向设计开发要进度,到向管理协调要成效转变。

3. 以一套标准、统一编目、源头赋码为基础支撑

以统一化、唯一化、源头化、在线化为管理目标,组织梳理各单位、各环节共享复用的业务、技术、数据范围,建立链主单位统一标准体系,在供应链内部实现流程无缝衔接、数据共享融通,在跨专业层面实现业务规范交互、信息互联互通。

建立健全业务编码规则和全过程管理机制,推动业务流程、实体物资、管理标准等形成数字化视角的编码体系,建立不编码不予上链注册、不予采购招标、不予

生产发运、不予入库入仓、不予结算支付等实操管理规范的刚性约束,全面培育数字化编码管理和应用的观念与习惯。

推动供应链实物管理从"大锅饭"向"单人餐"升级,建立供应链实物码,作为物资全生命周期的唯一身份标识,推动物资采购、生产源头赋码管理,强化实物码在全流程的嵌入式管控,形成业务与实物孪生同体机制,促进供应链全环节信息与编码贯通关联,提升跨环节、跨专业的信息协同共享水平。

4. 以一个平台、服务集成、能力聚合为建设路径

以中台化架构,推动供应链管理业务和服务优化整合,通过平台迭代、技术升级等手段,推动供应链全环节线上协同,整合内外部用户的各类应用,定制流程图谱,构建待办中心,形成业务办理、咨询、运维的统一渠道,构建"一网通办"服务。

推动各部门、各专业的割裂系统集成贯通,形成供应链集中服务的数字化总线,链接链主单位内部各专业系统、链上企业系统、社会公共平台等系统资源,打造供应链集成化业务服务能力,增加单体物资结构化的质量和成本信息,与业务编码关联,解决采购、仓储、结算、回收等环节数据共享难题。

突出业务驱动数字化转型,以满足业务需求为中心开展数字化能力聚合,强化业务需求导向、物资编码纽带作用,应用人工智能、大模型等新技术,对实体供应链进行流程重塑、业务重构和管理升级,形成具备强大数智能力的供应链体系。

5. 以一套数据、科学治理、动态保鲜为活力源泉

采取数据与系统解耦、模型与业务抽离、横向与纵向拉通、标准与机制共建、治理与服务并重的策略,按照供应链全链条、物资全生命、资产全价值、流程全贯通、品类全覆盖、层级全穿透等原则,推动跨专业、跨层级、跨单位、跨行业、跨政企部门的数据引接共享和有效汇聚。开展供应链数据资产管理,建立统一数据模型,强化各专业整合、清洗转化,形成标准一致、质量优良的供应链数据资源池。

基于供应链统一的数据模型,强化全量数据质量监测,常态核查与治理数据传输质量、数据内容质量。建立智能化监测手段,推动问题早发现、早解决;针对关键数据字段制定校验规则,通过技术手段实时开展数据监测、智能定位问题数据、分析发生原因,推动前端业务环节,深化源头数据问题治理,提升数据质量达标率。

明确各类数据的来源系统、传输时效、更新频度等要求,配套建立数据保鲜与质量监管预警机制。加强数据采集、传输、交换等基础网络设施建设,建立全链条数据贯通传输管理机制,推动全供应链数据保鲜保质汇聚接入到统一的数据管理平台,通过业务编码贯通业务流、实物流和资金流信息,确保数据与业务同步。

6. 以一组技术、体系重塑、数智增效为赋能形态

建立供应链统一技术规范,沉淀总结各级单位技术创新成果,打造供应链共享复用的"组件仓库",为技术人员提供快速构建的开放平台,为业务人员提供个性

化的业务应用组件。基于统一的技术架构和公共能力,赋能整个生态应用平台的发展,驱动各专业提升数字化水平。

依托开放的技术生态,积极引入科技企业、科研院校、社会机构的前沿技术,结合链主单位行业特色和业务实际开展深度整合,依托典型场景建设改造核心算法、优化技术组件、强化安全策略,逐步实现新技术的自主化,面向生态圈同业单位、上下游企业开展自主技术输出,推动技术合作,共同推进供应链上下游技术水平精准提升,打造互利共赢格局。

运用人工智能、机器学习、数字孪生、区块链等先进技术,构建供应链流程挖掘、供应商知识图谱、策略模拟等分析模型,深度挖掘供应链数据资产潜能,支撑流程调节量化反馈、供应商全息画像、供应链策略全景化评估等数字化运营场景建设,打造安全稳定、柔韧性强、技术领先的供应链运营"智脑",发展同业对标、供应链金融等数据服务,实现供应链价值外延增值。

7. 以一项事业、迭代发展、接续创新为价值追求

供应链创新发展是一个长期性系统工程。从微观而言是一个单位的持续发展,从中观层面来说是一个行业、一个地区、一项产业的赓续革新,从宏观层面来说是一个国家、一个时代的发展进步。链主单位,应秉持初心、锚定目标,坚定"功成不必在我,功成必定有我"的决心态度,扭转急功近利、速战速决的错误倾向,结合自身所处阶段,压茬推进,接续创新,久久为功推进事业向上向前。

清醒地认识到业务与技术螺旋式发展、互动式提升的客观规律,树立迭代发展的理念。链主单位从上到下应实事求是,科学制定阶段性发展目标,提炼所处阶段的业务特点,分析各方面特征和主要矛盾,明确阶段发展的核心任务,明确供应链数字化建设的目标、范围和预期成果,推动供应链渐次有序升级。

在供应链数字化发展历程中,坚持树立管理与技术接续发展的理念。管理变革上,坚持以问题为导向、以目标为导向,聚焦难点、痛点、堵点,敢于突破瓶颈,善于攻坚克难,注重流程再造,确保管理机制更加顺畅、业务流程更加优化、管理成效更加突出。技术创新上,紧密跟踪新技术、新装备、新业态、新模式的演化发展,创新数字化应用场景,培育数字化服务能力,以全供应链的数字化转型带动线上线下业务加快融合,打造"数字驱动、协同共享"的供应链新生态。

(三)转型维度

供应链数智化转型,是体系化推进、多维度协同的过程。不仅要有科学的策略选择、缜密的思路设计,还要充分认清管理、业务、技术三个不同维度相互影响、交织渗透、协同作用的特点,既要把握发力点、牵住牛鼻子,也要统筹基本面、确保协调性。

1. 管理维度

强化统管统建。供应链数智化建设是"一把手"工程。为协调不同部门之间

的利益冲突,有效处理组织内部矛盾,确保资源的统一调配和合理利用,必须有效发挥"一把手"的地位作用,建立健全统管统建的具体措施。将供应链数智化转型的总体目标设定、发展路径规划、重大项目立项、核心资源调配、组建机构优化、绩效考核监督等重要事项,提升审批层级,建立直报渠道,使"一把手"可以直接了解情况、行使职能、统筹力量;链主单位应强化信息化主管部门在数智化转型过程中的牵头把总地位,配套建立项目审批、技术统筹等机制措施,避免重复建设,确保集约高效。

转变管理思维。树立思想理念先行、思维方式转变、信息素养提高等系列目标,针对链主单位实际,有针对性地开展数智化管理的理念创新工程建设,助力供应链数智化发展的先进思想创新、核心技术转化、未来趋势判断,形成一批具有原创性、集成性、转化性的理念成果。在此基础上,分批有序组织管理层深入学习理解、定期交流碰撞,使其不断提升思维层次,持续强化思想武装,切实掌握先进理念,熟练运用管理方法,从而有力引领自身数智化转型建设。

提供组织保证。数智化转型是项体系性工程,链主单位要围绕管理部门、职能部门、数据部门、开发部门四大职能要素协同运转,从组织层面提供坚强保证。在各个关键阶段,可抽组骨干人员,建立一个跨部门的供应链管理团队。该团队负责协调和推动不同部门之间的合作,组织各部门共同参与战略目标制定,统筹管理转型发展要点要务。同时,链主单位要注重人才队伍建设,建立与转型发展相适应的人才培养模式、人才引进渠道、人才激烈措施、人才评价体系,打造更适合长远发展的人才队伍。

推动文化建设。数智化建设会对原来的业务流程和组织文化形成冲击,供应链的流程需要进行组织重构,几乎影响到每一个人,这种事关人人利益的变革不仅需要刚性管理的"硬实力",也需要柔性影响的"软实力"。在推动变革的过程中,要有意识地在整个组织中树立数智化转型的意识和文化,可以通过培训、沟通和激励来确保组织成员积极参与和支持数智化建设,建立一种开放、包容和支持信息化的文化氛围,促进团队合作和知识共享,激发创新和变革动力。

2. 业务维度

创新业务流程。流程再造、机制创新是供应链数智化转型的内在动力,获取不竭发展动力极大依赖于业务流程的优化和创新,应特别注重对前瞻性、持续性、体系性、稳定性、约束性的总体把握。

保持前瞻性。要积极前瞻战略机遇、风险挑战,与时代同行,与发展同步,大胆推进内部业务变革、流程再造;切实用好链主单位在技术、人才、资金、场景、数据等方面优势,推动上下游伙伴紧密黏合,提升资源共享、协同合作、集智创新的流程支撑能力,持续巩固优势站位,不断扩大领跑差距,牢牢掌控发展主动。

做到持续性。供应链业务流程创新不是一蹴而就、轰轰烈烈的"大会战",是持之以恒、久久为功的长期事业。一要持续聚焦问题,建立以问题为导向的业务优化机制,紧盯转型发展、业务运行、能力聚合等方面的短板弱项,科学制定业务创新的目标任务,有效压实业务创新的主体责任,确保纲举目张。二要持续优化迭代,充分认清业务创新、机制优化的艰巨性、复杂性、长期性,专门编制形成相关推进计划、协同要点、保障措施,确保行之必成。三要持续评价反馈,注重实践检验和成效评价,供应链新业务、新流程、新机制上线后,做到及时跟踪、动态反馈、持续收敛,确保善作善成。

把握体系性。坚持系统工程思维,在体系关系上,流程机制优化期间,对具有全局性、枢纽性、关键性、基础性要素节点予以专门的分析考虑,对各环节、各层级、各专业间相互作用关系予以专门的联动设计,确保整个业务体系的协调性;在体系内容上,不仅要覆盖采购、仓储、配送等关键业务,还要从更大视角兼顾到上下游、前后端参与主体,形成一个高度整合、松散耦合、能力聚合的业务系统,确保整个业务体系的完整性;在体系方法上,使用供应链流程管理工具开展业务机制的设计、执行和监控,通过定义和优化标准业务流程,将供应链各个环节的任务步骤有机连接在一起,确保业务流程优化设计的有效性。

实现稳定性。业务机制优化事关全局、影响重大,既要做到积极进取、大胆创新,也要坚持稳妥可靠、循序渐进。一是大胆构建"试验田",对创新性业务机制,在生产环境之外,或生产流程旁路,开辟验证性业务专区,在近乎实战的条件下,最大程度实现新业务、新流程的摔打检验。二是迭代形成"储备库",将经过充分检验的业务流程和运行机制,纳入链主单位业务体系进行集中储备,当外部环境成熟、运行条件具备、实际任务需要时,按特定流程受控使用。三是慎重管控"运行集",对实际生产环境运行的机制流程进行严格的审批管理,对运行成效进行严密的监控反馈,遇有问题及时"下链"。

强化约束性。供应链数智化转型要实现业务与技术深度捆绑,在重要的业务领域、业务部门、业务环节、业务要素中强制性引入数智化手段,推广数智化应用,有力促进数智化转型。链主单位可以在业务层面专门制定政策措施,明确规定哪些业务环节必须使用哪些技术工具,详细说明不同技术工具使用的标准规范、工作流程、强制要求等。例如,在采购部门中,可以首先推广电子采购系统,要求所有采购招标信息必须通过网络发布,采购订单必须通过系统发出,采购响应必须依托枢纽平台处理等,逐渐淘汰传统的线下发布和纸质订单。通过渐进式过渡,可以逐步减少对线下操作的依赖,逐渐改变作业习惯和工作方式,在实践中逐步理解、接受、依赖、推进数智化转型发展的整体进程。

3. 技术维度

狠抓系统集成。在系统对接集成上,推动采购系统、仓储系统、资源计划系统、项目管理系统、办公自动化系统的整合,构建一个涵盖所有供应链管理模块的数字化平台,实现关键业务互联互通。在系统集成架构上,建立统一的技术架构和规范,详细明确技术选型、接口定义、数据标准等内容,确保各个子系统和模块在技术层面的兼容性和一致性,减少不同团队之间开发和集成的困难。在系统共性服务上,供应链枢纽平台统一发布和提供所需数智化业务服务,建立并维护供应链平台的技术文档和共享知识,包括开发指南、最佳实践、常见问题解答等,努力达成"人人为我,我为人人"的互利互惠目标。在系统集成规范上,构建专业化、模块化、结构化的供应链集成标准,规范模块开发、功能集成、服务调用,避免单个功能的频繁调整对整体架构带来的重构影响,使得不同业务系统可根据需要灵活集成适配供应链平台。在系统个性定制上,对供应链平台进行定制化开发,以适配不同业务系统的特殊需求,每个迭代周期内,重点关注高价值的功能调整和需求变更,有效应对频繁的形势变化,保证供应链平台具有较好的灵活性和扩展性。

加强数据管理。在数据质量上,建立数据质量监控和管理机制,通过实时监控和报警机制来识别和解决数据质量问题。例如,设立数据质量指标和阈值,定期检查通报数据质量。技术层面,定义并推行统一的数据标准和规范,确保各个环节使用一致的数据格式、命名规则和数据结构。集成传感器、物联网设备等技术,实现数据的自动采集和实时监测,提高数据质量,并减少数据录入环节的人为错误。在数据收集和输入的过程中进行数据清洗和校验,确保数据的准确性和完整性,包括去除重复、错误或不完整的数据,验证数据的格式和逻辑规则等。在数据安全上,进行访问控制和身份认证,建立严格的访问控制机制,确保只有经过授权才能够访问平台的敏感数据;采用强密码策略、多因素身份认证和访问控制列表等措施,防止未经授权的人员访问敏感数据;坚持对敏感数据进行加密存储和传输,采用安全协议和加密算法,以确保数据在传输过程中不被窃取、篡改或泄露。在数据运维上,建立健全定期的数据备份和恢复机制,在数据丢失或系统崩溃时,能够通过灾备方案迅速恢复系统和数据,减少业务中断时间和数据损失风险。

建强基础设施。一是提升云化承载能力,充分借助云计算和虚拟化技术,将一部分计算和存储任务转移到云平台或虚拟机中,扩展供应链平台的系统承载能力,用分布式架构和负载均衡技术,将供应链平台的负载分散到多个节点或服务器上,并根据需求弹性调整资源的使用量,提高整个系统的并发处理和容错水平。二是提升网络互联能力,采用有线网络、无线网络、卫星网络等多种网络技术,以适应不同区域和环境的网络需求,提供更广泛的网络覆盖和更稳定的网络连接;根据网络状态和负载情况,调整数据传输路径和流量分配,对网络进行优化和负载均衡,确保数据传输的稳定性和高效性;通过应用层优化技术和协议,使用压缩算法、缓存技术和数据预取等方法,降低数据传输的时间和网络负载。三是提升容灾抗毁能力,在不同地理位置备份多个网络节点或数据中心,确保在网络中断、节点失效等情况下,仍能够通过其他节点或数据中心进行连接和访问;在网络不稳定或网络连接中断的情况下,利用缓存技术和离线模式,保证能够继续访问和使用平台部分功能,提高供应链的可靠性、可用性。四是提升多元服务能力,将信息化设备的部分或全部功能租赁给专业的设备租赁服务供应商,这样不但可以根据业务需求快速扩展或缩减设备的使用量,而且减轻了自身的设备采购和维护负担,提升了供应链弹性。五是提升硬件支撑能力,链主单位统筹需要和可能,对现有硬件进行扩容或升级,增加计算能力、存储容量和网络带宽等资源;根据需求和预测的增长,适时增加服务器、存储设备、网络设备等硬件,以满足供应链数智化建设的需求。六是提升巡检运维能力,建立故障处理流程,规定设备故障的报告、分析、处理流程和责任人,确保故障能够快速、有效地得到解决;严格按照巡检计划执行巡检任务,逐一检查设备的外观、通风状态、连接线路、电源等可见部分,同时进行设备性能测试和功能验证,记录巡检结果和发现的问题;定期对设备进行维护保养,包括清洁设备、更换易损件、定期校准和校验等;配备监测工具和软件,实时监测设备的运行状态和健康状况,及时发现异常和故障预警,以便快速采取修复措施。

三、数智化建设实施步骤

供应链的数智化转型建设,不能一蹴而就。总体上可按照确定发展目标、诊断业务痛点、梳理建设需求、研制系统平台、出台配套政策、推广系统应用、组织反馈评估等具体步骤,有力有序推进实施。

(一)确定发展目标

供应链数智化转型过程中,发展目标的设定是根本,指导整个转型建设的方向和路径,影响管理、业务和技术等维度的各项决策。在目标设定上,供应链数智化应当充分与链主单位的整体发展战略相契合,依据发展目标开展近期、中期和远期等阶段的规划,以支撑全局的战略发展,这就需要深刻理解链主单位的愿景、使命、价值观和发力领域等重点内容,建立与之匹配的供应链管理理念、组织、机制与文化。在路径评估上,应对供应链当前的发展情况进行全方位审视,从流程、成本、质量、服务和响应速度等方面,分析供应链的数字化情况和协同组织能力,从现有的IT基础设施、技术专业知识、内部工作人员的适应能力以及财务投资能力等维度,对标发展目标寻找具体差距,分别制定提升策略和实施路径,形成指导供应链数智化建设的"路线图"和"时间表"。在迭代修正上,应充分考虑可持续性和合规性,承接国家战略、法律法规、行业趋势等宏观发展要求,融合链主单位在环境、社会和治理等方面的公共责任,及时对发展目标和实施路径进行纠偏补正,保障供应链数智化转型过程中充分减少投资浪费、优化资源利用、提高生产效率,科学指导平台与流程的改进,实现数智化供应链的高效性、灵活性和可持续性。

在基础应用级阶段,发展目标通常设定在重点场景的线上化、数字化等层次,通过识别和采用合适的数字化技术,解决线下业务向线上迁移的规范性和便捷性问题,打造基本的信息化应用。实施路径上,选择在不扰乱现有业务流程的前提下,零星使用适合自身业务需求的技术,如小巧的自动化工具、供应链管理软件和数据报表平台等,小范围验证这些技术的有效性和匹配性后,快速投入场景应用,在重点环节实现明显成效,如提升订单处理速度、加强库存物资统计等。这一阶段的目标主要聚焦在满足基本应用,奠定业务信息化的基础,为供应链进一步的数智化发展积累经验。

在专业管理级阶段,发展目标从个别局部场景信息化的"星星之火",形成细分专业全面建设的"燎原之势",数智化的业务范畴扩展到供应链的核心业务环节和重点专业,聚焦实现供应链关键业务和要素的数字化交互。实施路径上,重点考虑通过大面积数字技术的应用,快速提升供应链的运行效率和响应能力,如利用自动化技术实现设备的自动运行,使用高级分析工具优化库存水平,或者通过云技术来改善物流的可追踪性,确保改进措施能够为提升供应链竞争力、满意度带来实质增强。

在流程协作级阶段,发展目标向突破供应链各环节协同贯通的难点堵点聚焦用力,侧重各个业务流程间的实物流、信息流和资金流融合,以实现更深层次的协同高效。实施路径上,数智化建设重心会转移到建立全面的数字化枢纽平台,确保各环节数据的一致性和实时性,通过平台信息共享能力,将前端市场需求快速传递给生产、采购、运配等后端环节,从而打破"信息孤岛",提高透明度并增强跨部门协同作战能力,形成高效运作的闭环管理系统。

在全域统筹级阶段,发展目标强调供应链与链主单位财务、设备、资产等其他专业的协同融合,从集团级业务统筹协调升级的维度,构建供应链与各专业的双向支撑提升能力。实施路径上,供应链的每个环节,包括与供应链紧密相关的非核心环节,都应统筹融入数字化平台,实现供应链管理与客户关系管理、财务管理等其他业务系统无缝链接。要充分利用云计算、大数据及人工智能等现代技术,使整个供应链可以灵活应对外部各种变化,通过链主单位内部的深层次协同运作,极大提高供应链的抗风险能力。

在生态融合级阶段,发展目标注重整个供应链上下游生态体系的聚合提升,推动以链主单位为纽带,贯通整个生态的流程、要素、技术和资金等力量,实现供应链生态系统的全面协同,整合信息流、物流、资金流,打造一个高效、透明、敏捷并且具有卓越协同能力的生态圈。实施路径上,要求数智供应链平台不仅要提供内部各个环节的业务服务,还要涵盖供应商、合作伙伴及客户等生态主体的广泛应用场景,更要注重建立共享的数据标准和交换协议,并通过全面的供应链协同推动创新,实现价值的最大化。

(二) 诊断业务痛点

业务痛点是制约供应链全过程高效顺畅运行的关键桎梏,也是供应链数智化转型提升的直接标靶,通过建立以断点、难点、堵点为导向的转型机制,聚焦核心矛盾,确定处理问题的优先级,以达到最大改进效果。这是供应链成功实现数智化转型的关键步骤。为了找准找全根源痛点,一是要全面梳理现有流程,对采购、库存、合同、物流和结算等各个环节全面审查,收集和分析各个流程数据、关键绩效指标和历史性能记录,利用数据驱动的方法,采用量化的方式来揭示效率低下、成本过高或用户体验不佳等问题,从而认清哪些环节有迫切的改进需求。二是要详细征询末端用户意见,通过调研、面谈和用户会话等方式收集真实体验和一手意见,弥补业务自评和数据指标分析的诸多不足,同步评估外部环境对供应链的影响,如市场趋势、客户行为变化、供应商性能、竞争者战略等,识别加深内部矛盾的重要外部因素,观察外部压力的性质和紧急程度。三是要科学安排处置的优先级,确定问题后,要权衡成本效益、客户影响、实施难度等因素,评估和排列每个痛点修复的实施序列,明确优先级,有目的地分配资源,集中精力解决最紧迫和改进空间最大的问题。

在基础应用级阶段,业务痛点往往体现在数据获取便捷性和结果准确性等方面,基础数据不全面、不准确、不及时是首要痛点。许多单位此时往往依赖于传统的手工操作和纸质记录,使得实时数据获取困难,从而影响了决策的质量和响应速度。此外,标准化流程的缺乏,经常导致业务不透明,难以追踪和监控。这一阶段,明确重点矛盾的方法十分直接,通过计算机手段识别手工数据输入的错误,运用简单的统计分析工具来识别效率低、差错多,以及多头重复录入的数据。

在专业管理级阶段,随着信息化基础设施的建立,数据获取和共享的便捷性、准确性等问题已得到解决,矛盾的重心开始转移到跨业务、跨系统的有效集成方面,这一时期的痛点就是常说的"信息孤岛"问题。在痛点分析方面,通过评估各业务系统(如企业资源规划系统、仓储管理系统、办公自动化系统等)的数据一致性,以及它们之间的交互能力,采取流程映射、日志分析、用户访谈等方法,诊断系统之间的集成障碍,以及由非集成化系统引起的流程瓶颈等问题。

在流程协作级阶段,当链主单位尝试提升生产力和效率时,会遇到现有创新机制、协作流程和决策模式与业务发展需要不匹配的突出问题。由于新的流程尚未建立健全,整个供应链对新业务、新需求、新伙伴的承载能力缺失、响应能力受限,加之现有的流程可能还不够规范化和标准化,难以实现跨环节流程的自动协作,导致决策者在缺乏连贯流程数据分析的前提下,容易做出粗放宽泛和不够精准的决策,出现资源浪费和机会错失。这一阶段,对主要问题的分析,需要供应链各环节管理人员的共同参与,明确不同环节之间衔接的信息规范,形成跨环节流程的标准设计,提升流程协作能力。

在全域统筹级阶段,供应链内部各环节流程已实现无缝衔接和高效流转,单从供应链管理本身来看,已具备极强的数智化能力。这一时期的主要矛盾,转移到供应链与其他部门业务的跨领域协同上,需要从企业发展的整体角度去规范供应链与不同业务的协调性。在痛点诊断分析方面,一是聚焦实物流、信息流和资金流的端到端贯通,梳理不同业务部门的协同界面,建立集团级的业务单证和实物资产唯一身份编码,完成跨部门业务的关联和衔接。二是需要推动打造集团级的数据标准体系,构建统一数据空间,促进跨部门信息的一致贯通和互信互认,支撑供应链与其他业务的数据融合,以服务集团级视角研判整体业务发展。三是推动业务从粗放型到精益型转变,通过单证与物资唯一身份编码,实现成本、质量、效率等要素信息向单笔业务和单体物资归集,支撑构建既管总账也管明细账的工作模式。

在生态融合级阶段,供应链发展面临更高的柔性、弹性、韧性和开放性要求,该阶段的主要痛点,一是破开格局、拓开事业,推动链主单位的供应链向行业级升级,精准定位影响国际化发展的体系性障碍、结构性矛盾、政策性问题,与链上企业共建国际化、数智化协同生态,实现既通过链主单位引领行业发展,又通过生态能力反哺链上单位。二是融入绿色低碳、科技创新、安全韧性等新发展理念,通过链主单位的规模化市场,促进产业链绿色生产制造、创新突破"卡脖子"技术与设备等,实现供应链的可持续性发展,在保持环境、社会和经济三方面责任的同时,不断固强补弱,提升国际市场核心竞争力。

(三) 梳理建设需求

建设需求是供应链数智化的作战蓝图,根据流程的优化、技术的发展和市场需求的变化不断地进行调整优化,为数智化建设的各个阶段提供精准有力的需求牵引。为了精准、明晰地梳理出各项建设需求,需要结合业务痛点的诊断分析,确定不同问题的处理策略和落地方式,形成具体的业务演进提升路径,差异化制定需求内容。一是针对数智供应链的空白业务空间,应优先制定该业务的线上化需求,通过网络化、数字化等手段,构建在线的业务办理流程。二是针对存在衔接断点和难点的业务,优先采取"架桥铺路"等方式,拟定连通性业务服务需求,打通两端业务形成在线链条。三是针对存在大量重复作业、复杂操作的堵点环节,应重点探索流程自动化、人工智能等数智新技术的融合应用需求,降低手工作业负担,促进业务高效流转。

在基础应用级阶段,建设需求的核心在于确立数据基础,推进业务线上化办理。一是识别和规划数据收集的方式、手段,评估现有的数据收集技术与方法,包括人工和自动化方案,并预估未来数据量的增长,选择可扩展的数据存储和管理解决方案。二是考虑数据质量管理和数据治理的机制,如数据的准确性、完整性以及实时性等,明确业务的线上化规范与要求。三是关注计算机硬件设施、基本的网络建设,以支撑试点技术的实施,从而打造一个稳定的基础设施体系,作为数智化建设的起点。

在专业管理级阶段,建设需求主要是围绕整个环节进行流程重构和技术集成。一是深入分析现有工作流程中的瓶颈,识别存在功能空白的业务环节,视情引入专业环节管理系统(如采购管理系统、仓储管理系统等)。二是综合分析专业内的管理要求,评估现行流程与要求的差距,制定标准化、自动化的提升措施,加大新技术引入应用,提高自动化水平。三是加强新技术、新平台的推广应用,提升系统操作便捷性,针对复杂业务建立培训和指引机制,确保有足够的能力应用新的系统和工具。

在流程协作级阶段,系统烟囱和流程再造是首要解决的问题,这一时期的建设需求,主要围绕流程优化、数据整合、系统集成、环节贯通、平台聚能等方面,供应链数智化建设首次作为一个专业整体进行规划和设计。一是聚焦不同环节间数据可以无障碍转移和应用,构建数据中心,实现数据清洗、融合,以及开展先进的数据管理,实现交叉环节之间信息的实时共享。二是加强跨环节流程的贯通,建立供应链枢纽平台,用于连接不同的应用程序和系统,并使得供应链各环节之间能共享数据和信息。三是强化多业务聚能效应,适应平时、急时等不同形态,构建标准统一、快速切换、弹性支撑的供应链业务流程体系,打造不同模式下供应链的全环节贯通服务。

在全域统筹级阶段,供应链建设管理更加注重跨部门的组织协同与网络化运作,主要需求在于更加集约化地整合管理、业务、技术等资源,与供应链外部环节结合起来,形成集团级业务齐步发展的数智化形态。一是全面评估与升级各专业部门的 IT 架构,围绕供应链业务主线,融合多项业务支线,持续升级枢纽平台建设,支撑供应链与财务、设备、资产等部门业务的流程衔接和自动运转。二是建立集团级的数据处理平台,支撑集团全专业的数据集中汇聚,开展供应链与各部门业务的整编融合,构建复杂的数据分析场景,提高决策效率和响应市场变化的灵活性。三是持续挖掘供应链的数据价值,引入更多的数据分析工具和技术,强化供应链业务趋势预测、决策智能评估等高阶能力构建,获取更深层次的业务洞察,进而辅助高层做出更加精准的战略决策。

在生态融合级阶段,链主单位注重构建行业级的供应链数智生态体系,围绕这一目标,在建设需求上,一是推动供应链平台从集团级向行业级升级,形成产业链与供应链协同的枢纽,支撑跨单位、跨平台的业务流程协同和信息贯通共享,并为行业中小微企业提供通用业务服务。二是大力创新数智新技术应用,打造开放的技术底座,支撑链主单位内部用户和外部伙伴共建供应链数智场景服务,创新电商交易、物流运配、质量认证等新兴业务形态。三是推动绿色、科技等战略要求向平台和场景落地,发挥链主单位国际竞争、行业引领的地位作用,针对"卡脖子"技术的堵点弱点,强化需求牵引、协同产业链条、集中优势资源,持续不断开展原始产业升级,切实增强供应链国际竞争能力。

（四）研制系统平台

系统平台是供应链数智化建设成果的核心承载与直接呈现，在不同阶段，研制对应的系统平台需遵循阶段性特点和链主单位的实际需求，制定差异化的系统平台研制方案，逐步推进及升级。系统平台的研制落地，在形式上，可以考虑简易型的辅助工具、单一性的业务系统、综合化的服务平台等不同层次，根据各阶段的建设需求、网信基础、投资规模和技术水平等因素进行选择；在过程上，按照"先内后外、先耦合再独立"等原则进行构建，优先解决业务痛点，再根据发展规划和信息管控要求进行扩展或调整；在部署上，应充分坚持"一级统建、一级统管"的原则，强化集团级架构设计管控，减少平台落地差异导致的业务管理参差不齐风险。

在基础应用级阶段，系统平台建设零星散布在供应链的个别节点或场景，受网信基础、办公场地、作业人员等各种因素的影响和限制，往往针对最紧迫的场景进行数字化改造。这一时期，系统平台的落地形式一般以简易型的辅助工具为主，如库存、订单管理的记账工具，运输、财务环节的电子数据交换系统等。由于此时还采用大量的手工作业方式，此时研制系统平台时需考虑平台的简易性、可靠性以便操作人员更好接受。同时，为应对未来业务需求的发展，可以采用模块化设计，以便根据需要逐步扩展。

在专业管理级阶段，系统平台建设集中在供应链的一个或多个主要环节（如生产、物流、销售等），系统平台的研制往往从环节的全流程入手，实现从前端需求捕捉到后端执行的全过程数字化。平台的落地形式一般以单一性的业务系统为主，但往往采用二级甚至多级部署的模式，优先解决基层单位的业务管理问题，后续又按照集团级的架构管控要求开展整合和提级改造。在这个阶段，平台研制过程中已经开始注重先进数字技术的引入，围绕招标采购全程在线、物流运输可视追踪、合同管理全息透明等重点环节需求，系统性开展建设，研发重点在于强化信息技术的规范性、联通性应用，提高环节业务线上化、信息透明化、操作灵活性，确保数据的实时收集和分析。

在流程协作级阶段，随着供应链各个内部环节的数智化升级，数智供应链平台的研制重心开始向不同环节之间的互联互通倾斜。注重打造跨环节的供应链枢纽平台，提供更强的数据集成和流程管理功能，提升供应内部协同效应。落地形式上，这一时期的系统平台全面采用综合化服务平台的模式，按照一级部署进行构建与实施。在建设过程中，信息流、实物流、资金流的逻辑和实体模型成为贯通各个环节的关键，基于统一的供应链枢纽平台进行业务协作、环节集成和场景整合，初步具备与财务、资产、设备等其他部门系统平台统一交互的能力，形成了链主单位供应链协同运转的网信支撑基础。

在全域统筹级阶段，供应链数智化建设扩展到了供应链以外的环节，系统平台研制的重点是实现供应链与其他部门的数字化对接和协同化工作。这一时期，系统平台已形成一体化的集群服务模式,对内整合了供应链各个分散的子系统、辅助工具、应用场景等,打造了一站式的业务综合服务;对外与各部门系统对接,融合形成一个集团级平台,将各个业务系统与新的数字化模块整合起来,以满足链主单位内外部信息流动和决策支持需求。该系统平台的研制需要采取开放的架构设计,以便接纳新兴技术和响应市场变化,同时确保系统的稳定性、安全性和可扩展性。

在生态融合级阶段,供应链数智化建设扩展到产业链范围,需要基于链主单位的供应链枢纽平台,形成一个行业级的产业链供应链信息共享生态。这一时期,系统平台不仅仅停留在信息交换层面,更在于促进产业链各个环节的同步创新与协作,实现链主单位供应链与整个产业链的完美融合,帮助各参与方优化自身的价值链,并在更大范围内实现价值的最大化。通过这种互联互通的信息共享平台,各个参与方能够更加深入地理解市场需求,及时响应来自其他合作主体的动态,并促进资源优化配置。该平台不仅减少了链主单位运营成本、缩短了产品发布时间,还通过数据驱动,增强保障对象行为理解和预测能力,以制定更加精准的供应策略。在竞争激烈的商业环境中,行业级的供应链枢纽平台必将成为链主单位转型发展的强大推动器,为实现供应链和产业链的融合贯通、提升整体业务效率做出重要贡献。

(五) 出台配套政策

配套政策是供应链数智化转型的基本保障,需要从组织体系、管理制度、业务规范、项目管控、资金保障、运行支撑等方面,建立健全相关的制度机制,通过机制引导平台建设应用,为数智供应链的高速发展装上"车轨"。机制制定与出台方面,一是保持与时俱进,根据供应链数智化发展不同时期的特点和痛点,及时调整旧有政策、出台创新机制,让机制成为保驾护航的动力,而非发展的制约。二是强化落地执行,推动机制融入规划、需求、设计、研发、实施等全过程中,保障数智化建设全过程有序有力推进,避免机制束之高阁、成为理想。三是确保步调一致,配套机制覆盖全面,需要多个部门共同参与和分头实施,在机制制定和执行过程中,确保各部门方向一致、节奏一致,才能实现劲往一处使,避免多头多向打乱建设应有步调。

在基础应用级阶段,配套政策应关注信息化基础能力的建设,加大资金投入保障,建立基础能力发展规划和运行维护管理措施,为供应链数智化奠定基础。这一阶段,一是要秉持适度适用的原则,聚焦具体场景和业务痛点,推进管理组织扁平化、管理流程简约化,以推动业务快速上线为原则出台配套机制,确保建设应用短平快。二是综合平衡技术引入和自主研发的管理要求,建立标准化的项目管理规范和技术路线框架,推动内外部技术平台和数据标准共享共用。三是建立业务与技术双牵头的协作模式,推动项目建设各个环节有序衔接,在供应链数智化转型的开端就形成"业务牵引、技术驱动"的共同进步格局。

专业管理级阶段,是供应链业务平台和场景集中、大规模建设应用的时期,这一阶段的配套政策核心在于全面推动供应链专业管理的深度数字化,形成业务集群效应。在机制层面,一是建立孵化政策、业务优化、创新工程、研发激励、绩效奖励、人才培养等一系列具体措施,激励供应链关键环节(如采购、运输、仓储等)发挥建设作用,加快场景纵深建设与应用。二是全面推动技术规范性管理,这一时期的数智供应链建设多点开花,尤其在技术层面,建设厂商和项目团队繁多,既有百花齐放的风采,又有良莠不齐的隐患,对此要加强技术体系的制度规范建设,指导形成集团级的统一技术路线和数字平台底座。三是加大配套资金的制度支持,针对潜在的技术研发风险和创新壁垒,降低资金门槛、提高投入比例,促进供应链数智化的可持续健康发展。

在流程协作级阶段,为推进供应链系统集成和枢纽平台建设,配套政策应当更加关注促进跨系统的规范性、约束性、兼容性和互操作性。一是着重推动标准化和互操作性政策,包括从管理创新、业务创新、技术创新等多个维度,出台指导意见、强制标准、通用规范。二是制定更严格的数据交换和接口标准,并推动开放标准的实施,以降低系统集成的难度,如制定数据交换和通信协议的行业标准,鼓励开放接口和共享 API 的实践。三是设立单独建设内容,支持集成平台开发的研究和实验,加快各级供应链平台流程和业务场景的整合,推动打造供应链统一的业务服务总线模式。

在全域统筹级阶段,配套政策应重视横向扩展和跨部门整合,以及供应链数智化领军人才培养。一是针对供应链、财务、资产等关键业务和应用平台,出台进一步的协同协作规范,制定集团级的业务流程标准和信息共享模型,指导供应链与其他部门之间的横向拓展和深度整合。二是打造集团级的供应链创新人才体系,出台数智化转型系列白皮书,并通过资金、项目和技术定向支持,提供面向未来的领军、拔尖人才培训项目,培育一批既对信息技术有深厚的理解力,又熟悉供应链行业特点规律,能够领航和推动数智化转型的人才,帮助有潜力的链主单位快速实现跨越式发展。

在生态融合级阶段,配套政策的范畴已突破链主单位范围,需要在整个行业层面形成数智化建设保障的共识。一是要强化标准的主导权和话语权,推动链主单位的业务、技术、数据标准体系以及项目管理模式上升到行业层级,通过数智化手段向上下游企业传导、向国际领域渗透,引导链上伙伴在同一机制体制下共同推进供应链数智生态建设。二是打造公开公平公正的建设应用环境,通过优化监管措施和增强流程的透明度,减少链主单位内外部行政障碍,确保这一变革能够可持续地带来长期利益,提高供应链整体效率。三是加大对链上企业数字化发展的资金扶持,出台配套措施和供应链金融服务等,促进建设优化营商环境,疏解链上企业数字化改造的资金压力,共同营造开放共赢的供应链数字生态。

（六）推广系统应用

在供应链数智化建设进程中,推广应用是各项建设成果"点—线—面"渐进式发展、迭代化升级的必要条件。通过制定科学的应用推广策略,可以最大限度地提高新系统的利用率,从而加快整个供应链数智化建设的步伐,实践提高供应链的运作效率和响应能力。一是强化试点示范效应,发挥试点单位、试点用户对供应链数智化建设的检验和示范作用,抓实业务试运行工作的组织和保障,充分展示数智化的成果成效,坚定各层级用户应用系统平台的信心。二是深化实施培训保障,系统性做好用户实施工作的组织和培训指导,面向最终用户建立运维响应通道,针对重点业务重点场景完善特保机制,确保系统应用平稳顺畅。三是树立品牌文化,强化供应链建设成果成效的内外部宣传,协同其他部门、外部伙伴共同发掘供应链数智化的应用价值,形成数智赋能业务升级的共同认知,打造具备链主单位特色的供应链品牌文化。

在基础应用级阶段,供应链信息化建设刚刚启动,要让利益相关者认识到信息化系统的基本价值。这一时期,一是推动管理层以身作则,率先使用系统,在实际运用中固化流程模式,不断提高系统的易用性与贴合度。同时,注重分享经验做法和建设成效,引导基层员工积极参与并接受系统应用,消除抵触情绪和认知障碍。二是创建详细的使用手册和在线帮助资源,减少学习成本,支持快速上手。通过培训和教育活动,增强全员对于技术手段的理解掌握。三是加强试点成果展示,采取举办讲座、发放指导手册、开展示范演示等方式,呈现系统带来的效率提升和差错减少等实际成效,增强对系统应用的信心和接受度。

在专业管理级阶段,随着数字化技术在特定供应链环节的逐步应用,可根据各个环节的具体情况,定制具体的应用策略。一是注重与业务规则的衔接,避免系统应用走在业务规则之前,造成推广应用缺乏业务规范指引,出现各形各色的应用差异。二是注重与各专业系统推广使用计划的对接,做到顺势而为,互动提升应用效益。三是持续投入人力和资金,相较于基础应用阶段的培训,此时要对专业人员进行更加系统的培训,可以抽组专责团队,提供应用支持,监控系统运行,及时解决问题。

在流程协作级阶段,链主单位已开始整合不同的信息系统和自动化关键流程,为了推广系统应用,不仅要关注系统间的技术对接,还要强调业务流程的无缝集成。一是发挥枢纽平台在缩短信息传递时间、减少手动干预等方面的优势特点,引导广大用户立足平台成果掌控全局信息、理解运作流程。二是依据系统规模、数据规模、用户规模成倍增长等情况,成立专职的运维保障机构,配备专门的系统运维场所,建立规范的运维机制措施,为系统应用走深走实提供坚强有力的运维保障。

在全域统筹级阶段,着力推广数智供应链平台及解决方案,不仅局限于供应链内部环节,更要扩展到与供应链相关的外部业务领域。该阶段,一是培育以数字为中心的组织文化,确保从最高管理层到基层员工,从供应链内部到外部都能够认识到数字化带来的价值,以便更好地适应新系统。二是确保供应链与财务、资产、设备等其他业务部门之间实现决策的同步,统筹与链主单位外部用户接触的一致性,促使内部形成统一战线,共同推动供应链系统的全面应用,实现协同发展与持续创新。

在生态融合级阶段,推广应用的具体要求,不仅面向内部员工宣传,更要将视角扩大到整个生态系统。将数智供应链平台推广应用到供应链的每一个角落,包括供应商、物流商和回收商等,需要建立多层次的教育和培训计划,从高层管理者到运营员工,从合作伙伴到最终用户。这一时期,数智供应链平台品牌形象构建和文化氛围培育至关重要,一是需要通过创建社区等方式,鼓励用户之间的互助和知识共享,同时制定明确的数据分享规则和质量标准,以增强供应链各方的信任。二是利用数字营销等策略,通过线上研讨会、电子新闻稿和社交媒体来提升平台的认知度。三是通过实际场景进行体验应用,让参与者亲身体验通过智能化系统优化决策、聚合资源、提高效能、改进生态、决胜竞争等显著效果。

(七) 组织反馈评估

供应链数智化转型过程中,组织有效的反馈和评估机制,是收集最终用户、运维人员等各方面干系人对建设应用过程及成果真实意见的有效渠道。通过建立完整的信息反馈通道,开展反馈内容的细致分析,识别对供应链业务管理和平台建设有益的问题与建议,形成全面、准确评估当前工作的指标体系,是支撑系统持续优化改进的重要手段。同时,从保障机制层面完善有效反馈的激励措施,鼓励员工和合作伙伴积极参与到持续改进的过程中,是数智供应链建设和维护的不可或缺环节。

在基础应用级阶段,组织对新系统的反馈评估,注重于系统功能实现、用户接受度和系统稳定性。一是通过建立反馈渠道,采取问卷调查和用户访谈等方式,收集员工对于系统易用性、性能和对工作流程影响的问题和意见。二是设立专门的项目监控小组,跟踪关键性能指标,如数据正确性、处理时间以及系统故障率,量化了解系统的稳定性和可靠性。三是定期审查和分析收集到的数据,形成改进报告,并制定相应的优化策略。

在专业管理级阶段,评估的重点应聚焦系统数据一致性和业务满足度。一是利用专业的 IT 服务管理工具来跟踪业务办理状况、数据质量情况,通过系统投诉数量、故障响应时间、数据可用评价等具体指标,衡量该阶段系统建设应用水平。二是设立数据治理委员会,保障数据的质量和一致性。三是采取强有力的管理手段,及时通报反馈问题,督导进行问题整改,确保评估结论及时转化为实际行动,维护和提升系统应用效能。

在流程协作级阶段,供应链各环节基于统一平台和数据资产开展协作,相应的反馈评估应专注于业务环节的贯通性、数据资源的共享度、业务办理的上线率。一是基于枢纽平台监控业务运行,在线锁定问题、解决问题、反馈问题。二是通过用户反馈会议、专家评审、实际业务成果考评等方面,及时掌握应用情况,综合分析应用效果。

在全域统筹级阶段,供应链协同和透明性进一步提高,反馈评估要以跨组织的信息共享和合作流程为中心。一是通过数智化枢纽平台,可在线评估供应链的整体性能,与合作伙伴共同制定评估标准并共享结果。二是实施满意度调查和关系管理评估,不断优化合作伙伴之间的关系和协同模式。三是定期组织跨职能和跨企业的对话会商,评估反馈供应链业务主体的互动性、分析模型的准确性、生成决策的有效性、规律预测的准确性、应急处置的及时性等指标要素。

在生态融合级阶段,国际化、智能化、服务化是该阶段供应链系统的标志特征。在宏观层面,应注重评价数智供应链对生产力、保障力、竞争力的贡献度,对行业领域带动促进的贡献度,对生态聚合发展的贡献度。在中观层面,着重评估链主单位经济贡献度、产品贡献度、技术贡献度、人才贡献度等效能指标。在微观层面,应注重采取更为智能的监控手段,动态评估供应链运行质效,定期进行模拟演练和应急响应测试,设置虚拟环境观察新技术的效果,利用进阶分析方法,评估系统的长期效益和战略价值。

四、数智化发展促进手段

数智化供应链建设的影响因素多、涉及范围广、实施周期长、困难挑战大。推进供应链数智化转型发展,既需要科学的宏观指导和思路指引,也需要具体的推动促进手段提供支撑。从成功的实践案例看,相对行之有效的方法主要有:从业资质认定、基层作业比武、结对帮扶建设、赛道综合评比、定期张榜通报、成果集中展示、领导抽检问责等,如图3-2所示。

(一)从业资质认定

通过将数智化供应链平台从业资质认定与绩效、职称、晋升挂钩,建立起完善的人才培养机制和激励机制,促进员工不断提升专业能力,推动供应链人才队伍的整体素质和水平提升。

从业资质认定与绩效挂钩。建立供应链数智化建设从业人员的资质认定制度,通过资质认定的考核标准和评价体系,将认定结果与员工的绩效评价挂钩。员工在数智化供应链平台建设和管理能力、创新能力等方面的表现,应成为绩效考核的重要内容。还可将从业资质的等级作为员工绩效考核的一部分,激励员工持续学习和提升专业技能。例如,对于平台管理员岗位,设定初级、中级和高级资质三个级别,对应不同的岗位要求和技能水平。持有高级资质的管理员在绩效考核中

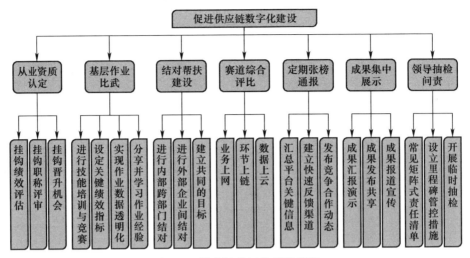

图 3-2 供应链数智化促进手段

可以额外获得一定的绩效加成,作为资质认定的奖励。

从业资质认定与职称挂钩。结合供应链数智化建设所需的专业能力,建立与从业资质认定对应的职称制度。员工取得相应资质后,可以申请相应的职称,并将职称挂钩到薪资待遇、晋升通道等方面,以激励员工不断提高自身的专业水平。例如,在供应链数智化建设团队中,设置供应链系统工程师、供应链系统架构师、供应链系统分析师等资质,持有对应级别的从业资质可以申请相应职称,具体职称评定结果将直接影响个人薪资水平。

从业资质认定与晋升挂钩。将从业资质认定挂接晋升通道,作为重要考核因素。取得更高级别的从业资质,可以成为员工个人晋升的必要项、加分项,鼓励员工通过不断提升自身能力和知识水平来实现晋升。例如,某企业供应链平台的高级工程师岗位要求具有供应链系统架构师以上的专家资质,取得该资质的员工在晋升评定时将得到更多加分,获得更多晋升的机会。

(二)基层作业比武

在促进数智化供应链平台建设过程中,基层作业比武可以培养团队合作精神、加强员工的沟通和协作能力。实施广泛的基层作业比武,不但可以激发员工的工作激情和创新能力,而且可以推动数智化供应链平台的有效利用。

进行技能培训与竞赛。定期举办作业技能培训,提高基层员工对供应链数字化工具和流程的理解掌握;定期举办技能竞赛,将工作技能与比赛元素结合起来,通过技能竞赛激发基层员工的积极性。比赛可以针对个人及团体同时展开,对于基层员工个体,可以举办系统操作赛、订单处理赛等;对于小组团体赛,可随机分组或采用对抗模式,每个小组负责一个特定的供应链环节或作业流程,如采购、仓储、运输等。

设定关键绩效指标(KPI)。设定基层评比关键绩效指标,如准时交货率、库存准确度、订单处理时间等,确保目标明确、具体可衡量,要求其与供应链数智化建设的目标相符。同时,制定评比的规则和标准,包括评估指标的权重、数据收集方式、评估周期等,确保能够客观和准确地评估作业表现。通过量化员工绩效,可以奖励那些在 KPI 上表现优异的员工,对其发放财务奖励、企业福利等。这样基层作业人员便有具体目标牵引动力,公平的评比规则和合理的奖励机制也可大大促进基层员工的积极性。

实现作业数据透明化。收集一线作业部门或者基层员工的业务数据,利用数智化供应链平台的数据分析能力,对数据进行清洗和分析,并生成可视化的报告和图表,让基层员工实时监控和自我评估工作表现,体会到他们的工作对整个供应链的影响,使之感受到自己的价值和成就感。

分享并学习作业经验。在基层作业比武过程中,组织各小组、各基层员工进行经验交流、互相分享成功案例和解决方案。这有助于促进知识共享和团队学习,可以不断优化供应链的业务流程,提升绩效,鼓励彼此不断改进和创新,进而提升整体供应链的运营效率。

(三) 结对帮扶建设

结对帮扶可以加快数智化技术的推广和普及,加快供应链数智化建设的步伐。为实现结对合作,共同面对挑战,分享成功经验,实现共同发展和持续创新,可以采取以下手段。

内部跨部门结对。促进不同部门之间的合作,尤其是将具有丰富数字化经验的 IT 部门与需要提升数字化水平的供应链部门结对。IT 部门和其他供应链部门通过定期会议和协作项目,共享知识、经验和资源,可以建立稳定的沟通与合作机制,促进数字技能的传播与应用。为了促进链主单位整体的信息化建设,还可以抽调 IT 部门的技术专家到具体职能部门,IT 专家负责定期与配对的部门或团队进行交流,提供教育和指导,帮助其掌握新技术,促进供应链数智化转型发展。

外部伙伴间结对。链主单位可与核心供应商建立结对共建的伙伴关系,双方可以共享资源和技术,分享专业知识和经验,分享各自的数字化工具和平台,互相提升数字化应用水平。例如,可以举办知识技术分享会、邀请专家进行培训,帮助双方了解和应用供应链数智化平台。

开展上下游结对。组织供应链上下游业务主体结对帮建,共同制定供应链数智化建设的目标和计划,明确各方希望达到的成果、时间表。这样可以确保结对目标一致,更好地协作实施具体的项目和任务,通过定期的评估,及时发现问题并采取相应的措施,确保项目的顺利实施和达到预期效果。

（四）赛道综合评比

在供应链数智化建设过程中，将各个专业拉到统一、公开、透明的公平赛道实施进度成效综合评比，可以促进供应链各专业间的合作和竞争，提高供应链整体数智化建设质量和效率。在进行赛道综合评比时可以考虑以下手段。

业务上网。供应链的体系化运转，离不开各专业系统自身的成熟度建设。特别是在基础应用级和专业管理级，采购、仓储、运配等专业系统成熟度不高，应用范围有限，业务线上化办理程度不高。链主单位若实现多专业集成联动，首先要倒逼各专业系统加快实现业务线上化、规范化，为下步业务流程协作奠定基础。对此，可在链主单位门户网站和信息发布平台，公布各专业系统信息化建设进度，激发专业内部竞争，夯实集成基础，确保优中选优。

环节上链。主要面向流程协作级等高阶建设需求，对供应链各环节职能主体的线上协同情况进行综合评比。可统计跨环节业务实际办理总量；检查供应链核心环节的信息系统是否能与其他相关环节的信息系统无缝集成；量化评估采购、生产、库存和运输等环节的运营效率指标，如订单履行时间、物流吞吐量和库存周转率；采用先进的数据收集和分析技术，如物联网设备、传感器来实现对整个供应链的实时监测。在此基础上，运用自动化工具和智能算法来分析数据，评价各个环节的运营效率，进行绩效对比，识别差距的同时确保供应链数智化转型的整体推进。

数据上云。数据资产是供应链的战略资源。供应链数据的共享交互和云化存储至关重要。通过对供应链参与各方的数据开放性、交互量、保鲜度等进行综合评比，倒逼数据资产集约共享、提质增效。实施过程中，可充分征求各方意见，建立统一的考评指标，依托数智化枢纽平台和大数据管理工具，定期形成评价报告，促进各方整改数据问题，强化信息共享，提高供应链数据资产的整体质量。

（五）定期张榜通报

在供应链数智化建设过程中，定期张榜通报公示相关信息，可以提高信息的透明度，是一种有效的促进手段。以用户和利益相关者的角度为出发点，提供能够让他们了解平台发展动态、业务成果和改进努力的具体信息，这样有助于建立信任、增加参与度，并促进数智化供应链平台的可持续发展。

汇总平台关键信息。列举供应链数智化建设过程中的重要里程碑和发展进展，如上线日期、用户注册数、平台覆盖的行业和地区、新增的功能和模块等。提供关于用户数量和活跃度的具体数据，包括注册用户总量、每日/每月活跃用户数、新增用户数等。此外，平台还可提供有关交易量和价值的具体数据，如总交易量、月度交易额、订单数量等；也可提供交易的成功率、退货率以及交易平均处理时间等统计数据，以衡量平台的交易效率和服务质量。

建立快速反馈渠道。提供用户快速获得支持和反馈的渠道，如客户服务联系方式、在线论坛或反馈表单链接等。分享用户满意度调查的结果，包括对平台功能、用户界面、客户服务和操作体验等方面的评分。基于统一平台搭建供需两侧直通渠道,可以帮助改进供应链服务能力,并向用户和利益相关者展示问题整改成效。

发布竞争合作动态。为加强供应链参与各方的有序竞争,确保择优合作,实现建设效益最大化。可以定期公示新加入的合作伙伴,包括供应商、物流公司、金融机构等,说明合作背景、合作模式、合作收益。在发布渠道选择上,可通过链主单位平台官网、电子邮件、社交媒体实施,确保通报能够广泛传播,并让用户和利益相关者便捷获取信息,公平了解机遇,激发竞争活力。

(六) 成果集中展示

在供应链数智化建设中,对成果进行集中展示,既是一种检验考评,也是一种竞争比较,有助于引起高层关注、展示建设成效、交流分享经验、研究解决问题,激发比学赶超的内在动力。

成果汇报演示。通常采取交流会、研讨会、展览会等形式,邀请供应链参与各方集中观摩、座谈研讨、实操演示。其间,可以邀请供应链各职能部门、各业务主体、各支撑要素主要领导亲自汇报,由链主单位或产业链管理部门统一讲评,通过"红脸""出汗""亮丑",显著提高汇报质量,有效达成推进工作的目的。

成果发布共享。有条件的链主单位可创建一个专门的项目宣传网站,展示其供应链数智化建设成果,发布有关平台功能、实际应用案例、客户反馈建议,以及与供应链数智化相关的行业新闻和趋势等信息。供应链上下游合作伙伴、各业务主体,可以基于公开的建设成果信息,有选择地吸收转化,变为提升自身建设成效的有益借鉴,从而促进整个供应链生态的改进提升。

成果报道宣传。处于行业头部的链主单位,为提升其产业链供应链主导地位,可积极与媒体联系,宣传供应链数智化建设的成果。借助社交媒体的影响力,通过撰写新闻稿、发布新闻稿或参加行业会议和举办学术论坛等方式,将供应链数智化建设的成果传达给更广泛的受众,并提高自身在行业中的知名度和影响力。

(七) 领导抽检问责

通过建立领导抽检问责机制,明确责任、监督进展、加快问题解决,确保供应链数智化建设成功实施。以下是借此促进数智化供应链平台建设的主要手段。

创建矩阵式责任清单。针对供应链各职能主体,分级分类建立权责明确的管理矩阵和责任清单,明确责任人和责任范围,确定主责领导和相关部门,制定技术实施、预算管理、时间进度、用户反馈等方面的量化考核指标,确保建设管理各项责任层层传导、到底到边。除了问责,还应在矩阵清单中明确激励指标,通过正向激励措施,提高参与者的积极性和主动性。

设立里程碑管控措施。制定明确的里程碑计划,按阶段检查数字化项目的完成情况,用以评估项目进度与预期目标的一致性。举行里程碑评审会议,所有关键人员需参与汇报工作进展,对未达到预定 KPI 的团队或个人采取工作指导、问题督办、资源支持等措施。可以根据问题的严重性和责任的大小,采取适当的问责,鞭策督促责任人履行职责和推动项目的进展。

开展临机抽查。链主单位各级管理部门主要领导应经常性开展临机抽查。具体可以通过组织会议、审查报告、访谈关键人员等方式进行,以验证项目进展和成果,及时发现和解决问题,确保持续遵守操作标准和流程。鼓励链主单位高层下沉基层一线,开展不打招呼检查抽查,及时了解真实情况,避免工作脱离实际。国内一家知名供应链头部企业,其高管在一次库房抽查活动中,随机拿出订单记录,对比实际库存情况,发现账实严重不符,以及库存偷盗倒卖等严重问题,并由此打出了一套行业清理整肃和信息化手段强制运用的组合拳。

第四章 数智供应链体系设计

"青山霁后云犹在,画出东南四五峰"。本章是全书的核心,主要从全局上对数智供应链的架构设计进行论述,提出枢纽架构的设计理念;在此基础上,分别从决策指挥、管理中枢、专业执行三个层面,对数智供应链业务体系进行具体规划设计,从辅助支撑维度,对相关数据资产和基础支撑进行研究构建,为链主单位组织实施数智供应链建设提供可实施、可落地的方法论和路线图。

一、架构设计

(一)供应链数字化常用架构

供应链的数字化、智能化,是一个由表及里、由线到面、螺旋上升的发展过程。起步时期,链主单位对供应链的管理往往聚焦在"办采购""管库存"等单点业务上,并以点状需求为牵引,开展相关软件工具的研发或采购,从而形成应用功能较为单一的单体系统。与此同时,部分链主单位职能部门,也会根据当时需要自建一些小而分散的系统,从而产生大量的独立运行、无法集成,以及设计不合理的应用系统,形成早期烟囱系统的雏形。但随着业务丰富发展与转型拓展,尤其是在各专业部门"自建、自用、自管"的业务模式下,单体系统、烟囱系统逐渐暴露出升级调整难、功能集成难、业务协同难等突出问题,为业务管理带来极大不便。对此,大多数链主单位会在原有的系统上进行功能叠加或升级改制,并会根据业务流程交互、数据贯通共享、辅助决策支撑等业务需求,组织开展不同系统之间相互集成贯通。因此,逐步发展成了形态各异的供应链信息平台架构。

1. 单体式烟囱架构

单体式烟囱架构由一个或多个业务连通度弱、数据共享度低的信息系统组成,各自分工负责相应的业务处理,彼此间集成交互频度和规模相对较小。

这种架构模式,在供应链系统建设的初期具有显著优势。一是研发的便捷化,往往根据具体功能和单一业务进行快速原型研发,门槛低、投入少、见效快。二是管理的集中化,将紧密相关的功能和数据都集中在同一个系统中,方便进行统一的管理和使用,便于各项功能和数据更好协同工作,提高整体效率。三是应用的集中化,同类业务功能聚集在一起,这样用户可以更方便地使用这些功能,同时减少系统切换的复杂操作,提高操作体验。四是相对的稳定性,系统之间的集成交互较少,某一环节的系统运行故障,不会对全链条的正常业务带来冲击,使得供应链系统在运行初期更加可靠,如图4-1所示。

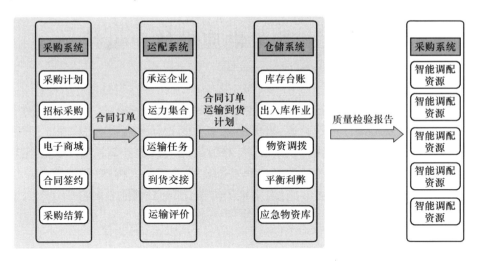

图4-1 单体式烟囱架构

随着链主单位自身业务的发展,特别是从单一环节、单一场景向全链条、全过程转变时,横亘在业务条块之间的壁垒便成了难以战胜的挑战,这种架构模式在此时显得尤为局限。一是难以避免功能交叉重复问题,不同专业间、不同系统间的沟通形同"孤岛",为满足各专业管理的职能完整性、功能完备性要求,往往在烟囱系统中对紧前紧后的业务进行功能重复构建,不仅增加建设成本,更影响全局业务的一致性。二是难以克服跨专业流程协作壁垒,各专业内部形成了独立运作的业务模式、数据资产、技术标准,不同专业间不互通、难共享,紧靠信息化层面打通系统接口,也难以真正让业务和数据跨系统流通起来。三是难以满足业务灵活变化的需求,烟囱式系统在落地层面,采取单体式技术架构的居多,局部业务需求的调整升级,往往需要整个系统功能配合进行验证,在面对复杂多变的业务需求时,难以实现快速响应和协同作业,进而错失战略机遇,逐步走入僵化和被动的困境。

2. 分散式网链架构

分散式网链架构由若干个互联互通的系统组成,各个系统相互连接、相互依存、相互影响,共同协作实现业务和数据的跨环节、跨系统集成交互。

这种架构模式,通常在企事业单位供应链数字化大规模盛行时期被采用,有一定的比较优势。一是具有灵活性,各系统功能独立且专注,在业务成熟前,各功能模块可有序进行研发孵化,一旦成熟,便独立部署为一个子系统,利于实现系统解耦。二是具有集成性,不同专业、不同层级、不同单位的系统之间以点对点的方式实现直通互联,通过流程协同和数据共享,既保证了系统的独立性,又具备必要的协同性。三是具有定制性,可以根据特定的业务需求进行定制和优化,当企事业单位需要进行业务调整或技术创新时,只需要对相关的子系统或模块进行升级或替换,而不需要对整个系统进行重构,如图4-2所示。

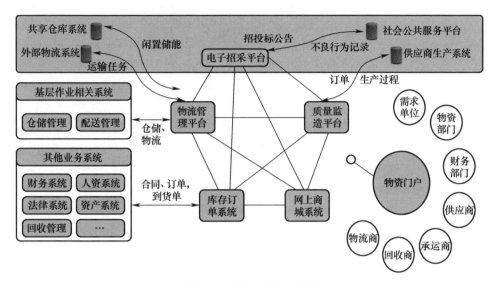

图4-2 分散式网链架构

这种架构体系的局限性在供应链管理从专业级向更高级发展时表现得尤为明显。一是单点故障影响大,因为各系统依赖程度高,一旦某个环节系统出现掉线,前后业务都会受到牵连,甚至可能导致整个供应链运作停滞。二是功能协同关系乱,各系统之间采用点对点的集成联通方式(往往是缺少顶层规划,但为打通系统壁垒而采取的无奈之举),形成了一种复杂的蛛网互联结构,不仅给维护带来很大难度,而且每次局部调整都可能影响整个供应链运行。三是基础服务冗余多,由于缺少统一的集成运行底座,各子系统又要支撑内部模块的协同运行,导致整个供应链会有很多重复构建的共用服务和底层平台,不仅投资浪费大,而且可能因技术体制的差异,加剧系统集成贯通的复杂程度。

3. 枢纽式聚合架构

在供应链数字化发展的不同阶段,单体式烟囱架构和分散式网链架构均发挥了重要作用。然而,随着供应链业务发展和管理要求的升级,为支撑供需侧协同、各环节贯通、上下游协作、多层级联动,需要一种更高阶的平台架构模式。因此,枢纽式聚合架构应运而生。

枢纽式聚合架构(简称枢纽架构)是一种创新的设计理念,它基于统一的枢纽平台,整合流程、交互业务、聚合能力、培育生态。通过运用这种架构,横向上能够更加高效地进行跨领域、跨专业、跨环节、跨层级信息传递和协同作业,纵向上能够与环节内的各专业系统紧密衔接，形成专业服务纵深化、管理决策全链化的供应链体系，如图4-3所示。

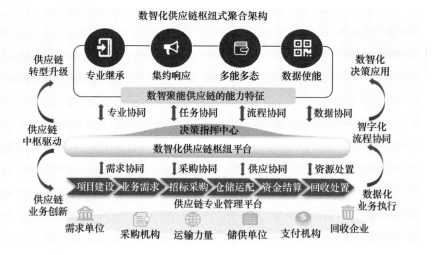

图4-3 供应链枢纽式聚合架构

(二) 枢纽架构生态服务能力

依托枢纽式聚合架构，构建决策指挥、管理调度、作业执行三层联动的主干关系，进而统筹全供应链信息流、资金流、实物流一致运转，支撑生产制造、供应保障、需求对象三域协同，打造供需一体、数智驱动、多能聚合的新一代供应链生态体系，如图4-4所示。

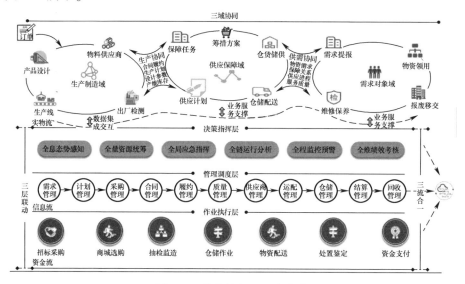

图4-4 供应链枢纽生态能力

1. 三域协同

通过枢纽式聚合架构,生产制造、供应保障、需求对象等三大领域可实现高效的业务协同,形成平台互连、数据互通、流程互嵌、业务互动的协同协作体系,打通产业链、供应链、用户端的各类生态主体,构建开放合作、共创共赢的价值生态。

生产制造域。推进产品设计机构、原材料组部件厂商、生产制造企业等产业单位接入供应链枢纽平台,业务系统、工业软件、控制设备并网上链,实现产品设计参数、备料排产计划、生产制造工艺等要素信息可基于平台数字化交互,支撑各环节产业单位在线协作。在跨域协同方面,生产制造域以合同为纽带,联结供应保障域,影响需求对象域。一是推动排产计划、生产进度、产能风险等生产制造要素,与采购计划、合同、订单等供应保障要素紧密嵌合,实际需求数量、交付期限等信息全局共享,支撑生产制造精准排程;二是需求单位的物资技术规范、参数性能要求等向生产制造环节传导,形成以实际需求为导向的产品制造流程,提升产品的适配性、竞争力;三是物资到货质检报告、质量缺陷等信息全方位归集,反馈生产制造企业,以弥补产品出厂后的质量盲区,辅助产业链源头改进生产工艺、提升质量保证能力。

供应保障域。贯穿物资筹措、供应、配送等保障流程,由供应链枢纽平台提供业务共用服务和基础网信支撑,打造物资招标采购、合同履约、仓储配送、质量监督等全环节在线应用,支撑供应链业务流程和保障要素标准化贯通、集中式共享。跨域协同方面,供应保障域向前联动生产制造域,向后服务需求对象域。一是感知物资生产制造和领用消耗的前后端差异,评估计划、进度不匹配风险,建立产能调配、交期调整、物资调拨等物资产需调节手段,确保物资到场时序与实际需求进度匹配;二是统一汇聚全链条自有物资仓库、上游生产企业、关联合作伙伴的全量实物资源,开展末端需求与库存、合同、产能等资源的多层级、多策略匹配,实现物资供需智能匹配、保障过程可视可溯;三是从后端物资需求中提炼关键材料、核心部件,从前端生产制造中挖掘产业衔接关系、工艺装备要求,建立"卡脖子"关键技术与装备的产业图谱,协同需求单位、制造企业共同建立多元供应网络和联储联备机制,强化紧急情况下的供应链韧性。

需求对象域。面向末端物资使用用户,由供应链枢纽平台多源汇聚、统筹平衡、精准响应各类物资需求,建立用户侧需求集约管控模式,打造实物领用、保养、报废等末端服务能力,形成物资全生命周期在线管控的工作闭环。跨域协同方面,需求对象域作为供应链的起点,主要向生产制造域和供应保障域提供物资需求及服务评价,一是强化需求集中受理和统筹报送,实现需求逐级平衡利用,便捷转化供应保障任务,按照保障关系、保障预案指导物资筹措;二是需求计划与生产计划、供应计划、保障进度全链条协同联动,实时监测库存分布和动态,库存物资可视预约请领、在线调拨,推动物资领用与需求计划一致性校核,形成需求驱动的供应保障模式;三是统筹末端用户的供应商服务、产品质量等评价,建立全生命周期质量信息库和供应商全量信息库,综合海量数据开展分级分类评价,供应保障域及时反馈评价结果,确保物资采购"选好选优"。

2. 三层联动

供应链枢纽架构采取分层构建方式。顶层为决策指挥层,是供应链决策指挥的"智脑",立足全局运行管理,综合运用数智化手段开展业务运营分析和辅助决策,监控预防业务运作风险。中层为管理调度层,是供应链业务管理的"脊梁",聚焦各环节、各专业、各领域业务条块管理,协同抓好供应保障运行。底层为专业执行层,是供应链末端作业的"肢体",具体办理采购、履约、仓储、运配、回收等专项业务。三者之间,通过枢纽式聚合架构实现职能科学配置、业务一体联动、资源受控共享。

决策指挥层。主要指挥供应链各方协同运作,分析业务情况,发现业务规律,不断改善供应链运营效率和效益,实现有序运作、智慧运营。其主要能力:一是全息感知,统筹供应链全环节要素数据的汇聚,实时感知业务变化,可视展现业务态势,及时预警业务风险;二是全景分析,精细勾描业务画像,全量掌控保障资源,深度洞察规律变化,通过数据精准分析,指导业务有序运行;三是全域调度,通过预制策略库,精准下达作业指令,跨领域组织业务调度,全链条实施指挥调控,全过程实现数字追踪;四是全能学习,利用人工智能大模型等技术,对供应链全环节业务知识、数据规律、管理要求进行深度学习,培育自我学习、自我训练的数智模型体系,辅助业务管理能力的自我进化。

管理调度层。主要构建需求、计划、采购、合同直至结算、回收等全供应链环节管理和业务调度服务。其主要职能:一是专业条线规范对接,关注跨环节协同和全局统筹应用的业务,统一单证规范和数据保鲜要求,形成规范的集成总线,各类异构系统均按照一致的规范与枢纽对接,屏蔽异构系统集成差异;二是环节贯通紧密协同,建立各环节业务需求入口的集中挂号机制,分配业务的全局唯一码,各专业刚性执行需求统报,枢纽平台负责跨环节业务的流程对接和数据分发,各专业聚焦专业内业务办理;三是空白领域统一补位,对于专业条块缺失的能力,基于协同枢纽进行集中填补,减少对底层专业执行层面的变更冲击;四是管理指令响应转发,协同枢纽作为业务指令集散中心,统一接收上层要求,集中对接下层各专业执行,进行指令下达、分发,并监测执行反馈。

专业执行层。面向供应链末端作业用户,提供物资采购、仓库作业、物流配送、检测检验、资金收付具体业务办理服务,是供应链的末端执行主体。其主要能力:一是全链作业执行服务,按照管理目标和业务计划开展采购、物流等基础作业,确保各项作业流程的顺畅执行,为供应链运行提供稳定且可靠的基础支持;二是专业纵深管理挖掘,聚焦专业管理视角,围绕提升专业精益化水平和管理效能,通过深入剖析专业的特点和需求,寻找更好的管理方式,以提升多专业整体水平;三是多元业态柔性适配,针对部分企业事单位采购、仓储等分级分散管理的情况,统筹同一业务的不同作业模式和办理系统,实现对各类异构业务的统一适配;四是基层创新成果孵化,依托供应链的实体作业环节,对接基层后勤保障人员、供应商、物流商、检测机构等,深入实际业务分析效率低下、成本过高、质量不稳等问题,通过技术改进和业务提升等"微创新"促进供应链迭代升级。

按照决策、管理、作业等不同职能向内聚焦、对外解耦的分层运作模式,决策指挥层侧重供应链全程可视、预警监控、自动执行、风险规避、智慧洞察、绩效提升,持续迭代优化供应链管理,促进供应链的稳定性、安全性持续提升;管理调度层强化跨专业、跨环节的协同贯通服务,发挥对专业的管理职能,统筹资源配置、运行保障等职能,支撑企事业单位机关部门高效发挥管理效能;作业执行层专注具体办理过程,将管理规范固化在业务操作中,减轻基层作业负担的同时,促进业务管理规范刚性执行。

3. 三流合一

枢纽式聚合架构的优势在于,通过统一的支撑平台,聚合行业生态,精准高效调配物力、财力、智力资源,实现供应链上下游和各专业协同运行。其中,能否促进实物流、资金流、信息流的三流合一,成为供应链聚能增效的关键所在。

从内涵与范围看,实物流统筹物资从原材料、组部件生产加工为成品,通过运输配送交付至末端用户,并最终因报废、回收等退出流通领域的过程,涵盖实物的全生命周期。资金流在链主单位内规范预算、结算、收支、核算等资金管理过程,在全供应链则结合实物在不同主体间的流通和物权转移,形成资金往来,实现产业链供应链经济价值的增长和流动。信息流覆盖从物资需求提出、采购供应保障直至资金结算支付、实物报废回收等供应链端到端全环节,实现流程和要素线上化、数字化,形成实体供应链的全息数字空间。

从作用与关系看,信息流是主导,统筹供应链全环节的业务流程交互和信息要素传递,通过数字化、智能化技术,对需求、计划、采购等全场景进行数智升级和业务再造,智能监测、处理内外部各类风险,提升整个供应链的响应速度、服务水平和风险应对能力。实物流是基础,统筹供应链的运作与保供。供应链的核心在于高效、优质的实物流运转。其对原材料和成品的质量、产能以及仓储周转、运输配送效率等要求,可牵引供应链管理模式改进、业务流程再造和数智技术创新,是促进信息流质效持续迭代提升的根本出发点。资金流是保障,实物流的运转和信息流的形成都需要持续的财力支持。通过合理规划采购项目、数字化项目等供应链发展相关的资金预算,制定完善的资金管理体系,一方面纾解上游供应商资金压力,确保物资稳定可靠供给;另一方面保障数字化投入,确保信息流可持续迭代升级。

从技术与实现看,需要以供应链枢纽平台的信息流为载体,基于编目编码体系建设,形成物资全生命周期的统一、唯一身份编码,并以此身份编码作为信息流与实物流、资金流合流的主要锚点。在实物流合流方面,结合供应链基础感知网络建设,实时采集、动态监测实物物资在生产、运输、仓储、配送直至报废等环节的物理状态,通过统一编码全量归集物资全生命周期信息,与业务流程环节和要素精准匹配,促进实物信息的数字化转换,实现与信息流的协同。在资金流合流方面,以物资身份编码追溯交易合同与订单,形成链主单位与资金往来对象的资金流纽带,通过票证电子化手段,挂接需求预算、合同结算、资金收付等资金流转信息以及业务流程信息,畅通资金在不同环节、不同主体间的流转链路。

(三) 基于枢纽架构的数智聚能供应链

1. 体系构成

依托枢纽式聚合架构,承载供应链各职能主体、流程业务,并充分运用数字化、智能化手段进行技术赋能,形成数智聚能的供应链体系。具体构成如图 4-5 所示。

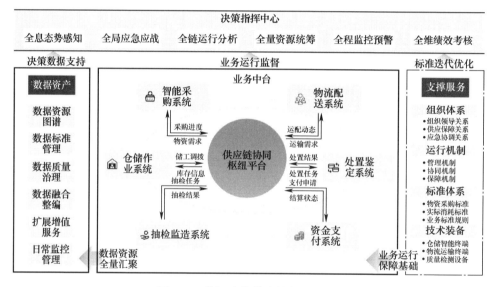

图 4-5　数智聚能供应链枢纽架构

一体化业务平台,主要由供应链协同枢纽和各专业作业平台共同构成。通过供应链协同枢纽,贯穿各核心业务环节,聚焦管理层级用户重点关注的目标、计划、进度、规范和成果,构建业务管控、资源调度、指令下达等管理服务能力。同时,纵向打通与各垂直专业作业平台的流程协同和数据贯通渠道,通过标准化、结构化的系统交互集成,将管理任务、指令等及时下达至相应作业平台,并持续跟踪监控业务运作情况。依托供应链协同枢纽横向到边、纵向到底的聚合能力,推动跨环节、跨专业、跨单位流程要素等统一基于协同枢纽贯通交互和多向传导,实现全链紧密协作、信息共享。

决策指挥中心,汇聚供应链业务事件、流程任务和信息要素,构建全息态势感知、全局应急指挥、全链运行分析、全量资源可视、全程监控预警、全维绩效考核等决策服务,实现业务流程端到端的串联挂接和全局调控,解决全链条信息不对称、协同有壁垒、响应不同步等问题,帮助链主单位实现对供应链的全面监控和管理,有效提高效率和竞争力。

数据资产,将数据资源作为数智供应链重要资产,放在突出位置专门设计、专题建设、专责管理。通过建立统一的数据资源规划、数据标准体系、数据管理策略,厘清内外部可用数据的来源、分布、结构、质量等情况,形成全供应链的数据资产资源图谱,支撑构建"用数据说话、靠数据管理、凭数据决策"的赋能模式。同时,结合国家数字经济政策和数据要素市场建设,逐步拓展丰富数据增值服务能力。

基础支撑,对组织体系、运行机制、技术支持等进行统一规范与定义,推动组织职能和组织关系设计优化,加强管理制度、标准流程、基础要素源头化集中管理,建立网信设施、技术底座、运维响应等服务保障。

数智供应链各大板块相辅相成、紧密协作。业务平台承载实体供应链运行,通过业务线上化、实体数字化等手段,积淀数据资源;决策指挥打造供应链"智慧大脑",监督业务运行、指导标准改进、驱动供应链迭代升级;数据资产汇聚内外部数据要素,为业务决策指挥提供丰富的数据支撑;支撑服务统筹共性基础和标准规范,为跨专业跨系统协同贯通奠定基础。

2. 业务架构

基于枢纽架构的数智聚能供应链核心业务架构如图4-6所示。

1) 决策指挥

业务决策指挥实现对整个供应链网络的监控、协调与优化,是供应链组织、流程与技术的综合调控中心,主要体现在态势感知、应急保障、运行分析、资源统筹、风险监测和绩效评价等方面。通过态势感知,实现供应链整体网络和重点专项的实时可测可视,确保供应链运行可调可控;依托应急保障,强化对紧急事件、突发情况的应对和协调,提升供应链抗击意外风险的韧性;基于运行分析,细化供应链各环节、各单位、各专业的业务过程监测,识别业务的堵点难点,针对性开展提升;强化资源统筹,以链主单位的枢纽优势,推动全供应链实物、运力、储力、设施、机构等资源汇聚共享,形成全链条集中保障的合力;深化风险监测,防范敏感业务、关键岗位、核心人员廉洁廉政风险,打造合规审计、效能审查的"数字化哨兵";实施绩效评价,推动供应链服务保障能力、业务运行水平和生态健康指数量化评价,对标先进供应链管理实践,指引供应链管理持续精准改进。

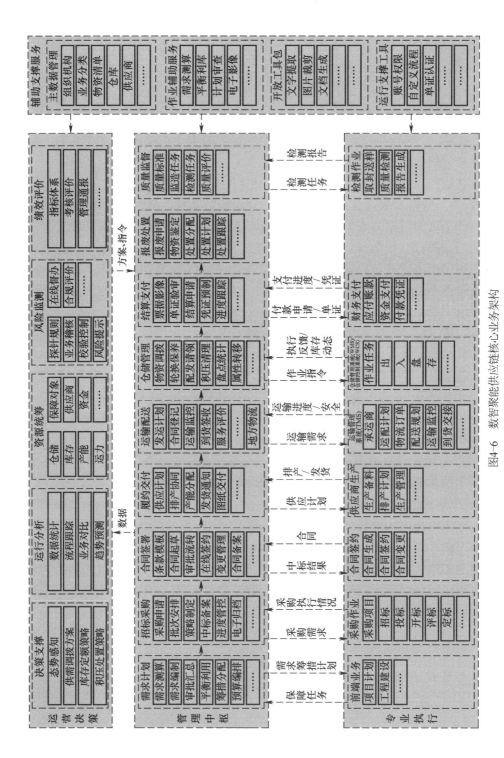

图4-6 数智聚能供应链核心业务架构

2）管理中枢

管理中枢实现供应链业务的过程管控、指令下发、环节贯通、信息归集等统一服务,包含从需求计划、招标采购、合同签订、供应履约等直至物资报废回收的全生命周期过程,是驱动供应链信息流、资金流、实物流三流合一的重要支撑。管理中枢在链主单位的供应链管理及与上下游企业协同中扮演着至关重要的角色。一方面,管理中枢提供全链业务执行调度和管控的能力,与各专业执行服务对接,编排并下达业务指令,协调基层机构强化专业内业务的精益化作业;另一方面,管理中枢作为核心链接总线,协调各专业执行服务间的协同运作,规范跨环节贯通标准和通道,确保各环节间顺畅衔接,流程在线协同,实现供应链全链条业务价值的最大化。

3）专业执行

专业执行板块作为供应链业务活动的载体,直接服务于供应链的基层机构,如采购站、运配中心、仓库、质量检验基地、资金收付中心等实体用户,提供"招投开评定"采购作业、电商化采购、仓储作业、质量抽检监造以及资金结算等实际执行应用。在执行过程中,基层机构一般是依据管理中枢制定下达的业务指令、作业要求、保障方案等信息,具体编排作业任务,并与业务指令等进行关联,按要求反馈基层任务执行进展,上报执行结果和相关材料。对于涉及需要与其他环节基层机构协同作业的,如采购与运配、运配与仓储等,由管理中枢负责跨环节流程对接和信息贯通,专业执行板块重点按照管理中枢环节贯通要求,规范任务进度与结果的上报标准,确保信息保质保鲜上报至管理中枢,为后续环节的业务指令制定等提供支撑服务。

4）数据资产

数智供应链尤其强调数字资产的重要性,将数据资源视为与供应链实体要素同等重要的资产构成,将数据管理纳入供应链业务管理范畴,按照管物资的方式管数据。注重推动各业务系统数据盘点清查工作的线上化,强化数据来源、类型、格式及关联关系、业务流向等信息记录,形成供应链全量数据清册,支撑数据便捷检索与应用。通过统一各系统同类业务数据的名称、定义、口径、度量、参照等标准体系,形成内外部互通互认的数据模型,确保不同专业、不同系统间数据的互操作性和一致性。

5）基础支撑

基础支撑服务为供应链全环节业务在线协同、数据贯通共享保驾护航,是供应链数智转型建设中容易忽视、但最基本的部分。在组织体系上强化供应链管理组织、需求组织,以及专业协作组织的职责划分,明确各类组织的管理和协作关系,确保各类情况下供应链的组织责任清晰、组织结构可靠;在配套机制上,推动专业管理制度向供应链管理制度升级,统一主干流程的标准化设计和刚性应用,加强组织机构信息、物资编目信息、业务分类信息、厂商信息和仓库信息等基础要素的源头唯一化管控,形成全链条标准一致、互认互信的规范共识;在技术支持上,加强通信网络、服务资源、应用终端等网信设施建设,基于链主单位统一的技术底座推动供应链数智转型,建立健全运维服务响应机制和技术手段,确保平台建设顺畅、运行稳定、应用支持有力。

3. 集成关系

基于枢纽架构的数智聚能供应链集成关系如图4-7所示。

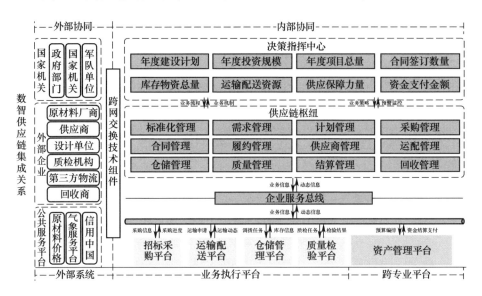

图4-7 供应链枢纽集成关系

1) 集成范围

以数智供应链的枢纽协同平台为中心,其交互的业务系统范围由内至外包括链主单位的供应链专业执行平台、资产或设备管理等跨专业平台,以及链主单位外部的系统,如国家机关、外部企业或社会公共服务的平台系统。

专业执行平台方面,一是与招标采购业务集成协同,通过向采购平台发送采购申请、采购计划等信息,在采购平台形成具体的物资采购任务,指导基层采购人员开展招标采购作业。同时,从采购平台接收当前采购任务的执行进展及采购结果等信息,一方面形成采购管理的闭环;另一方面为后续环节,如合同签约、物资发运等提供前置业务单据管理。二是与物流配送业务集成协同,发送运输申请,明确需要运输的物资类型、数量、发运地、目的地及时间计划等要求,指导运输任务编排。在运输作业开始后,接收运输配送平台反馈的运输进展,以及当前运输位置、轨迹等信息,支撑采购单位、货主企业等在线监测运输进展。三是与仓储管理业务集成协同,主动下发物资调拨、盘点、保养及轮换等任务,指导仓库管理系统的出入盘存作业,下达库容规划、库存定额等管理策略,促进仓储作业持续动态优化;接收仓储作业的出入库动态和实物库存信息,从全局层面开展库存动态监测,辅助优化仓储策略,支撑积压、老旧物资清理工作开展。

跨专业平台方面,与财务、资产、设备维护等专业系统集成,强化资金预算编排、资金结算支付等业务与物资采购、到货和投运等紧密协同,确保资金安排与需求计划一致,防范超标采购、超标结算等风险,实现供应链实物流与资金流同步合一;在资产管理领域,强化物资采购供应与资产转资的自动化协同,确保资产台账与采购到货物资一致,防范资产虚增虚减等情况,同时实现闲置资产盘活,通过供应链传导至需求前端进行利用消纳;在设备维护等方面,基于供应链积淀的设备抽检、监造等质量信息,以及供应链绩效评价、不良行为等记录,辅助设备运维部门精准掌握质量情况和供应商服务水平,科学编排设备维护保养计划,提升可持续运行能力。

外部系统方面,一是对接中央机关、国家部委、地方政府、军队单位等公权机构,实现国家应急储备资源、交通运输资源、基础设施资源、政策法规资源、供应商的工商行政信息等公权数据引接,为链主单位抓管抓建提供公共数据服务支撑。二是与供应商、原材料商、物流商、检测机构等供应链关联企业对接,共享物资生产计划、制造质量、原材料储备、组部件构成、运输动态、检测结果等要素,推动跨专业、跨层级、跨企业、跨行业数据集中归集使用,打造数据融合共享生态。三是与信用中国网、大宗商品交易价格网、气象服务平台等社会公共平台对接,实现供应商资质信用、股权关系等征信数据在线实时获取,防范劣迹供应商中标和围标串标风险,推动原材料价格水平和波动情况在线监测,辅助采购价格评估、防范供应商原材料采购失衡风险;强化应急事件、实时气象、灾害预警等信息与物资供应保障融合应用,为及时调控、联动开展应急物资保障提供支撑。

2)集成策略

随着业务应用的深化,供应链系统间、供应链系统与其他专业系统间的业务协同、数据交互的需求日益增多,在遵循链主单位统一技术路线的原则下,为进一步提高业务衔接的紧密性、数据共享的协同贯通能力,可针对不同的业务场景需求,分类选取更合理的集成交互策略。

业务流程类集成场景,由于完整的业务流程分段分散在各系统执行,为了完成一个完整的业务处理,需要将业务单据等信息传递给后续环节的业务系统,实现系统间业务流程的紧密衔接。此类场景主要是单体业务的交互,数据时效性要求高,单次传输数据量小,一般建议使用系统间直连集成的方式,分别开通集成接口直接对接,确保时效性最高、数据一致性最强。

应用服务类集成场景,用户在系统中进行业务操作,或查看业务信息时,需要从其他系统获取数据才能支撑，但本身不涉及具体的业务流程。此类场景的数据信息单向获取，服务于业务应用的操作或展示需要，时效性要求相对较高，单次传输数据量在1~2M，也建议使用系统间直连集成的方式，分别开通集成接口直接对接。

功能界面类集成场景，其他系统已有建设的功能成果，或基于业务及数据就近原则适合在其他系统中进行功能建设，需求方系统可直接调取其他系统已有功能的界面进行展示或交互。此类场景的需求方系统通过页面跳转、页面框架嵌入等方式调取已有系统的功能界面，系统间不涉及业务数据交互，仅有页面互动，不需要接口或其他数据传输方式，仅需开通系统间的端口，并完成权限映射。

数据分析类集成场景，一方面，从各系统获取已发生的历史业务数据，进行数据整合，开展业务运行情况分析及风险预警，服务于业务运营和决策支持等，此种情况下历史数据分析数据量大，数据时效性一般为小时级或天级；另一方面，从各系统获取近实时的数据，如库存动态等，用于监控前端业务的即时开展情况，此种情况为准实时数据监控，单次数据量小，调取频率高，数据时效性一般为分钟级。针对此类场景，建议采取中台数据贯通的方式进行实现，并根据业务监控的时效性要求，按需选择T+1、准实时方式。

3）集成技术

现实情况下，链主单位集成环境、基础网络等情况复杂，部分单位甚至出于安全管理需要设置了多个层级物理隔绝的网络，供应链枢纽平台、各专业执行平台及跨专业平台等分布在不同网络运行，外部平台面临联通难的问题。对此，应区分选取合适的集成交互技术。

对于系统间直连集成，双侧系统应尽量在同一网络，或基于网络映射等技术保障系统间可相互访问。一般以业务服务总线为中介，对各专业系统、数据平台对外暴露的集成服务进行封装，形成统一的服务地址、技术协议、报文格式，实现实时数据查询、实时业务传输等工作基于总线集中办理，屏蔽不同集成系统间的网络位置、技术架构差异，降低系统间直连集成的耦合度和复杂度。同时，也可基于中间库的方式进行，统一设立各网络均可进行访问和数据读写的中间服务器，构建中转数据库，由数据提供方定时或实时将产生的数据写入中转数据库，需求方按需访问读取。此种方式常用于解决因密级不一致、安全防护高导致的系统间无法直连集成的问题。

对于系统间界面集成，双侧系统应在同一网络，同时用户在各系统的访问账号和认证机制互通，通过统一的界面整合中间件或展示框架，对分散在不同系统的功能界面进行聚合，实现用户无需切换登录即可使用相关功能应用界面。

对于数据平台贯通集成，需开通源系统后台数据库与中台的端口，数据通过抽取的方式接入数据平台贴源层，由定时任务按照供应链统一的模型或标准表对数据进行转换并传输至共享层,需求方系统使用平台定时加工作业将数据从共享层推送到分析层,基于分析层进行数据调用。此种方式下,可传输的数据量最大,对数据进行转换,平台内作业执行采取定时方式,有一定的排队和调度周期。

(四)数智聚能供应链的能力特征

数智聚能供应链通过枢纽架构支撑和数智技术赋能,在专业集成、集约响应、弹性适变、多能多态、数据使能等方面,表现出了独有的特征和强大的功能。

1. 专业集成

供应链各专业平台仅与枢纽平台进行业务集成协同,形成了中心化的松散解耦总线结构。在这个结构中,跨专业的流程对接和数据贯通由枢纽平台一站式提供,形成了一体协作的生态圈,其集成能力主要体现在以下方面:一是实现了全链条标准化,构建了全链统一的业务、技术、数据标准体系,确保各专业能够一贯到底、一致应用,打破了专业间、单位间的协同壁垒;二是推动了业务数字化进阶,推动流程电子化向数据结构化、数值化进阶发展,持续提高业务信息的客观量化占比,提升机器自动化处理跨专业协作、流程衔接的能力;三是延展了协同化范围,以枢纽平台为中心集成跨单位、跨专业、跨环节的业务系统,向企事业单位内外部、上下游参与主体和各类要素资源延伸,形成供需变化互联广播网络,推动业务协作和数据共享不断深化、有序拓展。

2. 集约响应

面对实体供应链分散在各单位、各专业的客观现实,依托数智聚能供应链实现了主干流程集中贯通、业务要素全量汇聚,形成保障资源、保障任务、保障力量集约管理的格局,有利于形成中心化、区域化的集中式响应中心。其特点能力体现在:一是统筹调度平衡,按照区域化、专业化等分工原则,对相关范围的资源、力量进行统筹,从整体层面对平时、急时需求进行集中响应、统一编排,提升供应保障的全局平衡能力,避免断点堵点出现;二是深度挖掘规律,通过集约响应,将分散的需求信息集中,挖掘业务关联关系和群体特征,辅助从全局掌握业务规律和发展态势,打破条块化管理的局限性;三是集聚链主优势,集约响应模式聚合链主的权责、资源、资金等优势,放大链主单位对全链业务的调控能力,引导各专业、上下游企业聚焦链主单位诉求,形成聚力攻坚的生态机制。

3. 弹性适变

数智聚能供应链构建了供应链各专业、各单位互联互通的集中式枢纽,实现全链供需动态信息的"超导"传输,在主干流程规范统一的情况下,支撑各专业各类细分、异构的业务和系统与枢纽对接,实现全链供需弹性平衡、单点故障韧性适变。其主要特点在于:一是动态协同,通过与协同枢纽的对接,各环节业务流程、数据要素自动协同共享,任一环节目标、计划、进度的变化,均向其他环节传导,相关方自动获悉最新情况、及时调整作业编排,实现全链供需能力动态平衡;二是简化兼容,通过枢纽平台集中为各类异构业务、系统的对接提供统一的规范和技术支持,实现对各专业系统"热拔插"对接支持,快速支撑专业系统的升级与调整;三是灵活适变,数智供应链采取主从架构模式,在主干枢纽平台稳定运行的情况下,支撑各专业系统随时接入与断联,而不影响供应链整体的运转,提升数智技术对供应链的韧性加持。

4. 多能多态

数智聚能供应链整合决策、管理、作业等不同层级用户诉求,实现物资供应保障态势能看、业务能管、流程能通、资源能调,精准构建差异化多样化服务能力。其特点在于:一是多维聚合,各类业务实体和资源要素蕴于同一个平台,按用户需求快速重组,形成供应链体系化服务能力;二是流程灵活,固化重点环节、主干流程标准,形成具备行业共识的统一规范,并通过业务流程组合、保障关系配置等能力手段,实现分支流程的灵活调整,适应不同场景要求;三是模式开放,基于枢纽平台,形成共建共创、开放包容的业务模式,为在产业链、生态圈等更高层级实现生产协同、供应协同、需求协同提供支撑。

5. 数据使能

数智聚能供应链,更加强化数字资源开发利用,把数据作为供应链重要资产摆在突出位置,用数据进行管理决策,用数据驱动业务改进提升,挖掘数据价值反哺业务,加快数字经济价值创造,形成供应链运营管理新模式、新业态。其主要能力体现在:一是全量数据高质量集聚,依托枢纽平台纾解专业系统功能交叉导致的数据重复、混淆问题,确保数出同源,形成高质量、高可信的数据供给;二是数据赋能场景深度应用,识别供应链热点数据及高价值应用,开展共享数据服务沉淀和封装,形成体系化的指标、专题等共享成果,实现数据服务多场景、定制化赋能应用;三是增值服务产品创新发展,聚焦内外部提质增效和价值增长需求,基于供应链枢纽平台汇聚的海量数据,打造开放的数据价值探索空间和数据服务商城,构建数据应用、数据服务、数据报告等不同形式增值服务产品,逐步开展进行推广运营,探索数字经济发展新业态。

二、决策指挥

数智聚能供应链的决策指挥层,主要由全息态势感知、全局应急指挥、全链运行分析、全量资源可视、全程监控预警、全维绩效评价等能力要素有机构成,如图4-8所示。

全息态势感知。采取管理驾驶舱、行业仪表盘、专项工作台、协调督办室等技术手段,对供应链宏观总体态势、行业专题态势、保障任务态势等内容进行可视呈现。

全局应急指挥。融入国家、军队、地方以及链主单位安全应急调度机制,侧重

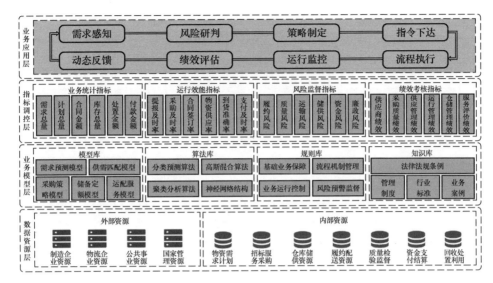

图 4-8 供应链枢纽决策指挥

实现应急事件感知响应、应急资源筹措调配、应急保障动态调控。

全链运行分析。从专业视角出发,对需求计划、招标采购、合同履约、仓储供应、运输配送、财务结算、回收处置等全环节链路进行运行监控和指标分析。

全量资源可视。通过构建数字化资源池,汇聚实物资源、运力资源、基础设施、力量机构、经费财力等,实现链主单位对内外部资产资源的精准掌控,扫清"资源迷雾"。

全程监控预警。按照核心业务、关键环节、重要节点等维度设置风险监控指标体系和预警规则,从供应链战略管理、业务运行、韧性不足等方面进行风险预警,提前避免断链断供。

全维绩效评价。优质高效保障是供应链追求的核心目标,通过构建供应链评价指标体系,系统设计服务保障、管理效益、生态发展等指标要素,对服务保障满意度、业务管理质效、供应链生态健康水平等进行客观评判,促进管理和保障效能提升。

（一）全息态势感知

全息态势感知要素是数智聚能供应链的知识汇聚中心和信息展现平台。通过打造供应链管理驾驶舱、行业仪表盘、专项工作台、协调督办室四大核心服务,实现业务态势感知、业务运行监控、业务综合调度等能力,辅助链主单位管理决策层及时发现业务运行规律,深度发掘数据资产价值,实时掌控供应链运行情况,科学预测业务发展趋势。通过汇聚行业内外部数据资源,指挥供应链各方协同运作,对各领域、各专业、各行业提供业务预警、策略优化等服务,促进供应链管理效率和经济效益,如图 4-9 所示。

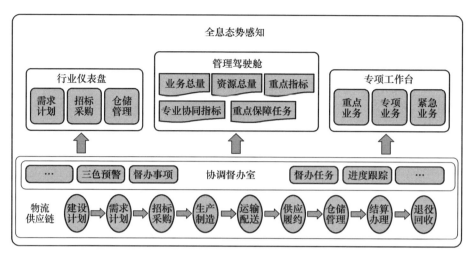

图 4-9 全息态势感知

1. 管理驾驶舱

供应链管理驾驶舱,主要面向决策管理人员,按照态势上图、指标上屏、效能上线的策略原则,以"综合大屏""业务看板""态势图谱""互动座舱"等形式,展现整个供应链的全量业务态势、保障能力态势、管理效能态势,为管理者提供具有"临场感""操控感"的决策支持服务,是掌控供应链运作的强大智脑和关键手段。

全量业务态势。侧重实现"态势上图",运用大模型、大数据等技术手段,汇聚挖掘供应链全量数据资源,针对决策管理需要,相应建立态势主题库、业务对象库、管理指标库,分层级、分专业、分年度对供应链运行管理的执行情况进行分析,包括项目投资规模、采购合同总量、物资储备总量,以及需求、采购、运输、仓储、检修、交货、结算、处置等重点业务指标。

保障能力态势。侧重实现"指标上屏",既要查实力,更要看能力,通过对供应保障所需能力底数、资产资源等进行数字化建模,基于动态维护的专业标准和测算方法,对供应链保障能力进行多维度量化上屏呈现。实现保障能力可视化,关键在于保障实力底数与能力测算标准的相互结合。从实际情况看,能力测算标准建设往往是矛盾的主要方面,其全面性、准确性、维护性在很大程度上决定了能力可视的实现程度,同时也反映了各链主单位信息化发展的客观水平。

管理效能态势。侧重实现"效能上线",在对供应链业务运行全面监控的基础上,体系梳理、逐步积累、迭代形成链主单位重点关注的全局性管理效能指标体系,如管理层面,需求响应满足率、年度计划执行率、业务协同贯通率等;业务层面,物资采购节资率、出厂验收合格率、履约配送及时率等;技术层面,系统改造集成率、数据共享交换率、网络联通覆盖率等。

2. 行业仪表盘

供应链行业仪表盘,主要面向综合性、业务性管理人员,按照管理专业化、数据业务化、界面定制化、指标可视化的策略原则,以图表控件、专业插件、地图组件等综合运用方式,辅助管理人员直观了解业务动态、规律趋势、生态变化情况,精准把握需求计划、物资采购、合同履约、仓储运配、交付结算等多环节业务运行现状。

在需求计划方面,重点呈现链主单位各专业、各层级需求总量统计图、需求计划转化图、需求变化趋势图、需求预测走势图、需求来源分布图、需求层级拓扑图、需求品类构成图等,为提高需求计划的准确度和时效性提供支撑。

在采购履约方面,重点呈现采购经费总量、采购区域分布、采购计划生成、采购合同签订、采购履约执行、采购运行时长、采购业务回溯等信息。通过行业仪表盘,物资管理部门和采购管理人员可及时监督掌握采购专业整体情况,确保采购活动平稳有序进行。

在仓储运配方面,重点呈现仓储设施分布、仓储点位设置、物资储量总览、库存账目明细、积压物资排名、库存周转变化、仓储作业动态、运输资源流动等信息。通过行业仪表盘,仓储管理人员可以及时了解仓库的库存状况,确保库存的准确性和完整性,在储供一体的模式下,提高在库资源周转效率;运配管理人员可以通过统一的态势界面掌握仓储、运配保障动态,深化"物"与"流"有效衔接。

在交付结算方面,重点呈现物资交付、质量验收、经费预算、付款申请、结算进度等信息。通过行业仪表盘实时监控交付、结算相关计划、执行过程、完成时效等,辅助管理人员监控专业执行,确保交付结算的及时性和准确性。

3. 专项工作台

供应链专项工作台,主要为供应链建设运转期间相关重点任务、专项工作的决策管理人员,提供专题态势的分析工具。实际工作中,链主单位通常为实现特定重要目标成立工作专班,开展专项工作。考虑到这类工作重要程度高、涉及范围广、持续时间长,往往需要组织专门的业务汇聚、数据分析和态势呈现,从而要求全息态势感知服务必须针对重点任务、专项工作、突发情况,具备业务专区开设能力,为用户提供定制化、集成化、专业化、便捷化服务。

重点任务态势。面对重大机遇和风险挑战,供应链管理者往往会以重点任务督导推进方式开展工作。期间,专项工作台应能对重要方向区域、重大保障活动、核心供应环节、关键采购项目、重点生产企业、骨干运输网络等进行集成展现。例如,许多知名电商,会针对"消费节"定制营销专题态势,辅助管理者对关键业务、关键活动、关键指标进行监控分析。

专项工作态势。为保障供应链高效顺畅运行,链主单位往往会针对特定工作,组建攻坚专班,跟踪落实成效,这通常需要定制化的态势工具提供支撑。这类态势往往以专项任务目标为牵引,整合加工各专业、各部门、各环节业务数据,形成更加精细的进度态势呈现,便于对专项工作实施深度监控、深度分析、深度管理。

突发情况态势。供应链本质上是一个多方协同、内外协作的生态关系,环节要素失能、环境条件变化等对供应链影响巨大。特别是面对国际制裁、原料断供、交通受阻、疫情防控、自然灾害等突发情况,链主单位为了保障正常生产供应,往往要全面了解局势、迅疾启动预案、科学调度资源;与之同步,全息态势感知服务必须第一时间将物资需求、保障资源、供应计划、生产能力、交通路况、社情民情等所需信息上屏展现,为应对突发情况提供综合研判的态势支撑。

4. 协调督办室

供应链协调督办室,主要面向供应链转型伊始、建设期间或运行初期相关决策管理人员,针对业务协同、系统集成、数据共享、生态聚合等堵点卡点,提供任务督办、业务协调、临机会商等全局性技术手段,确保供应链各专业、跨部门、多要素高效协同、顺畅运作。

任务督办。基于统一态势呈现,明确整体任务和分项工作的时间表、责任人、路线图、结合部,对当前工作成效进行动态更新,对拖延滞后工作进行告警提示,对具体堵点难点进行突出显示,对相关矛盾问题进行挂单销账,为各级决策管理人员直观定位工作重点、跟踪督导任务落实提供手段。

业务协调。基于统一态势呈现,专门建立上下游单位的联动拓扑图、跨环节要素的协作考评表、全供应链条的共享问题库,将供应链全局性工作、关键性节点、协作性问题统一纳入监管视线,并基于可视化、一致化的业务协调专题态势,定期协商会商、问责问效,确保供应链整体高效协同运转。

临机会商。基于统一态势呈现,运用信息叠加、视频融合、网络会议等技术,针对临时突发问题,为相关职能部门和管理者提供在线协商、态势会商等手段,在统一态势界面查看资源、研判指标、分析问题、疏通堵点,快速达成共识。

(二) 全局应急指挥

全局应急指挥要素是供应链紧急处突、维稳保供的职能中枢。针对各类突发情况,链主单位基于数智化枢纽平台,组织线上响应、线上指挥、线上协同,实现内部力量资源、社会应急资源的集中统一调度,并通过开展应急知识储备、应急事件感知、应急任务管理、应急资源协调、应急处置评估,建立起以全局应急指挥调度为核心的供应链应急保障能力,如图4-10所示。

1. 应急知识储备

供应链全局应急指挥要素,通过积累和建立应急知识储备,学习生产应急知识图谱,能够根据以往历史应急事件,匹配当前真实突发情况,并对可预见或潜在风险事件进行预警,随之快速启动应急响应流程,生成相关应急预案,展开应急保障供应。

应急知识图谱。数智聚能供应链注重对数据资产的历史积累和分析挖掘,通

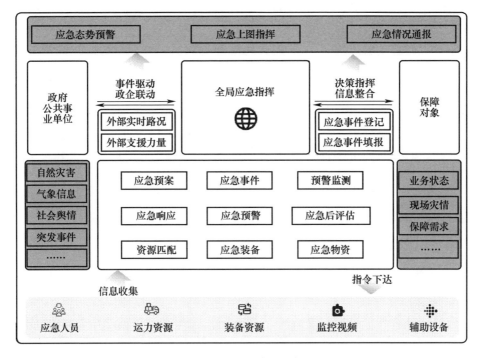

图 4-10 全局应急指挥

过构建应急事件档案库,对历史应急事件关键数据进行分析挖掘,获取事件发生诱因、规模、形态、特征以及周边应急环境状态,建立模糊匹配与精准预测模型,自主学习生成应急知识谱系,为应急事件预警和应急保障实施提供指导。

应急监测模型。主要围绕供应链相关运行指标、特征画像、内外环境、规律趋势、风险诱因、历史征候等内容,建立应急指标临界监控模型,基于应急知识图谱,对可能出现的应急事件进行分级预警提示,确保应急事件监测信息的准确性、可靠性、可用性。

应急预案储备。凡事预则立不预则废。行业领跑的链主单位均不同程度建立有专门的应急预案储备,并配套应急响应机制、应急保障力量作为保证。可在应急状态下,根据触发的预警条件信息,从需求调剂、应急采购、紧急调拨、动员征用、直达配送等方面,自动推荐多套应急处置预案。

2. 应急事件感知

应急事件感知是供应链全局应急指挥的首要环节与关键能力,其核心在于对应急事件有效进行实时监测与预警、事件识别与分类、预案启动与执行。

实时监测与预警。基于应急知识图谱,实施全天候、多维度、自动化数据监测,对可能出现的应急事件进行分级预警提示,确保应急事件监测信息的准确性、可靠性、可用性。有条件的链主单位,可以通过部署各类传感装置和智能化监控设备,对在采、在厂、在库、在用、在途等重要环节进行实时监测,并在达到应急事件预设阈值临界点时自动触发应急预警,增强风险防范的及时性、预见性,提高链主单位主动响应势能。

事件识别与分类。当应急事件发生后,数智聚能供应链可基于应急知识图谱和应急预案储备,自动识别突发事件的紧急程度、风险类型、响应级别、事件对象、影响范围,并进行科学合理的事件分型分类,在此基础上,智能模糊关联历史事件、相近案例、知识储备、推荐策略,为后续的应急预案启动、应急资源匹配和应急调度管理提供可靠保障。

预案启动与执行。根据应急事件的风险类型和响应级别,链主单位能够依托供应链平台快速生成应急事件消息,并触发相关应急预案和应急处置措施。有条件的单位,可以通过枢纽平台建立应急事件专区,在一定范围共享应急事件信息,并基于应急预案储备,确定应急响应处置的初步方案建议,加快应急事件科学处置,管制事态扩大扩散。

3. 应急任务管理

应急任务管理是全局应急指挥调度的基础,主要是通过应急任务注册、应急任务跟踪、应急任务闭合等系列化操作,为链主单位提供任务全过程管理的技术手段。

应急任务注册。主要是创建应急任务,分级、分类、分方向建立应急事件信息登记录入渠道,详细记录应急事件的基础信息(包括应急事件的发生时间、地点、类型、级别、影响范围等),为启动应急程序提供精确输入。

应急任务跟踪。主要是基于网络化枢纽平台,打通任务参与各方信息通道,按职责分工,对应急任务的执行过程进行全程跟踪、同步记录、有效整合,重点对应急事件发生的前置诱因、处置过程、主要特点、矛盾问题、文件资料等进行有效登记,为掌控任务进度、了解任务详情提供精准的"数字画像"。

应急任务闭合。主要是在任务结束后,基于数智化枢纽平台,督导各参与单位从方案计划、资源使用、力量调配、绩效评价、经费开支、工作审计、复盘总结等方面采集回传必备要件,创建该项应急任务的专属档案,迭代更新应急知识图谱,充实应急预案储备,为今后应急事件的预判预警和组织实施提供参考。

4. 应急资源协调

在应急事件处理过程中,保障资源的快速匹配和统筹调用至关重要。全局应急指挥调度要素,基于数智化枢纽平台,精准掌握各类资源的数量规模、专业构成、地域分布等情况,并根据不同任务,进行资源需求分析、供需匹配、调度协调。

资源需求分析。应急事件发生后,链主单位要根据事件的任务类型、响应级别,从全局层面对所需资源的品类构成、具体数量、供应时限、经费规模进行分析测算,并统筹考虑需要与可能,综合运用应急采购、库存调拨、支援加强、友邻调剂、动员征用等方法确保应急需求最大限度得到满足。

资源供需匹配。应急资源需求确认后,链主单位自身掌管的在储在用资源往往最为直接、最易调用。全局应急指挥调度要素通过数智化技术,建立应急资源供需匹配模型,通过效期优先、储量优先、距离优先、成本优先、隶属优先等不同策略,能够快速给出多种应急匹配方案建议,并提供方案比选分析工具,为应急部门快速决策提供数智技术支撑。

资源调集协调。由于事发突然,所需资源往往相对分散,一时难以集中,为快速调集所需资源,链主单位一方面要基于供应链枢纽平台,在线组织跨部门、跨层级、跨专业资源协调,确保物尽其用;另一方面,对于缺口部分,需紧前分析补充方式、替代渠道,并及时向有关方面反馈问题、争取支持;任务参与各方,基于统一的供应链平台,实现上下集中统一、内外协调一致。

5. 应急处置评估

在应急事件处理过程中,全局应急指挥要素基于主动评估、问题反馈、任务改进等手段,对应急任务执行的全过程进行效能评估和动态反馈,以便相关职能部门及时发现问题,随时纠正偏差,确保任务的顺利执行。

主动评估。传统人工评估,主要采取服务对象打分、专家集中评议和职能部门评价等方式,事后对具体任务、具体事项和具体指标进行分析评估。通过数智化枢纽平台,基于应急任务管理手段,对每个在线创建的任务运用"事前预判""事中评估""事后反馈"的主动式评估策略,并在线组织服务对象、领域专家、职能部门进行分析研判,随时查阅应急知识储备,为科学评估应急处置效能提供有力的手段支撑。

问题反馈。传统问题反馈,主要采取线下会议、电话通报、回复公函等方式实施,问题解决"一事一议"。发挥数智化枢纽平台业务集成、任务协同、能力聚合的天然优势,可针对每个应急任务建立问题在线反馈工作机制,在线关联应急事件各行为主体和职能部门,在线记录问题详情,在线实施多点通报,在线进行问题提醒,在线查看解决状态,确保问题快速反馈、及时解决。

任务改进。基于数智化枢纽平台,将评估发现问题动态反馈给每个应急任务,并结合专项工作台、协调督办室等技术手段,压实相关职能部门主体责任,辅助链主单位决策指挥层在线动态监控问题解决进展,层层传导压力,通过局部问题的快速整改归零,促进供应链整体应急效能的优化。

(三)全链运行分析

全链运行分析要素是开展供应链各业务环节运行质效评价的重要手段。主要基于数智化枢纽平台,从宏观层面构建需求计划、招标采购、合同履约、仓储配送等业务运行的总览视图,为链主单位各级指挥决策部门提供全流程、全环节、全维度分析手段支撑,如图 4-11 所示。

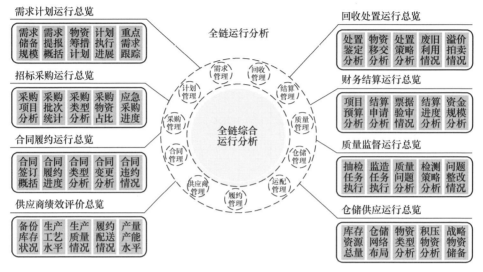

图 4-11 全链运行分析

1. 需求计划运行总览

需求计划是供应链运行的业务源头,主要面向供应链内部需求编报单位、需求审查单位、物资供应保障单位,以物资需求筹措保障全过程为主线,应用大数据分析工具,提供物资需求储备情况、物资需求提报内容、物资需求响应筹措、物资需求计划执行等方面的总体分析能力。

物资需求储备情况分析。从全局层面直观反映当前供应链总体承载的物资需求储备规模、专业分布、明细构成、年度安排和经费概算等情况,提供需求计划预判、项目冲突提示、同比关联查询、变化趋势分析等能力,可为链主单位相关职能部门实现储备信息共享、控制经费预算和避免积压浪费提供手段支撑。

物资需求提报内容分析。通过对供应链各单位提报需求进行汇总统计,借助大数据技术和可视化手段,综合呈现全网物资需求的总体数量、专业占比、区域分布、响应时限、规格型号、条目明细、经费规模等关键信息,提供需求总量可视、需求内容可查、需求经费可算和需求趋势可知等能力,为链主单位相关职能部门开展供需平衡、计划统筹、指标调剂、趋势研判等提供有效支撑。

物资需求响应筹措分析。链主单位为有效响应物资需求,往往分工协作采取多种筹措方式加以应对。数智化枢纽平台不仅要具体支撑物资筹划,更要从全局层面对各类筹措方式、筹措渠道进行可视化展现。对此,物资需求响应筹措分析,从招标采购、库存调拨、友邻调剂、上级补充、外部支援、动员征用等多个方面,具体提供相关需求占比、物资数量、经费规模等分析查询能力,可为链主单位相关职能部门从宏观层面把握物资筹措态势提供支撑。

物资需求计划执行分析。通过供应链枢纽平台的"三层联动"能力,在线收集汇总各类物资需求的计划执行动态,综合呈现计划执行的总体进度、经费开支、运行时长,突出展现相关重大任务、关键项目、重点物资、大宗经费的计划执行情况,为链主单位相关职能部门跟踪计划、分析计划、掌控计划提供宏观分析手段。

2. 招标采购运行总览

招标采购是物资筹措的重要渠道,基于数智化枢纽平台从宏观层面,精准掌控采购项目进展分析、采购批次制定分析、采购组织形式分析等招标采购业务全过程运行情况,是有效促进采购管理能力提升的关键。

采购项目进展分析。通过供应链枢纽平台打通采购系统,获取项目采购环节的执行进展信息,以采购项目为核心开展包括项目名称、采购名称、采购状态、所处阶段等状态分析,形成采购全流程环节动态可视,为需求单位和组织采购单位提供进度监控手段,以及项目里程碑的完成情况跟踪和潜在的风险识别。

采购批次制定分析。基于供应链枢纽平台构建招标批次合理制定模型,通过分析日常物资需求、市场供应情况、采购量、供应商范围、库存水平等要素,结合供应保障周期的规律性、集中供应合理性,制定采购批次计划策略,形成采购批次安排的建议,为采购单位提供符合实际需求的招标采购批次方案,确保采购活动的顺利进行。

采购组织形式分析。主要在采购机构接到采购任务后,通过供应链枢纽平台整合不同周期内不同采购方式采购的批次项目数据,分析比较采购批次的一次采购成功率的同比和环比执行情况,为需求单位了解采购机构的采购成功率提供支撑。

3. 合同履约运行总览

合同履约运行总览是合同签订后全流程跟踪、监控,评价供应商合同履行效果的综合手段,是依托供应链枢纽平台实现合同履约过程管理规范化、精细化、智能化可视化的监管措施,为需求单位、物资管理单位物资供应多维分析、物资供应导期分析、供应生产进度分析、供应总时长分析等提供技术支撑。

物资供应多维分析。通过供应链枢纽平台从各专业系统实时获取项目相关信息,通过各种宏观展示方式可视化呈现各状态项目数量、各类型项目数量、各类型项目需求数量、各类型项目需求金额、各阶段项目百分比、各类型项目百分比等信息,支撑物资管理单位从项目管理维度宏观掌握物资供应项目状况。

物资供应导期分析。主要通过监控物资供应全过程节点,实时跟踪各环节供应时间与合理周期的差异,分析供应商备料进度缓慢、运输时间过长等风险,为前端需求计划提报及后端物资供应提供合理参考建议,进而优化最佳供应导期,不断提高物资供应时效性。

供应生产进度分析。基于合同签订主体和合同标的物,通过采购合同、物料编码、排产编号、生产状态、供应商、项目编码等维度建立生产供应计划分析要素,将供应商下达订单、工艺设计、生产排期、首检计划进行环节串联,为物资管理部门掌握生产进度情况提供可视化手段。

供应总时长分析。主要通过合同签订和物资交接环节统计供应链全程工作周期,基于不同环节间周期、项目类别、采购类型、采购方式、物资类别、物资明细等维度,统计需求提报、物资计划、招标采购、合同签订、供应履约全流程总耗时情况。

4. 仓储供应运行总览

仓储供应运行总览是对整个仓储供应管理的全面概述,仓储供应需与招标采购、生产供应、物资移交等环节紧密衔接,通过数智化枢纽平台高度集成,提供库存资源多维度总览、仓储管理可视化监控、仓储作业规范性预警、库存物资超期预警等,为仓储管理部门提高仓储空间的利用率,确保物资供应的及时性和准确性提供支撑。

库存资源多维度总览。通过整合内外部物力资源,将注册库存物资、供应商物资、合同已签订未交付物资、已领待建物资、闲置库存物资、供应商应急库存物资等资源和仓库全息信息物力资源,统一归集在供应链枢纽平台,进行多维度分析、可视化管理。结合物资生产发运信息、质检信息、滞库物资全息信息进行动态管理。

仓储管理可视化监控。通过综合运用视频监控、数字孪生等可视化技术,对库区环境、库存物资、人员作业、设备运转等情况进行实时监控,有条件的单位还可将安防、消防等专业化监控系统进行集成接入,提供可视化安全管理能力。

仓储作业规范性预警。主要利用图像识别技术,对仓储违规作业行为(如人员未戴安全帽进入作业场地)自动进行甄别发现,违章作业判定后,在发出报警的同时系统同步推送信息至枢纽平台,相关职能部门可远程监视违章整改情况,指导纠正作业偏差,确保第一时间消除安全隐患。

库存物资超期预警。基于枢纽平台,研发库存物资质量效期阈值配置服务,可对不同物资、不同库存预警条件进行灵活配置。通过对库存积压物资进行分类汇总、超期预警,提醒各单位加快开展平衡利库和库存调拨工作,降低库存积压,提高仓储资源利用效率。

5. 运输配送运行总览

运输配送是供应链运行的重要环节,主要面向供应链物资管理部门和物资接收单位,以物资在途可视为主线,全面提供运配任务统计、在途轨迹查询、交通影响分析等监管手段,为链主单位相关职能部门精准监控运输进程、科学调度运输资源、发现掌握任务规律提供技术支撑。

运配任务统计。主要基于统一的可视化展现平台,从多个维度提供运配任务宏观分析能力。在运输方式上,主要分析铁路、公路、水路、航空、邮政快递等任务占比情况;在运输对象上,主要分析普货、液货、大件、冷链、危险品、高价值等物资规模结构;在运输等级上,主要分析特大运输任务、重点运输任务、一般运输任务的时间分布、空间分布、运量分布,等等。

在途轨迹查询。主要基于 GIS 平台,打通链主自有运力、第三方物流、国家地方运力等不同承运主体信息共享渠道,按照统一的运输任务标识(运单号),对不同任务的承运单位、运载工具进行动态跟踪,拟合铁路、公路、水路、航线等线路走向,形成任务在途轨迹描绘,为在线跟踪任务、事后回溯任务、分析统计任务提供技术手段。

交通影响分析。主要基于 GIS 平台,打通与国家交通运输、应急管理、气象测绘等部门的信息共享渠道,在统一的可视化运输监控平台上,叠加交通事件、流量拥堵、区域管控、自然灾害等交通影响信息,为链主单位相关职能部门合理安排运配任务、及时规避交通影响提供全局化、可视化、专业化分析能力。

6. 质量监督运行总览

质量监督运行总览通过构建企业生产全景质控多维分析模型,归集抽检任务、监造信息、抽检差异化管控策略、质控信息等,实现质量风险智能辨识、动态评估及控制。通过引入大数据算法模型,输入历史抽检数据,设定模型交货期、报价、质量偏差等关键参数,通过机器学习、训练、优化分析数据、比对关键参数,从抽检合格率分析、监造策略库分析、质量问题发生率分析、抽检合格率分析等多维度输出质量监督运行总览情况。

抽检合格率分析。主要依托供应链枢纽平台整合合同信息、供应商信息、设备质量等信息,从多个维度对抽检合格率进行分析,及时发现设备质量生产的问题隐患,形成分析要点,从而便于物资管理部门及早制定针对性措施。

监造策略库分析。主要是对设备质量信息、供应商的履约行为进行统计和分析,得出设备质量风险等级和供应商历史供货质量风险等级,根据设备质量风险等级和供应商历史供货质量风险等级结果与监造策略优化模型进行比对分析,从而针对不同风险等级的设备和供应商实施更加有针对性的监造方案,调整优化监造策略,进一步提高监造的精细化管理水平和监造效果,提供监造方案库查询功能。

质量问题发生率分析。主要对单个供应商从交付产品的质量数据分析获取问题分类、质量系数、质量问题发生频度,并从多个维度对其质量问题发生情况进行分析,帮助物资管理部门和供应商不断优化监造策略,改进生产工艺,以及加强质量控制。

抽检合格率分析。通过多种质检策略手段,对供应链产品进行质量抽查,对抽检合格率进行分析,及时发现苗头性、趋势性问题,从而便于制定针对性措施。相关抽检情况统一在枢纽平台归档,及时在线反馈给参与各方,促进问题整改,确保供应质量。

7. 供应商绩效评价总览

供应商绩效评价分析主要是对供应商提供的产品质量、合同履约、售后服务等综合情况进行全面、客观、准确评价的活动,主要为物资管理部门和供应商提供供应商投标情况、供应商资质能力分析、优质供应商占比、供应商多维数据分析,为预防低绩效供应商和失信供应商中标等风险提供重要参考依据。

供应商投标情况。主要基于供应链枢纽平台,按时间、批次、物资品类、供应商等维度统计分析购买标书未投标历史情况,形成潜在供应商投标顺序,为招标代理机构组织开展投标审查和专家评标打分提供技术参数。

供应商资质能力分析。主要基于供应链枢纽平台对供应商展开全方位多维度评价,在企业资质上,包括评估供应商是否具备合法注册、税务登记等基本信息,以及供应商注册规模和经营范围等信息;在产品质量上,包括评估供应商提供的产品是否符合质量标准,产品在性能、材料、工艺等方面的质量保证程度;在供货能力上,评估供应商的生产能力、库存管理、物流配送等方面的能力,以保证能够及时、足量地供应产品。

优质供应商占比。主要基于供应链枢纽平台整合物资管理单位在册供应商和市场信息,按照供应商运行通用绩效、所在区域、企业性质等分布情况,评估年度内不同物资品类的优质供应商集聚情况。支持物资采购部门掌握供应商产品质量、技术、市场地位和管理水平。

供应商多维数据分析。主要通过供应商绩效、质量分析、交货分析、成本分析、风险分析等维度开展全方位分析评价,面向采购单位和招标代理机构掌握供应商的财务状况、生产能力、技术水平等,以便及时发现潜在的供应商综合能力,帮助物资管理单位更好地管理供应商关系。

8. 财务结算运行总览

财务结算总览是对链主单位根据采购合同办理合同结算工作的全面概述,主要通过采购合同、发票、交接单、签收单等供应链票证业务结算办理,是物资管理部门、需求单位、供应商等各方共同实现合同顺利履行的关键保障,包括结算办理执行情况、结算进度监控分析等管理过程。对推动实物流、业务流、资金流一体化运作,打通业财一体链路,提高资金运转通畅具有积极作用。

结算办理执行情况。基于供应链枢纽平台集成采购、财务系统,获取合同、供应商、支付条件等信息,通过可视化进度时间轴详细展示每项结算办理的具体内容、责任人、完成情况等,确保每个任务都有明确的状态和节点。物资部门、需求单位可根据结算完成情况,及时调整结算进度计划。

结算进度监控分析。主要面向物资管理部门,为及时掌握供应商货款交付情况，通过可视化平台建立有效的结算支付进度监控能力，定期跟踪合同结算工作的进度，及时发现和预计资金支付情况。

9. 回收处置运行总览

资产回收报废处置是供应链全链管理的末端环节，是供应链闭环关键节点，物资管理部门和资产管理部门迫切需要掌握回收处置的运行情况，回收处置运行总览主要提供废旧物资综合统计、废旧物资账款回收监控等能力。

废旧物资综合统计。通过集成废旧物资拍卖系统，整合报废物资资源信息，以单位、物料品类、回收商等多维度展示报废物资处置情况，包括对废旧物资鉴定、废旧物资移交、废旧物资拍卖等情况进行综合分析，进一步提高废旧物资处置管理。

废旧物资账款回收监控。为了掌握废旧物资移交拍卖后的账款回收情况，通过供应链枢纽平台集成拍卖机构系统，建立处置任务、处置对象、处置周期、处置单位等分析维度来查询废旧物资处置回收情况的详细信息，为资产管理单位及时掌握资产退役报废以及废旧物资。回款不及时、不足量的情况预警提示。

（四）全量资源可视

全量资源可视要素是供应链"家底"管理的基础。各类资源的统筹管理能力体现了供应链建设和运转的整体水平。基于数智聚能的枢纽平台，可呈现各类组织机构、库存物资、基础设施、资金财力、技术装备、外协力量等资产资源信息，为链主单位开展供应保障、资源筹措、资产监督等活动提供手段支撑，如图4-12所示。

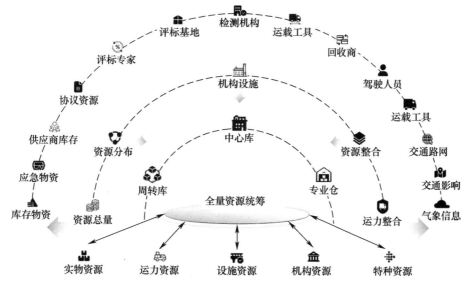

图4-12 全量资源统筹

1. 组织机构可视

组织机构是供应链运行的组织保证。供应链组织机构可视,主要提供组织体系、专业机构、人力资源等分析监管手段,为链主单位精准掌控组织力量提供能力保障。

组织体系。基于数智供应链主数据服务和组织机构代码,对链主单位组织体系、部门设置、职责配置等进行可视展现,对供应链运行管理的领导关系、保障关系、协同关系等进行拓扑显示,使管理者直观了解相关组织架构,为平时管理、急时应急奠定基础。

专业机构。供应链的专业化运作离不开专职机构的服务保障。基于可视化手段,主要对相关物资采购、招标评标、仓储管理、质量监测、运输配送、经费结算、回收管理等专职机构及其业务办理数质量情况等进行多维度上图展现,便于相关职能部门指导监督。

人力资源。通过建立与人力资源系统的数据共享渠道,根据链主单位相关管理需要,在一定的权限控制下,定制化显示决策指挥、业务管理、专业执行等不同层面的人员信息,为紧急特殊情况下,抽调专业力量,遂行应急任务提供保障。

2. 库存物资可视

库存物资是供应链储供保障的重要物质基础。库存物资可视,主要提供库存物资、在用物资、应急储备、代储物资等监管手段,为链主单位精准掌控库存能力情况提供保障。

库存物资。基于可视化手段,主要从计划账和实力账等维度,对各类库房(如中心库、周转库、专业库、公务仓等)保管物资的总体规模、专业构成、质量状态、价值情况等进行展现。

在用物资。基于可视化手段,主要从物资权属、物资品类、物资规模、物资价值、物资质量等方面,分层级、分专业对链主单位各职能部门、保障实体配发在用等各类物资进行展现。

应急储备。根据应急需要,部分特殊行业链主单位会在物资总量基础上,专门安排一定额度的应急储备,并定期进行应急储备和周转物资的储供轮换。基于可视化手段,主要对储备规模、储备方式、库存数量、动用情况、轮换状况等进行展示。

代储物资。为保障物资常储常新,链主单位往往采用代储业务模式,降低自身库存管理压力。基于可视化手段,主要对代储机构、代储内容、代储协议、代储金额等情况进行展示。必要时,对大型代储供应商库存情况进行专区专题展示。

3. 基础设施可视

基础设施是供应链高效可靠运转的重要条件。基础设施可视,主要围绕供应链运行管理所需功能性、基础性、关键性设施要素,从储供设施、交通设施、保障设施等方面进行可视化展现。

储供设施。主要通过内部资产普查、外部资源调查,对全供应链运转所需生产加工、商超服务、专业库房、物资集散、末端网点等储供设施进行数字化建模和可视化展现。

交通设施。主要通过建立与国家和地方交通运输主管部门的信息引接渠道,对链主单位业务范围囊括的铁路与客货站点、公路与沿途设施、港口与码头泊位、枢纽与支线机场等交通基础设施进行上图展现,并提供通行能力查询服务。

保障设施。主要针对供应链运行所需附属配套和辅助保障的设施资源,采取数字建模、视频监控等技术,围绕指挥调度设施、数据网络设施、电力保障设施、油料加储设施、专业场所设施、办公住用设施、防疫排污设施等方面,提供可视可查的服务能力。

4. 资金财力可视

资金财力是供应链运转赖以生存的关键要素。从财力规模、预算安排、资金流转等方面实现资金财力可视,是有效支撑信息流、资金流、物资流"三流"合一的关键所在。

财力规模。通过打通财务专业系统,分级分类展现链主单位总体财力、账面资金、可用经费、结余情况等信息,为管理者提供全面翔实的资金总览服务。

预算安排。通过可视化手段,全面了解掌握财务管理部门资金预算下达情况、预算科目执行情况、预算资金构成情况等,为链主单位掌控年度工作、督导计划执行提供依据。

资金流转。基于数智化枢纽平台全程跟踪掌控预算和资金在需求、计划、采购、仓储、运配、回收等业务环节的分配流转情况,通过信息流,客观真实反映资金流、物资流整体运行全貌,为全链运行分析提供数据基础支撑。

5. 技术装备可视

技术装备是供应链运转的手段支撑。技术装备可视化,主要围绕仓储装备、交通装备、网信装备等关键要素,对其专业构成、规模数量、运行质效等进行上图呈现。

仓储装备。主要面向"物"的保障,对物资管理和收发作业相关的仓储、搬运、监测、拆解、封存、保管等各类设备及相关运行情况进行可视化展现。

交通装备。主要面向"流"的服务,对运输配送和换乘转运相关的铁公水空自有运力、装卸转运设备器材、交通调度保障系统等进行可视化展现。

网信装备。主要面向"智"的支撑,对数智聚能供应链运转所需指挥控制、显示交互、计算存储、数据管理、集成服务、网络通信等进行可视化展现。

6. 外协力量可视

外部上下游协作力量是供应链业务聚合、能力聚合、生态聚合的关键要素。供应链可视化，侧重与相关供应商、承运商、回收商等外协力量建立信息共享渠道，为链主单位掌控相关保障能力、跟踪供应进展情况提供手段。

供应商可视。基于信息化的供应商库，以及数字化的供应商多维画像，对链主单位物资供应商进行可视化展现。有条件的链主单位可建立信息通道，延伸监控核心供应商的市场口碑、业务能力、产能变化等信息，动态评估交付能力，有效降低履约风险。

承运商可视。在运输配送可视化基础上，有条件的链主单位可基于枢纽平台，实现与重要承运商之间的信息交互，对承运商承接业务范围、运量运能水平、交通网络分布、运力资源位置等进行掌控，为科学匹配资源、提高物流效率、降低运输成本提供辅助分析手段。

回收商可视。为提高供应链回收环节服务管理质效，有条件的链主单位可协调相关回收商，集成对接供应链枢纽平台，共享推送回收能力、归集场所、交接力量、处置网点等信息，为就近就便组织物资回收处置提供资源能力分析。

（五）全程监控预警

全程监控预警要素是供应链平稳运行的"观察员"。强大的风险监控能力，是供应链提前预判风险、主动规避风险、有效应对风险的重要保障。供应链全程监控预警，主要从战略管理风险、业务运行风险、韧性不足风险等方面提供全天候、全过程预警服务，如图4-13所示。

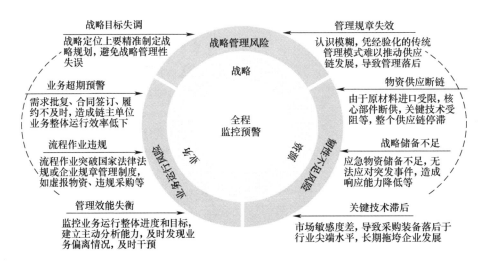

图4-13 全程监控预警

1. 战略管理风险

战略管理作为供应链建设发展与运行管理的指挥棒,设定供应链管理的发展目标、转型策略、实施路径、业务计划,明确供应链自身的专业规范、评价标准、供应服务等要求,确保链主单位的供应链发展沿着正确的轨道有序迈进,带动上下游合作企业共同保障供应链韧性与安全。战略风险监控主要聚焦发展目标的规划与达成,管理规范的制定与覆盖,数智转型的建设与应用等维度,识别战略规划层面目标牵引不足、管理机制陈旧、数智发展滞后等问题,促进供应链管理战略优化,减少战略失焦失准等原因带来的风险隐患。

战略目标失调。供应链的建设发展是多个目标、多个单位、多个环节协同协作的结果,在战略管理上,不仅要对采购、仓储、配送等环节制定相应的发展指标,更要考虑各环节步调不一、各单位基础不齐等因素,在供应链整体发展转型的全局视角下,采取统筹兼顾的方法策略,协调设置预期指标,避免目标设定失调,形成供应链科学发展的"交响乐章"。为有效监控预警战略目标失调风险,链主单位应基于枢纽平台,聚焦战略目标构成的全局性、体系性要素,从总体目标、行业目标、部门目标、层级目标、经济目标、阶段目标等多维度出发,制定平衡策略,构建评价模型,采集指标数据,动态监测各项指标的表现水平,迭代修正目标设定的具体内容。特别是在实施中长期战略管理和目标设定时,实际表现与预期目标间的差距容易持续拉大,要综合运用过程跟踪、绩效评估、问题反馈等机制手段,统筹做好战略目标的优化调整,避免"大跃进"、防范"大锅饭"等情况发生,切实发挥战略目标对各行业、各单位发展变革的调动激励作用。

管理规章失效。法规标准是战略管理的基石。"基础不牢,地动山摇。"行之有效的管理规章是规范约束供应链运行的重要保证。管理规章必须积极适应链主单位形势任务、改革转型等实际需要,做到先行计划、体系设计、同步修订、全程保障,避免因政策修订缺少支撑、制度创新缺少依据、业务变革缺少遵循、流程优化缺少标准等问题,弱化发展动能,阻滞发展进程,最终导致链主单位自身发展僵化不前。为有效监控预警管理规章失效风险,链主单位应充分利用数智化手段,建立健全管理规章、业务规定、标准规范体系,配套滚动修订、内容更新、效力评估等机制措施,围绕形势任务适应性、体系内容完备性、上位规章一致性、政策政令有效性、关联内容自洽性、条款更新及时性等方面,进行常态化监控预警,确保供应链关键业务发展"有矩可依""有矩必依"。

转型发展失能。以科技创新开辟发展新领域新赛道、塑造发展新动能新优势,日益成为链主单位转型发展的迫切要求,其纷纷将供应链数智能力建设、数据资产管理等作为转型发展重要驱动力量,提升到与传统业务对等的战略高度统筹管理。为有效监控预警转型发展失能风险,链主单位应专门构建数智赋能评价指标,重点围绕前瞻规划不远、顶层设计不强、科技储备不足、创新投入不够、人才结构不齐和网信基础不牢等维度进行风险隐患监管,同时在建设层面,对供应链数智化转型的需求设计、集成研发、部署实施、应用推广等方面实施评价反馈和风险监测,确保链主单位转型发展守正创新、行稳致远。

2. 业务运行风险

业务运行风险是供应链执行层面最需关注和防范的内容,关系具体业务执行和目标落地,任何一个环节出现问题都可能联动前后节点,影响全链运行,引发体系性风险。业务运行风险监控主要聚焦业务执行超期、流程作业违规、保障效能失衡等隐患,进行主动式、不间断预判告警。

业务执行超期。供应链各环节都有相应的执行效期,从需求到采购,从合同到配送,从出库到结算,各执行过程环环相扣,前序环节的滞后,往往导致全链业务的超期。对此,主要基于统一的业务运行监控手段,区分专业和层级,对各环节历史平均时长进行记录,从需求批复迟缓、计划下达滞后、招标采购逾期、合同签订拖延、运输配送超时、库存周转缓慢、资金结算拖欠等方面,对执行时间超平均时长的业务环节和职能部门进行告警提示,辅助链主单位及时发现环节堵点,确保业务畅通运行。

流程作业违规。在作业执行过程中,业务办理是否合法、流程运转是否合规,同样是管理者重点关注的内容。链主单位通过对业务规章实施电子化归档、数字化管理,结合大模型计算,对典型违规行为进行特征提取和建模训练,形成一道无形的违规操作"防火墙"。在具体风险监控上,主要围绕计划、采购、履约、仓储、结算等敏感业务环节,聚焦物资动用、经费划转、业务审批、流程调整、廉政审计等风险点进行常态监控,为供应链合规运转提供刚性约束手段。

保障效能失衡。供应链运行,需要各环节要素专司主营、协同协作,形成体系化保障效能。受复杂内外环节影响,业务执行期间,整个供应链难以避免出现各职能要素对接不顺畅、工作不协调、贡献不均等、发展不平衡等矛盾隐患,从而给整个供应链带来保障效能失衡风险。对此,链主单位要基于数智化手段,对上述隐患问题进行特征画像、指标建模和阈值设定,通过精准监控预判,确保供应链整体保障效能始终稳定在合理区间,并实现持续稳定发展。

3. 韧性不足风险

韧性不足风险是供应链建设管理必须解决的问题。在日益激烈的市场竞争中,通过供应链全程风险监控预警,链主单位可以更好地了解掌控上下游合作伙伴、自身战略储备、体系安全防范等,及时采取措施进行战略层面的优化和调整,这对提高整个供应链的可靠性、抗毁性具有重要意义。

物资供应断链。物资保障是供应链的首要职责,相关生产供应活动往往建立在上下游伙伴稳定的物资生产供给基础上,它们一旦出现问题,将迅速传导至整个供应体系,从而带来严重的断链风险。为提前预判风险,链主单位必须具备相应的预警措施和技术手段,主动感知上下游原材料供应情况、核心零部件生产情况、关键技术产品研发情况,识别和预判原材料受限风险、核心部件断供、关键技术卡脖子等风险隐患,并及时做出相应调整。

战略储备不足。作为链主单位,为应对需求突变或自然灾害等紧急情况,必须常态保持一定的战略储备。一旦遇有突发情况,由于战略储备不足,链主单位则需要花费更多时间和资源来调整、稳定和恢复供应体系。为防范战略储备不足风险发生,链主单位应重点围绕战略物资储备、应急力量储备、核心技术储备、资金财力储备、应急预案储备等内容,建立预警模型,设定告警条件,实施常态监控,确保能够在紧急情况下从容应对、快速应变。

安全防范薄弱。信息化、网络化时代,网信体系安全显得尤为重要。链主单位的数智化供应链平台,需要可靠可信的安全防范体系提供保障。对此,链主单位往往设置有专门的信息管理、系统运维和安全保障机构,并建立专门的安全防范体系,常态实施行为安全、信息安全、网络安全、密码安全等审计巡查,及时处置系统漏洞、解决安全隐患、防范风险发生,确保供应链安全可靠运行。

(六)全维绩效评价

全维绩效评价要素是供应链运行质效的"裁判员"。在激烈竞争的外部环境下,供应链管理决策者不仅要关注服务保障的满意度,也要分析业务管理的有效性,还要关心生态发展的基本盘。精准的绩效评价管理,是供应链自我完善、迭代提升的重要手段。供应链全维绩效评价,主要从服务保障指数、管理效益指数、生态发展指数等方面提供专业化分析服务,如图 4-14 所示。

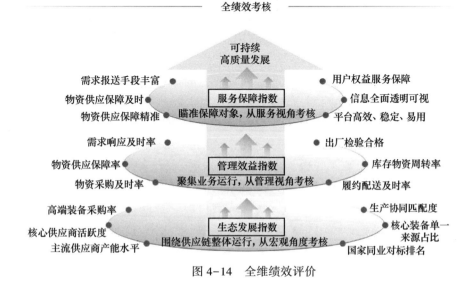

图 4-14 全维绩效评价

1. 服务保障指数

服务保障指数,主要针对供应链的保障有效性、服务满意度,从需求便捷提报、物资精准供应、供应链路可视、用户评价反馈等方面进行综合评价。

需求便捷提报。成熟的供应链平台可为服务对象提供多元化的需求上报渠道,并通过需求响应中心快速受理、分解需求,第一时间将保障指令传达至支撑部门。基于统一的指标监管手段,主要对需求提报方式、渠道数量、终端点位、操作时长等方面进行分析评判。

物资精准供应。实施优质高效的物资供应,需要基于统一的供应链平台有序组织生产协作、供应履约、多式联运。指标构建一般围绕计划交货时间、实际到货日期、到货物资规格、到货物资数量、到货物资质量等因素进行权衡设计。

供应链路可视。传统供应链由于信息化水平落后,物资的生产过程、存储过程、运输过程都不透明,服务过程类似"黑盒",导致保障活动难以掌控。对此,数智供应链强调实时了解需求受理、生产进度、配送动态、售后服务等信息,注重对上述业务的信息完整性、信息准确性、信息保鲜度实施监督评价,不断提升各类用户的保障权益和服务体验。

用户评价反馈。通过信息化手段,建立面向一线用户的评价反馈渠道,可让供应链管理者敏锐洞察自身问题、及时掌握用户诉求,倒逼供应链体系能力升级,驱动供应链管理模式转型。指标层面,主要围绕质疑投诉数量、问题诉求排名、用户打分等进行评价。

2. 管理效益指数

为客观掌握供应链业务运行管理效益,数智供应链平台主要围绕需求响应及时率、物资采购及时率、出厂验收合格率、履约配送及时率、库存物资周转率、资金预算执行率、资产转化完整率、回收处置利用率、实物打码覆盖率等方面,提供全链条、多维度分析评价手段。

需求响应及时率。该指标是满足需求时效性的需求提报次数与总需求提报次数的比值,反映了供应链对需求的响应速度。需求是供应链业务的源头,需求计划的响应是物资供应保障的开端。在传统供应链业务场景中,由于信息化水平落后甚至信息化手段缺失,需求单位与供应链业务部门之间沟通不畅,需求信息在业务开展过程中出现不完整、不准确与不及时现象,导致需求响应效率低、时间长、成本高等问题多发。随着供应链数智化水平的提升,旧体系下各部门之间的信息孤岛被打破,快速、准确响应需求成为可能。在此基础上构建需求响应及时率指标,从时效性与准确性方面考核供应链响应效率,有助于提升供应链服务整体水平。

物资采购及时率。该指标是衡量供应链采购效率的重要指标,反映了采购部门在规定时间内完成采购任务的能力。物资采购及时率有助于降低物资采购成本、缩短物资供应周期、提高供应链业务运行效率,从而提升企业整体竞争力。采用传统供应链管理,普遍存在采购计划不规范、采购方式欠优化、采购决策不科学等现象,造成了采购过程周期长、成本高、质量低、风险大等问题。随着企业信息化的发展以及数智化供应链的实施,构建物资采购及时率指标,对影响采购效率的因素和流程进行优化,有助于提高采购计划的规范性,合理安排采购时间,降低采购成本和风险,增强供应链物资保障能力。

出厂验收合格率。该指标是指供应商提供的产品或服务在出厂时经过检验后符合质量要求的比率,是衡量供应商质量水平的一个重要指标,也是供应链管理水平的具体表现。出厂验收合格率越高,表明供应商的质量管理越好,物资供应断链风险越低。在供应链数智化发展背景下,增强与供应商的协作能力,深度参与其生产与质量检验过程,实现质量关口前移,有助于链主单位控制物资质量风险,降低物资退换货成本,提高供应链保障水平。

履约配送及时率。该指标是指物资从供应商发出到企业收货的时间是否符合预定时间的要求的比率,是衡量物资供应链效率和服务水平的一个重要指标。物资供应配送及时率越高,表明物资供应链越顺畅,客户越满意。随着数智化供应链的发展,履约配送的关注重点已经从传统的物流发运效率升级为供应商、承运方和物资接收方等多方协同上来。在此基础上重构履约配送及时率,既要对整个过程的配送时效进行考核,完成物资供应保障的基本时效要求,又要注重配送场景中各方的执行时长,挖潜配送流程各方提升空间,推动整个配送流程优化创新,不断提升履约配送效率效能。

库存物资周转率。该指标是指在一定时期内,库存物资的出库总量与库存物资的平均余额的比值,反映了库存物资的周转速度和利用效率,是衡量供应链管理水平的一个重要指标。低库存周转率往往意味着物资流动性差,库存资金占用量大,库存成本高、风险大。开展库存物资周转率考核,目的是提升供应链库存管理水平,提高库存利用率和物资保障效益。这要求供应链相关职能部门运用物资平衡利库等策略算法,发挥在库物资价值,提升物资出库水平,同时优化物资供应方式,压减物资在库周期,降低库存物资积压。

资金预算执行率。该指标是指执行财务预算与财务开支的比率数值,在一定程度上反映了计划任务的执行进度。提高资金预算执行率需在符合各项财务规定的前提下,对供应链计划、采购、履约、结算等环节流程进行精简优化,并运用数智化技术手段推进业务办理电子化、线上化,促进提升资金预算执行的整体效率。

资产转化完整率。该指标是指将供应链相关领域资产转化为收入的比值,是衡量资产管理效能和价值管理的指标之一。资产转化完整率往往按照流动资产、固定资产、无形资产等方面计算形成资产价值构成。数值越高,代表着资产管理能力越强,资产越安全。

回收处置利用率。该指标是指衡量废旧物资处置拍卖后价值回收的比值,是对超期储存库存物资、退役设备器材等经技术鉴定后移交回收单位处置拍卖获取的价值利用率。回收处置率可反映物资和设备器材的全链路管理效能。随着新技术的不断应用,大量的老产品、设备面临着淘汰下线,链主单位要严管废旧资产流失,不断提升回收处置利用率,推动事业可持续发展。

实物打码覆盖率。该指标是指为实现供应链物资可视化、供应标准化,对各类供应物资和资产资源进行编目分类和编码标识的覆盖程度,反映了供应链数字化、可视化基础水平。先进的供应链平台,通过建立完善的编目赋码体系,配套申码、打码、赋码、识码流程,运用物联感知等技术手段,可实现物资精准跟踪、可视管理,为供应链数智化建设奠定坚实基础。

3. 生态发展指数

生态发展指数反映了供应链业态聚合与可持续发展能力,主要针对链主单位牵头作用的发挥,从协作环境优化、行业发展引领、数智平台共建等方面进行分析评价。生态健康指数评价,不仅有助于链主单位自身能力提升,还能促进全链条要素、上下游伙伴共同发展。

协作环境优化。公平、健康、稳固的合作环境是供应链可持续发展的重要基石。链主单位往往通过提供公共服务产品、规范合作竞争秩序、制定激励奖惩措施、保障各方应有权益、统一资金监管服务等策略手段,改善协作环境,增强合作凝聚,确保持续发展。通过监控分析供应链合作伙伴积极性、贡献度、退出率,以及整个供应链业务总量、合作数量、经济体量等增长变化趋势,对链主单位外部协作环境进行考核评价,促进供应链内外环境良性互动。

行业发展引领。链主单位要想成为产业链、生态链建设发展的"领头羊",必须发挥行业性、系统性引领驱动作用。考核其引领作用的发挥成效,对主要政策导向、需求牵引、专业细分、资源配置、科技创新、信息共享、能力聚合、人才培育、价值创造等方面进行定期考核与综合评价,促进链主单位筑牢优势地位,把握先导优势,始终位居生态链顶端,不断增强领导力、生命力、创造力。

数智平台共建。链主单位要注重联合上下游伙伴,通过智力、算力、财力、物力的持续投入,共同打造服务整个供应体系和产业生态圈的基础平台,推动跨平台、跨企业、跨领域业务互联、数据共享和在线协作,使得参与各方通过平台获取资讯、投身平台享受服务、基于平台开展合作、利用平台创造价值,培育形成"人人为我、我为人人"的合作生态。

三、管理中枢

管理中枢是枢纽型数智聚能供应链的中流砥柱,通过统筹供应链端到端业务流程和重点管控环节,为供应链管理人员提供全链条的业务管理、作业调度和资源协调服务。向下对接专业执行,指挥基层作业有序开展;向上支撑决策指挥,供给全链业务资源和保障要素,数智供应链管理中枢架构如图4-15所示。

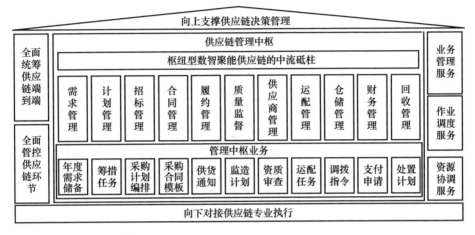

图4-15 数智供应链管理中枢架构

在需求管理方面,提供年度需求储备,以及需求预测、编制、报送、审批等全链条管理服务,推动物资需求与生产计划、建设计划、资金计划等链条联动,从源头引导需求精确、合理、科学提报。

在计划管理环节,结合任务计划、自有库存物资、可利旧物资、未履约合同等数据,生成平衡利库,统筹物资筹措保障方案与计划,区分调拨、购置等不同保障方式,科学保障物资供应。

在采购管理环节,集中管理采购项目、采购规范和采购策略,指导采购计划编排与采购活动组织,下达采购申请与作业指令,打造集约化、集中化采购管控模式,强化采购规模效应。

合同管理环节,统一各类合同模板,根据采购结果自动创建采购订单、一键生成合同文本,对接法务系统在线流转审批,与供应商在线签约,实现合同签订备案全流程线上管理、全程可溯和标准一致。

履约管理环节,依据合同交货清单自动创建供货通知,供应商在线反馈排产计划、生产进度和产能负荷,统筹分配企业生产交付计划与进度,实时监测评估企业原材料准备、产能异动等情况,智能推荐各企业供货计划调整策略,确保物资精准高效供应。

质量管理环节,强化监造、抽检等质量监督计划与任务的闭环管控,建立物资全寿命周期质量信息库,全面评价设备质量表现,辅助评价厂商工艺控制稳定性,结果与采购环节联动,支撑采购寻源"选好选优"。

供应商管理环节,统一供应商注册、资质能力核实、绩效评价和不良行为处理,建立统一的供应商信息库,分析供应商群体特征、资质业绩、产品质量、服务响应等维度信息,支撑供应商资格审查、招标评审等应用。

运配管理环节,管理自有运力,接入社会运力,开展运输需求对接、运力资源撮合、运输任务管理,分析大件设备路网要求,融合交通路网、运力潜力等物流要素数据,智能规划物资装载组合和最优运配路径,实现"铁公水空"多式联运。

仓储管理环节,实时监测库存分布和动态,提供库存物资预约请领管理,在线开展物资调拨报请、匹配,直连仓库下发调拨指令;支撑库存定额策略,库容规划线上制定、线上下达,开展"一库一物一策"精益化管理;统筹积压库存、老旧物资处置管理,支撑"储供一体""用旧储新"。

结算管理环节,强化到货交接、投运质保、增值税发票等纸质票据影像管理,自动匹配前端需求计划、合同订单等业务单证,审验票据真伪和业务一致性,自动触发生成预付款、到货款、投运款、质保金支付申请,集成财务付款凭证和资金支付结果,在线跟踪支付进度。

回收管理环节,统筹废旧物资清单,开展废旧物资鉴定管控,分类制定再利用、维修利用、移交回收等不同策略,在线制定下发处置任务,闭环管理处置结果。

监督管理环节,固化法规条例等合规管理要求,通过数据赋能业务运行风险识别与诊断,构建"风险案例库""风险指标库",强化风险问题在线闭环管控。

(一)需求管理

需求管理是采集、整编、审查、汇总末端用户需求的过程,是供应链运行的原始输入,物资需求单位结合项目建设规模、历史消耗水平、现有库存实力等因素,预估需求编码、规格、数量、价值等,根据业务场景区分年度、季度、月度、应急等类型,逐级向上报送,最终由供应链管理部门汇总、审查、批复、下达,作为供应保障依据。

从地位作用看,需求管理是供应链最为源端的管理活动,需求的精确性、合理性和科学性,直接影响着物资供应保障过程中寻源、采购、生产、发运、调拨、仓储、结算等供应链关键节点的业务活动,是供应链长远发展源源不断的动力。

从服务对象看,需求管理面向末端物资使用单位、环节业务部门以及供应链管理职能部门等,形成多方协同合作的工作管理模式。其中,末端物资使用单位作为需求提出用户,专业管理部门从归口管理视角进行专业审核把关,供应链管理部门在过程中指导利库利旧,并审定形成最终需求方案。

从工作内容看,需求管理的主要工作包括需求统筹机制、需求管理策略、需求编报流程、需求辅助服务等核心能力。随着数智供应链的日新月异、高速发展,越来越多的链主单位开始着力打造一套适应自身战略发展、科学的、高效的需求管理体系。

从平台支撑看,长期以来,需求管理采取线下收集、报送、审批等工作模式,面临效率低、人工编报审查工作量大等风险。对此,应结合多专业部门、多层级单位在线协作能力的建设,在数智供应链中打造需求统报的场景应用。

1. 需求统报机制

建立需求统一归口提报机制要根据需求类型和特点进行设置。其中,以时间跨度为核心的周期性需求,强调的是计划性,需紧密衔接工程建设、生产制造等计划安排,由供应链部门在固定时间组织集中提报;以突发事件为核心的应急需求,强调的是时效性,需求提报注重便捷、精准、扁平、快反,在突发事件发生后可启用应急通道;以重点任务为核心的专项需求,强调的是特殊性,为重点工程、专项投资而设立的专用通道。

1) 周期性需求报送

周期性集中需求报送,通常是指为保障需求单位大量的、集中的物资需求,保障年度建设任务有序开展,由物资管理单位定期、有规律、提前组织的需求收集、报送、汇总、下达的工作。在需求报送流程机制层面,链主单位物资需求管理部门建立周期性集中需求报送的管理制度及流程,明确报送机制、周期、流程等要求。物资需求管理部门按机制下发物资需求填报通知,明确申报物资的范围、种类、时间、任务类型等关键要素。各级物资需求管理单位协同项目建设、生产加工、服务保障等单位,综合单位内部综合项目规划计划、典型设计、主生产计划等因素评估物资需求、数量、规格型号等,并组织统一编报物资需求。周期性物资需求报送,主要由年度需求计划、季度需求计划、月度需求计划等形式组成。周期性集中报送物资需求的管理模式有助于合理安排物资采购和生产计划,确保物资供应的计划性、连续性和稳定性,提高生产效率和运营水平。

2) 专项需求报送

专项物资需求报送,通常是指链主单位为满足供应链活动中特定任务类型、特殊业务类型、特殊产品类型的物资需求,安排专门渠道进行采集报送的过程。一方面,专项物资需求报送对物资需求的准确性和及时性有着较高的要求;另一方面,专项物资需求报送可以保障快速响应需求、及时调配物资资源,提高生产效率和运行水平。专项物资需求填报时,需要紧密关联项目类型属性,明确物资需求报送的类别。结合重大、特殊、专项的项目建设要求填报需求物资信息,主要包含物资品类、名称、规格、数量、价值、需求日期等信息。

3) 应急需求报送

应急物资需求报送是指为满足链主单位突发性、临时性、紧急性物资保障需求而组织的物资需求编报工作。区别于周期性物资需求报送、专项物资需求报送模式，应急需求报送的流程、机制和渠道更为灵活、多变，对需求的响应效率要求更高。应急物资需求报送的触发事件通常分为两种：一种是为应对外部突发事件而组织的物资需求报送；另一种是为规避自身业务活动风险事项而组织的需求报送。需求报送过程中需要明确应急事件、事件类型、紧急程度、需求物资、物资品类、需求量、需求时间等关键信息。通常应急需求报送需要快速、及时、准确的响应，以最快的速度调配资源，确保不对单位生产建设造成大的影响。

2. 需求管理策略

需求编制的精准程度往往是困扰供应链管理部门的一大难题。需求单位一般根据历史经验手工编制需求，受专业能力和技术水平的影响，需求提报质量参差不齐，导致需求数量不准造成的供应短缺或采购过剩、物资价值不准造成的预算超额或采购受限、需求日期不准造成的工程延期或物资积压等问题。随着供应链数智化技术的发展和应用，衍生了需求计划储备库、物资需求预测、需求滚动修编等需求管理策略，为保障需求精准性提供了丰富手段。

1）需求计划储备库

需求计划储备库是一种先进的物资需求计划管理模式。主要作用是在需求形成的前期，辅助编制、整理、分类需求计划，更好规划需求管理活动和统筹资源运用，提高需求落地的成功率。主要内容有物资需求计划模板编制、物资需求计划编制、物资需求计划审核、物资需求计划储备库查询等功能。当前，很多单位在创建需求计划、采购计划方面没有建立需求计划储备的管理理念。需求管理单位无法预先准确掌握物资需求，经常发生临时增删调整物资需求的情况，造成需求计划、采购计划编制工作反复修编，影响了需求审查效率和后续采购工作安排。

依托枢纽平台形成物资需求计划储备库，统筹物资主数据、历史采购结果、采购项目、工程建设规划等信息，通过分析历史需求规模与当前物资储备规模，将明确的年度需求预测结果直接转化为需求计划进入储备库，同时定期维护更新需求计划储备库。通过提升需求计划储备库的需求储备与更新能力，为物资管理部门编制物资需求提供有效的管理渠道和协同平台，支撑实现物资需求的提前储备、集中审查，增强物资管理部门的主动服务能力，提升需求审查环节工作质效，实现需求计划由"被动收集"到"主动对接"的转变。

2）物资需求预测

需求计划预测模型是供应链数智化发展的产物，是行业头部链主单位实施物资需求管理的常用手段。需求计划预测是指，链主单位结合历史采购结果、建设项目、规划计划等要素，利用模型算法进行物资需求预测的过程，是对物资种类、需求数量、响应时间以及供应保障周期等信息的结果输出，旨在形成具备指导后续采购、调拨等活动的需求清单。通过构建科学化、差异化物资需求预测模型,融合项目、采购、规划等不同需求特征,对不同物资类别、项目特性进行需求预测,可为编制物资需求计划提供可靠依据。

物资需求预测,综合考虑链主单位的生产能力、库存储备、采购周期等因素,使用不同的模型进行预测,结合实际生产经营情况进行滚动修编。一是数据溯源汇聚,明确数据采集方式、采集范围、质量标准等。通过完善的数据采集机制,完成历史年度需求计划、采购目录、项目规模、项目周期、采购结果等需求测算影响因子的采集和归类。高质量的数据溯源汇聚,可提升大数据分析结果的可信度和可靠性,帮助数据分析人员识别和处理数据质量问题,从而提高数据分析的准确性和有效性。二是数据标准治理,参与需求模型运算的业务数据大部分为历史业务数据,业务管理的深度、标准不一致,业务数据的质量也参差不齐,直接影响了模型测算结果的准确性,迫切需要健全数据标准治理规则库,建立数据治理、共享和交换机制,对输入模型的业务数据进行标准化治理。数据质量常见问题有需求关键信息缺失、数据不完整、分类不规范等。三是测算模型构建,从链主单位需求管理现状出发,选用贴合业务模式的算法模型,提升物资需求测算结果的准确性、稳定性、复用性。常用测算模型有定额测算、趋势预测、专家经验等。模型构建过程,主要是对算法模型的参数值进行设定,明确输入、输出的数据清单。四是模型迭代优化,模型训练可以分为自动滚动修编及手动修正预测算法参数值两种方式。自动滚动修编是指通过将本年度预测结果与实际发生的结果进行数据对比分析,基于分析出的业务规律调整预测模型参数,提高模型的预测精度。手动修正预测算法是指设计算法参数手动修正功能,可支撑关键用户根据实际需求调整模型算法的相关参数。在触发数据模型后展示运算结果,实现模型手动调整的功能。需求计划预测模型如图4-16所示。

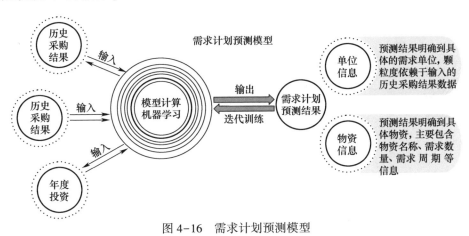

图4-16 需求计划预测模型

3)需求滚动修编

需求滚动修编是指在需求计划储备库、物资需求计划预测等需求计划结果基础上,结合生产进度、供应情况不断进行修编的过程。需求计划滚动通常受任务目标调整、项目结构调整、生产工期调整等因素影响。针对物资需求的变化,供应链需求管理部门应提前完成物资需求数量、需求周期、需求类型等信息修订。对于以项目方式管理的物资需求,其需求调整主要针对项目框架结构变化而具体展开。主要有以下两种情况:一是在项目正式下达后,项目框架由原本的虚拟框架向正式项目框架转换,通常会带来项目周期的变更、项目物资需求量的变化;二是项目立项后,随项目进度不断深化,管理部门对项目架构进行调整,并带来一系列物资需求变化,如图4-17所示。

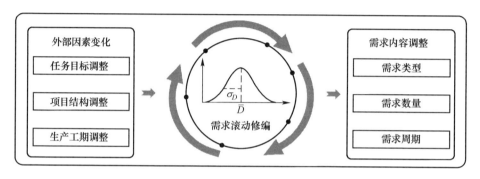

图4-17 需求滚动修编

3. 需求管理流程

需求编报流程是指物资需求编制、上报、审批、下达的流程,往往依据内部管理规章制度,按照组织层级和专业类型逐级汇总、审查的方式进行,管理水平越高,上下循环次数越少,一般通过"一上一下""两上两下"等流程模式实施。

1)"一上一下"编报流程

"一上一下"需求编报流程指的是需求单位上报物资需求,上级管理部门审核下达需求,形成物资需求资源池。通常"一上一下"物资需求管理模式对各单位物资需求编制准确性、完整性要求更高。多用于单位需求审核流程较短、业务较为单一的场景。

2)"二上二下"编报流程

"二上二下"需求编报流程指的是需求单位上报物资需求,上级管理部门审核物资需求并下达指标额度或相关修改意见,需求单位接收到修改意见后进行修订,修改完成后再次提交物资需求,上级管理部门针对二次提交的需求进行审查批复,审批通过后形成最终预算和需求清单,并下达物资需求单位执行后续购置流程。

3)"多上多下"编报流程

"多上多下"需求编报模式,区别于以上两种流程,其审查流程更加烦琐、流程节点更多,往往链主单位需求编报单位层级更多,流程更复杂的会引用该需求编报流程。

4. 管理辅助工具

物资需求提报过程中,受物资种类繁多、特性复杂多样、原材料价格波动、采购策略变化和工程施工进度等因素的影响,物资需求单位在申报物资需求时缺乏信息支撑和保障手段,导致物资需求提报反反复复。通过构建物资需求提报智能提醒、参考价格计算工具、需求计划智能审查等辅助支撑服务能力,有效提升需求编报的智能化和精准化水平。

1)需求提报智能提醒

打造需求计划智能提报提醒辅助手段,依据项目建设里程碑信息、年度建设规划信息、结合需求计划储备库,参考历史物资采购供应周期,主动提醒物资需求部门及时报送物资需求计划。需求计划智能提报提醒服务由建立项目需求模型和需求提报推演提醒两个部分组成。建立项目需求模型,基于数智供应链枢纽平台,依据历史采购项目数据、项目里程碑计划及通用造价设计等数据,利用大数据分析技术完成需求模型的构建。需求提报提醒推演,结合模型物资进场时间、物资最晚到货期、物资采购周期等数据输入情况,推算出需求计划申报的最晚时间,精准提醒物资需求部门准时开展物资需求计划申报工作,物资需求提报提醒服务,不仅提高需求编报的及时性,还指导需求计划申报工作的开展,降低申报难度,整体提升物资计划申报业务质效,实现采购计划从"被动执行"到"主动提醒"的转变,提升业务提报的及时性、智能化水平,如图4-18所示。

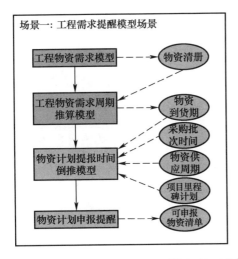
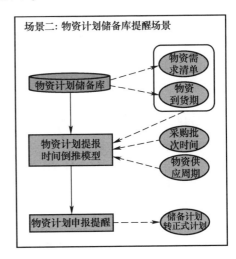

图4-18 需求储备应用场景

2）参考价格计算工具

原材料价格波动对物资需求提报精准性、典型设备材料采购及合同履约均存在不利影响,为降低招标采购中估算价格与中标价格差异较大等问题影响,参考价格计算尤为关键。遵循物资计划管理"统一、集中、全面、刚性"的原则,加强参考价格的应用深度,充分发挥参考价格在物资需求计划管理方面的指导作用,提升物资采购计划市场敏捷度,避免出现工程超概算、超预算、流标等情况,保障计划管理工作的精益高效,如图4-19所示。

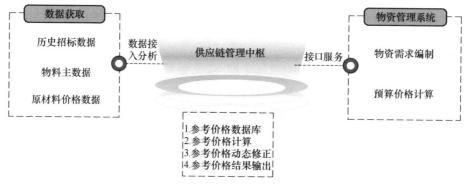

图4-19 参考价格计算

构建参考价格预测模型,基于多维影响因子的动态物资招标参考价格形成机制研究成果,依托历史招标数据、物料主数据、原材料现货价格数据、原材料期货价格数据构建参考价格预测模型,实现预测结果在业务系统的动态更新、查询调用与系统下发。通过建立科学的参考价格管控机制,加强参考价格在物资需求计划编制阶段的应用深度,将参考价格作为各单位估算填报价格的刚性标准,提升物资管理信息化预测的有效性和需求计划的准确性。

3）需求计划智能审查

需求计划智能审查是指以历史需求计划数据及审查结果数据为依据,针对不同类别、不同级别的物料,提炼结构化、标准化的审查要点及规则,并将审查逻辑转变为计算机可识别语言,利用辅助工具实现需求计划全流程线上管理及关键要点的自动审查,进一步提升计划审查效率及准确性,为后续物资采购提供保障。智能审查依赖于审查要点和审查规则的制定。设定结构化审查要点,以物料描述+采购模式为基本单位,以历史招标数据为依据,针对不同类别、不同级别的物资需求提炼结构化、标准化的审查要点,形成标准化审查要点库,并建立物资描述与审查要点匹配表。设置审查规则,针对结构化审查要点的属性和特征,设置指定的审查规则,并应用编程语言将审查规则转变为计算机程序。

（二）计划管理

计划管理是为承载保障需求、指导后续业务而制定的一系列行动计划,在供应链管理中起到承上启下的作用。依据年度需求的汇总结果,利用指挥决策全量资源掌控能力,通过库存、配额、合同储备等平衡利用方式,调配招标采购和使用"家底"的比例,形成较为科学的物资筹措方案,指导采购计划和调拨计划的制定。

从地位作用看,计划管理是供应链实际业务运行的依据,是引导供应链开展物资采购、仓储调拨、运输配送等环节的引擎和基础。计划管理具备贯通协调的本质属性,可以联通供应链采购、运配、仓储等环节,打通供应链与财务、建设等专业,联通链主单位与上游产品制造企业。

从服务对象看,计划管理主要面向链主单位内部细分专业,如采购、仓储等部门以及相关物资品类的主管部门。物资品类主管部门审定形成需求保障计划,逐级开展利仓利库等前端消纳,会同仓储管理部门形成库存物资调拨方案,对于剩余需求缺口,会同采购管理部门制定采购计划。

从工作内容看,不同链主单位的计划管理模式存在差异,广义的计划管理包含战略计划、销售和运营计划、主生产计划、物资采购计划、生产计划、物资调拨计划等。对于采购型供应链主单位而言,其计划管理主要包括年度计划管理、保障需求筹措、采购计划管理、物资调拨管理等,管理职能划分为年度计划转换、物资筹措方案、采购计划管理、物资调拨计划管理等方面。

从平台支撑看,与需求管理类似,计划管理仍大量存在线下开展的情况。在数智供应链平台建设中,应综合考虑供应链计划全面管控的要求,推动各级计划管理工作上平台运行。

1. 年度计划管理

年度计划管理是衔接需求与采购及调拨业务的中间桥梁,是全年物资保障需求的总盘子。年度保障计划是由汇总后的物资需求转换生成的,主要明确保障对象、保障物资、需求量、项目预算、需求时间等重要信息,支撑各级单位对年度物资保障工作全面掌控。物资管理部门依托数智枢纽平台在线完成年度保障计划的转换、批复、下达以及进度管控,如图 4-20 所示。

1)年度计划转换

物资需求管理部门将各级单位编报的物资需求进行汇总,处理后转换成年度保障计划,对物资编目、规格参数、需求数量等信息进行严密的修订,扩充采购批次、采购周期、采购方式等信息,从需求阶段关注的单位申报需求数量视角,转换到计划管理阶段关注的具体物资需求数量视角。

2)年度计划下达

年度计划经过最高管理组织批复后,经物资管理部门通过平台下达至规划部门、财务部门以及需求单位,通过枢纽平台自动实现计划与需求的绑定关联,同时记录层层修编、分类汇总的全过程,有效解决需求提报过程无法溯源的情况,避免只有"总账"没有"明细账"的情况,让需求单位既可以看到批复的进度,也能够跟

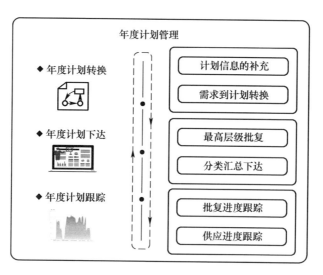

图 4-20 年度计划管理

踪后续各项物资保障过程。

3）年度计划跟踪

依托枢纽平台在线追踪采购、生产、配送、仓储、结算等业务环节数据，建立年度计划全链监管服务，可以跟踪每一笔需求的供应方式以及供应进度，如调拨进度、采购进度、生产进度、出库进度、运配进度等，为需求单位和管理部门提供监管与调控手段。

2. 保障需求筹措

保障需求筹措是资源优化配置的重要手段，是确定供应保障方式的必要举措。为支撑年度需求科学有序落地供应，应优先分析自身库存规模、协议余量，结合储备定额管理指标，按照"就近就变"原则自动匹配需求，形成调拨计划，相差的保障需求可形成采购计划，枢纽平台还提供物资平衡利库和合同余量匹配等功能。

1）物资平衡利库

库存平衡利库是指按照"先利库，后采购"的策略原则，根据预设逻辑，将物资需求与链主单位仓库闲置库存进行系统智能匹配的过程。当前，很多单位的物资平衡利库仍以人工为主，工作量大、工作效率低、准确性不高。部分链主单位探索应用信息系统开展平衡利库工作，但因系统匹配逻辑不够完善，系统匹配智能化程度不高，存在库存闲置资源未充分匹配利用等问题。对此，链主单位可基于枢纽平台汇聚内部库存实力资源数据，形成全量库存资源可视化能力，通过设定库存储备定额标准，建立库存物资储备定额管理、库存寿命周期管理制度，优化平衡利库模型和策略机制，辅助物资平衡利库活动执行，形成平衡利库闭环管理链条。

2）合同余量匹配

供应链行业中很多链主单位积极构建自身的供应商资源池,建立固定供应商客户群体,并与供应商保持可靠的、紧密的、长期的合作伙伴关系,与供应商签订长期的框架类采购合同。链主单位年度保障计划生成后,物资管理部门和采购管理部门优先考虑与供应商尚未执行完毕的合同进行余量核减,或跨单位、跨部门进行配额调剂,以提高供应链的保障效率。基于枢纽平台构建合同余量匹配应用,实现框架合同基本信息维护、合同周期维护、协议物资信息维护等功能,辅助维护合同编号、合同名称、采购方式、合同签订日期、合同生效日期、合同时效日期、合同标的物等信息,通过设定合同剩余额度、预期可承载额度、可核减额度等信息,实现对需求计划的响应支持。

3）筹措方案生成

链主单位通过枢纽平台,可以年度保障计划为依据,进行仓储物资平衡利用、未交付剩余合同匹配、厂家联储联备物资调拨,自动形成筹措预案。借助数智化手段,物资管理人员在线开展物资种类、数量、质量等信息核对与修订,形成精准的筹措预案详细清单,并结合需求单位物资需求日期,进行预案方案的调整与确认。同时,依托枢纽平台分析提出物资生产供应导期(平均供应周期)、物资价格参数等参考,为制定物资供应计划提供建议,然后基于筹措预案形成采购计划和物资调拨计划,以满足物资筹措实施,进一步促进物资供需保障高效协同。

3. 采购计划管理

需求筹措明确后,采购管理部门已掌握保障需求内容、数量、预算、时限等信息,整合项目类型、物资类型和需求周期,结合采购力量、供应商体量和供应周期等因素,从宏观视角规划全年采购批次安排。物资需求单位按照每个批次的业务指导范围,提报精确的采购计划,由采购部门组织评审后,正式进入采购业务执行环节。采购计划管理通常包含采购批次安排、采购计划制定、采购计划审查、采购计划下达等核心应用。

1）采购批次安排

采购批次安排是指将同类型物资、同类型项目、同需求周期的物资需求纳入同一批次采购的管理模式。采购批次的制定约束了批次采购方式、计划申报开始和截止时间、计划审查开始和截止时间、招标开始和评标结束时间等关键要素。采购批次安排采取"班车制"与"专车制"相结合的方式,"班车制"是指满足企业周期性、集中性、需求量大的物资需求设定的批次,集中统一采购;"专车制"是指满足特定的物资需求、项目需求所设定的专项采购批次。采购批次安排涉及采购物品的采购计划、采购数量、采购时间、采购方式、采购成本等方面的决策,旨在确保链主单位及时获取所需的原材料、零部件和产品,从而保证生产线的正常运转和生产效率的提高。同时,供应链采购批次安排还有助于进行库存管理和成本控制,提高供应链的可靠性和透明度,降低采购风险和成本压力。

2) 采购计划制定

采购计划制定是链主单位结合业务需求、年度保障计划及物资筹措结果,综合考虑需求物资、数量、预算、交货期、储备等级、采购模式等关键因素,编制形成包含物资明细的采购计划数据。物资管理部门可依托枢纽平台,根据物资需求数据自动关联带出具体的物资明细数据,可根据实际情况,完善采购单位,需求单位,需求日期,物资名称、数量、价格、采购批次、规格型号等关键信息,一键生成采购计划。采购计划编制可以区分业务类型、任务类型等不同维度创建工程、服务、平时、急时,普通、框架多维采购计划。

3) 采购计划审查

采购计划审查是指针对采购计划条目所属批次范围,物资名称、数量、规格型号、采购方式、交货期等关键要点,结合历史数据、项目特征进行审核查验的过程。主要目的是依托采购计划审查要点,确定采购计划的合规性、准确性、规范性。依托供应链管理平台构建采购计划审查功能,主要包括审查规则制定、采购计划审查、审查结果导入、审查问题预警、审查问题下发等应用,辅助链主单位有效管理采购计划审查过程,提高采购计划的准确性和合规性,如图 4-21 所示。

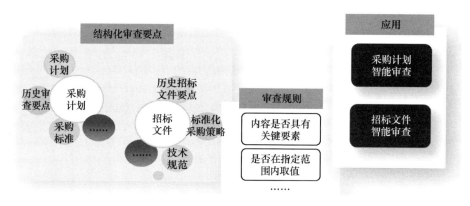

图 4-21 采购计划智能审查

4) 采购计划下达

物资采购计划下达是指由物资管理部门审核确认后最终下达采购计划,采购计划提交至采购管理部门,责任主体发生转变,采购管理部门是供应链管理保障中采购计划管理与招标采购的衔接桥梁,通常会涉及业务系统的集成关系。数智化枢纽平台主要提供采购计划撤回、采购计划补传等常用功能。通过枢纽平台下达采购计划后,需求提报部门、采购管理部门、相关环节支撑部门可在线了解计划内容、动态跟踪执行情况,相比传统的纸质文件下达方式,平台下达具有明显优势。

4. 物资调拨管理

物资调拨是保障需求供应的另一种常用方式,既可保障年度计划类任务,也是支撑特殊、紧急任务的重要手段,是供应链管理业务中不可或缺的重要部分。通过物资调拨能够有效地盘活库存物资,最大限度减小老旧积压物资,综合压降库存管理成本,持续促进库存结构优化和周转效率的提升。

1) 调拨计划安排

调拨计划安排是指为响应落实年度需求计划中的物资需求所建立的调拨计划。年度物资需求计划制定后,基于数据枢纽平台应完成保障需求筹措,划定调拨保障物资范围,在线创建物资调拨计划。调拨计划主要明确物资调拨类型、调拨依据、物资专业、紧急程度、调拨日期、承办人、调拨仓库、收发物单位、物资明细、需求数量等关键信息。调拨计划在管理和控制资源分配方面发挥了重要的作用,它能够优化资源利用、提高响应能力、促进协调合作以及控制成本,从而提高组织效率和竞争力。

2) 调拨任务生成

调拨任务生成是指基于调拨计划而生成的物资调拨单,数智枢纽平台面向物资管理单位和仓储单位提供物资调拨生成功能。常见调拨单主要分为采购入库、动用调拨、处置出库、轮换出库、维修保养等类型。物资供应链管理中,年度需求计划保障涉及调拨类型通常是"采购入库"调拨单。基于枢纽平台创建生产调拨任务可分为直接创建和依托合同创建两种方式,调拨单所需物资名称、物资编目、物资数量、收发物单位、调拨日期等关键字段信息可在平台自动关联生成,减少人工输入。

3) 调拨任务下达

调拨任务生成后,通过管理中枢实现任务在线下达,执行层各相关作业部门可在线接收调拨任务,有序展开调拨执行,任务执行的部门人员、响应时间和联系方式等信息可自动上报管理中枢,相关管理职能部门可在线查看任务下达和响应情况,从而实现了基于枢纽平台的上下多层在线联动。

4) 调拨执行监控

调拨执行监控是指对调拨任务的完成情况进行监控分析,通过构建调拨执行监控分析看板,实现对调拨单、调拨物资、调拨总量、调拨完成进度、调拨完成率等业务运行情况的监控分析,进一步查看调拨任务物资出入库情况、运输情况、仓储回执动态等数据,辅助支撑用户督导调拨作业的有序开展,确保物资保障的及时性。

(三) 采购管理

采购管理是对物资采购活动进行规划、组织、指挥、协调和控制的过程,分为招标采购和非招标采购两大类业务。招标采购要完全遵从国家招投标法开展招、投、开、评、定等业务过程;非招标采购常规方式有单一来源、竞争性谈判、询比价等,主要依托内部管理制度运行。管理中枢主要支撑采购管理部门完成采购目录设置、采购策略制定、采购项目管理和采购商城管理等业务。

从地位作用看,采购管理是供应链的核心纽带,是连接链主单位与产业链供给企业的开端,也是链主单位降本增效的重要源泉,直接影响着供应链管理的成本、质量、库存和风险。但同时,也应清醒地认识到,采购管理是廉政问题的敏感高发区域,需要各级领导加强控制和监管。

从服务对象看,采购管理主要面向供应链管理部门相关招投标专业及管控专业部门。相关部门制定各项规范,指导采购数智化建设,并作为最终用户,将采购需求衔接、采购计划推进、采购方式制定、采购策略选取等活动,纳入线上实施和开展过程监管。

从工作内容看,采购管理主要通过构建采购目录管理、采购策略管理、采购项目管理、采购资源整合等中枢能力,优化采购业务体系流程,指导招标采购执行实施。

从平台支撑看,采购业务的规范化、信息化、数智化是满足链主单位自身发展和战略需要,构筑一个科学合理、规范有序、开放多元化的采购支撑平台,全面提升采购业务管理和监督水平,是解决目前采购过程存在问题的必经之路。由此可进一步拓展采购规模、整合资源、降低交易成本,充分体现采购过程的公开、公平、公正。

1. 采购目录管理

采购目录指的是采购部门为提高采购质量、降低采购成本,对通用的、大批量的采购对象进行梳理整合,并由采购部门公布作为全单位执行的依据。采购目录从本质上讲,是一份采购对象的清单,用来约定不同采购对象的管理层级、采购方式和技术规范等内容,是采购业务规范化管理的基础,如图 4-22 所示。

1)品类体系梳理

制定和应用采购目录的前提,需要先行明确采购目录采购对象品类体系,主要依托各需求单位历史业务采购需求,汇总提炼具体采购对象的产品种类、规格、质量标准、技术规范等指标,最终形成一个合理的采购对象分类体系。针对非业务范围的物资采购对象,也应尽可能进行梳理提炼,扩充采购对象分类体系,最终确定满足链主单位日常运转的采购目录品类范围,以方便需求单位或采购人员进行查找和选择。在确定基本的采购目录范围后,需要进行市场调研,了解掌握供应商对于具体采购对象名称、分类的定义方法,保障采购目录品类体系的通用性。

2)目录清单制定

采购目录的制定深度影响着链主单位采购业务的顺利进行,应规范采购职能的设定配置。在完成品类体系梳理制定工作后,需要制定采购目录字段结构,明确

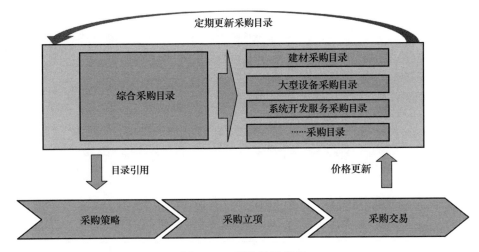

图 4-22 采购目录管理

每类物品的规范名称、技术规格、型号品牌、质量标准和预计价格等要素信息。确定采购对象要素,需要与采购需求部门保持沟通协作,确保各部门的采购业务需求都能得到满足。在采购目录结构征求所有部门单位意见并得到认同后,即可完善具体的目录清单信息。其间,一方面可以将历史采购数据导入;另一方面可根据采购对象的可能性、可行性进行清单增补,满足链主单位日常运转需要。在目录清单正式应用后,还应建立采购目录的动态更新机制,进一步保障采购目录清单的长期适用性。

3) 采购目录应用

采购业务中需求提报、批次安排、采购执行等关键环节,可依托枢纽平台对采购目录数据进行调取或对外公示,使采购管理更加有序和高效,降低不符合采购制度执行业务的可能性。

在采购需求提报时应用。需求用户基于其所处的层级,浏览开放给其层级的目录内容或符合其业务属性的专业采购目录,并在需求提报阶段直接引用采购目录数据,解决因采购对象名称不统一或细项参数差异导致的认知混淆问题,提高采购需求提出的准确率和需求提报效率。

在采购批次安排时应用。可根据采购目录对于采购对象品类的规定,对采购对象按照品类相同、交货期相近、交货地一致的原则,集约化、合理化安排采购批次并制定相应采购计划,助力集中采购体系的构建。

在招标采购执行时应用。按照采购目录所约定的采购方式执行招标采购或提高招标执行等级,同时可以按照甲供、乙供对象范围,审查甲供变乙供等潜在风险。此外,还可将待采对象从采购目录中摘选并发布给供应商,以便供应商详细了解采购对象的具体信息,根据企业发展规划扩充研发相应的产品和服务。

2. 采购策略管理

采购策略是为指导采购业务活动,根据市场竞争状况和自身业务需要,围绕采购对象、采购数量、采购时间、采购价格等,制定相关计划和策略,主要包括采购分标分包方式、采购对象预算设置、供应商资质条件设定、技术条款选取、专家方案抽取等采购核心业务,通过数智技术持续优化模型算法,实现降低采购成本、提高采购效率和强化采购质量的目标。

1) 采购策略影响因素分析

采购策略的规划设定直接影响采购活动的制定、实施和评估,关系采购需求是否得到满足。设定采购策略通常考虑市场需求、供应商分布、采购预算、库存情况等因素,如表4-1所示。

表4-1 采购策略影响因素

序号	因素类型	因素描述	因素影响
1	市场需求	本单位及其他单位对同一采购对象的采购需求总和	判断关键原材料的市场需求量即将加大时,应加大采购规模或提升采购,避免因需求挤兑导致采购溢价
2	供应商分布	某一采购对象的供应商竞争情况、数量、信誉度、产品质量和产品价格	供应商数量充足导致的激烈竞争,可有效控制采购对象的价格稳定性,同时倒逼供应商服务质量提升;反之,在供应商数量不足时,容易出现劣币驱逐良币的情况,最终影响供应链稳定性
3	采购预算	计划对某一对象进行采购时的预期金额	过低的采购预算容易导致采购对象的质量及配套服务不能满足需求;而过高的采购预算容易成为贪污腐败的温床,长久来看,因贪污腐败情况导致的供应链崩溃更加严重
4	库存情况	库存原料的积压或缺失情况	库存的积压或不足应成为采购需求产生的关键因素,可以将库存的缺失直接变为采购需求,或将库存的周转更替计划转变为对应的采购计划
5	供应链风险	包括供应商破产、自然灾害、贸易限制等	根据预期可能发生的供应链风险,制定如多元化供应渠道、建立应急储备措施,提升供应链的立体化稳定性
6	商品生命周期	采购对象从准备进入市场开始到被淘汰退出市场为止的全部运动过程,一般包含导入期(刚刚进入市场)、成长期(因受到欢迎而销量提升)、成熟期(销售量达到峰值)、衰退期(因需求转型或技术过时而导致的销售量下降)	对于成长期的采购对象,需要增加采购量以较低的价格抢占供给份额;对于衰退期的采购对象,需要减少采购量或寻找替代商品,避免因业务转型造成的库存积压

续表

序号	因素类型	因素描述	因素影响
7	政治和法律环境	如贸易政策、税法、环保法规等	供应商方面：政府政策可能鼓励或限制某些行业的发展，从而影响供应商的供应能力 采购成本方面：政府政策可能对某些商品或服务的价格进行管制，从而影响采购成本
8	技术创新	供应商对某一品类的商品采用新技术、新工艺、新生产方式，提高产品质量和应用范围的过程	需要关注技术创新动态，根据业务转型情况及时调整采购策略，以适应市场变化

2）构建采购策略智能模型

智能化采购策略计算模型是一种基于大数据、人工智能等技术的采购决策支持工具。通过对历史采购数据、市场动态、供应商信息等多维度数据进行挖掘和分析，为制定科学、合理的采购策略提供数据支撑和决策依据。依托数智供应链平台，建立符合应用需求的智能化采购应用手段，针对不同采购对象，建立相应的采购策略标准，实现模板化快捷应用，以历史采购过程沉淀数据及外部数据等资源，应用时间序列、序列分类、回归策略等机器学习算法，实现采购分析的策略模型构建与验证，如图4-23所示。

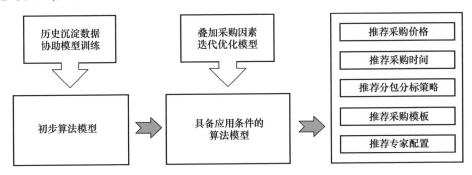

图4-23 采购策略智能模型

整编历史数据。通过收集业务执行期间沉淀的历史采购价格，并结合宏观经济指标、大宗原材料市场价格等多维价格数据，进行必要的清洗、整合和标准化处理，为后续分析提供可靠的数据基础。

算法模型训练。通过时间序列分析准确捕捉采购目录中内外部价格的历史波动和趋势，为未来的价格预测提供坚实基础，运用回归分析深入挖掘与采购价格相关的多种因素，如供应商行为、市场供需关系等，从而更全面地理解价格变动的内在逻辑。

模型迭代优化。通过梳理各类采购因素作为配置参数(如采购对象的市场需求量是否巨大、采购对象处于成长期或衰退期、采购对象是否被政策限制或存在政策优惠等),结合机器学习算法构建智能推荐模型,设定不同的影响数值,通过调整最终的输出结果,达到预期推荐效果。

3) 采购策略典型应用场景

依托管理中枢提供的采购策略推荐能力,支撑批次安排、采购立项、采购审查等关键业务,可以最大限度保障在项目执行合法合规的基础上,获取最佳的产品质量和服务质量。

在采购批次安排中应用。通过采购策略模型价格预测能力,按照价格波动预期,自动对多个采购对象按照品类相同、价格波谷邻近的原则进行汇总,最终输出推荐采购时间,并按照推荐采购时间完成批次排序。

在采购项目立项中应用。获取采购计划中的多个采购对象,采购业务人员根据业务需求情况及市场宏观情况选择配置参数,采购策略模型将根据采购对象的特性和差异自动输出推荐采购策略,帮助用户编制立项表单内容,如采购项目分标分包执行方式、自动匹配招标文件模板、评审专家配置方案等。

在采购项目审查时应用。根据立项阶段所推荐的各项指标,对比实际立项内容设置审查规则,针对不满足推荐策略的指标项,给出特殊提示。例如,标包预算推荐为300万元,实际设置为400万元,则给出预算偏高提示;评审专家推荐技术专家5人、商务专家2人,而实际立项并未抽取商务专家,则会给出专家范围覆盖不足提示。在审计人员执行项目审查任务时,项目条目可采用醒目标注方式,帮助精准定位存在异常的项目,提升采购业务合规性。

3. 采购模板管理

采购模板管理是为综合提高采购效率而设置的,可为具体的采购项目执行提供公告公示文件、采购邀请函、招标文件、澄清函、评审报告等一系列可复用的标准文件模板。运用管理中枢提供的采购标准模板,核心业务信息将全部自动关联产生,采购管理人员只需要根据经验进行校对和调整即可,从而使"简答题"变成了"选择题"和"填空题",简化了采购流程,提高了采购效率,节省了人工时间和精力。

1) 采购模板元素管理

模板元素库是组成采购模板的"积木",可以帮助采购部门根据业务拓展规划及技术演进趋势,快速组合编制符合应用需求的采购文件模板。采购部门需预先分析各类采购文件的组成结构,并按照文件类别、项目类别进行分类,再根据不同招标项目类别分割出不同的元素,将元素进一步细化。具体细化过程,一方面将元素分级,形成一级、二级、三级元素;另一方面将元素分类,按需分为技术元素、商务元素、服务元素等。后续编制招标文件模板时,可以通过管理中枢提供快速组合嵌套工具,利用快捷搜索选择的方式完成模板制作。若招标文件模板元素内容有所变动,只需在模板元素库中修改相关的元素内容即可,所有用到该素材的招标文件模板都会随之修改,无需采购部门逐一核对修订。

2)招标文件模板管理

招标文件模板管理旨在帮助采购业务人员快速生成满足业务需求的招标文件。为了使招标文件模板在后续应用时更加便捷,同时减少人为因素造成的编制错误,需尽可能将文件模板结构化。通过对招标文件结构化处理,可以在投标人须知、技术条款、商务条款、服务条款等方面,应用模板元素库快速组合形成可用模板。组合完成的投标文件模板,一方面可以框定采购人员需要完善的内容,利用高亮颜色进行标注,提高文件编制效率,避免对文件其他部分误编辑;另一方面结构化的模板文件更加便于审核和监督。在招标文件模板化的基础上,还可配套设置其所对应的投标文件组成和格式以及评审细则,便于后续投标人按照要求进行应答,为后续的电子化评审奠定基础,如图4-24所示。

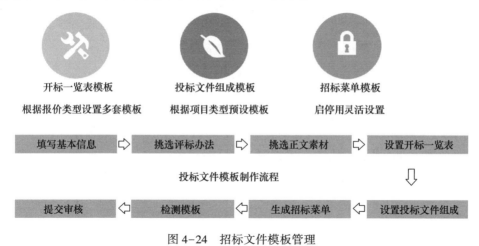

图4-24 招标文件模板管理

3)其他文件模板管理

对于澄清文件、评审报告模板等与前置招标文件有所关联的文件模板,可基于招标文件主体进一步生成其他文件,具体内容可通过中枢平台进行提示引用,并提供澄清修改或评审报告的编制窗口,在具体澄清或报告业务环节进行完善。

对于公告公示文件、采购邀请函等类型的采购文件,通常不会有太多的前置逻辑嵌套,仅需维护几套满足不同场景的文件模板,供采购业务人员套用模板并引用立项信息后进行细节补充。

4. 采购项目管理

采购项目是采购管理的核心业务,目的是从资源统筹调配、组织业务实施、监管执行风险等方面进行规模化的集中管理。采购计划经过一系列评审流程后,由采购管理部门进行项目立项,便正式进入采购业务执行阶段,同时通过枢纽平台可实时监控各个采购项目的执行进度,对于围标串标、低价中标、高价中标、专家异常等业务风险,平台会自动预警提醒,确保采购项目高效、合规实施,带来最大的经济效益。

1) 采购项目立项

采购项目立项是采购项目管理的起点,所有采购项目皆需在枢纽平台完成相关操作与审批,充分引用采购目录、采购策略等前置能力数据,避免立项出错,同步提升立项环节的业务执行效能。在此环节应实现与采购计划的挂接,获取先前环节制定的计划数据,并应用采购策略智能推荐能力,确定采购计划批复、项目总体预算情况、采购对象等项目细节。项目分标分包,依据采购策略所推荐的分标分包执行方案,对多个采购对象执行标段标包的拆分。此外,还应在线明确各标段标包的采购方式、对应标包分项预算、采购委员会信息、评审专家基本结构等。

2) 采购代理分配

在具体执行采购业务时,通常会委托给招标代理机构实施。内部代理机构,可以基于枢纽平台直接分派采购项目。外部代理机构,则需要通过签订采购代理服务合同而进行代理入库操作。作为可选代理机构,在具体项目委派时,可依据采购计划、代理经验或代理业务饱和度对采购代理进行选择与分配,从而明确采购项目组成员信息及具体分工,保障项目的有序执行。

3) 采购过程监控

项目监控需充分融合采购管理制度与管理规范,将招标采购业务中的风控事项、质控事项、监察事项全部数据化、线上化,通过系统进行量化后,形成可查、可控、可溯的指标项,如图4-25所示。

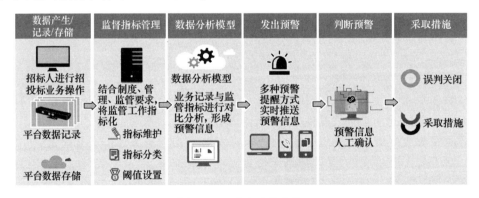

图4-25 采购过程监控

通过枢纽平台汇聚招标采购执行过程全量数据资源,形成招标采购业务风险指标监控体系,辅助采购管理人员和采购监管人员,实时掌控业务风险,减少采购违规行为的发生。

在招标阶段,重点监控公开招标文件发布时间至开标日低于20天、招标人代表在评委会中所占比例超过1/3、被抽取的评委中有与投标人存在工作关系等业务风险。

在投标阶段,重点监控投标人上传投标文件IP地址相同、投标文件标识码相同等围串标风险。

在开标阶段,重点监控做出有效投标的投标人不足3家仍然开标、供应商处于黑灰名单等业务风险。

在评标阶段,重点监控中标候选人小于3家、投标报价金额大于最高限价、供应商投标文件相似度超过80%等业务风险。

在定标阶段,重点监控中标候选人公示不足3天、评标结束之日起15天内未发布中标结果公示、投标有效期截止日期前30个工作日内未发布中标结果公示、实际中标人不是评标报告中排名第一的中标候选人等业务风险。当出现预警风险时,会根据业务进度情况,主动提醒采购业务管理人员,辅助监管人员暂停、终止采购项目。

5. 采购专家管理

专家资源作为采购业务活动的重要保障资源,在采购执行过程中扮演着重要角色。部分单位专家资源未实现整合,各级单位分别建立了独立专家库,导致部分专家无法参与兄弟单位的招标业务,经常出现项目评审专家资源不足的情况,这也导致了同类型评审专家间缺少有效竞争,专家管理阶梯制度难以建立的情况。通过枢纽平台构建统一的专家资源库,按照专业类型、技能水平、专家等级进行分级分类管理,形成共享资源,彻底解决无专家可用等难题,如图4-26所示。

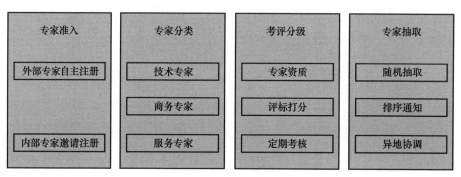

图4-26 采购专家管理

1) 专家资源构成

专家资源管理机制的统筹构建,主要按照采购业务范围和特性进行商务类、技术类、监督类等专业库划分,并根据业务发展变化动态更新,逐步积累形成符合链主单位需要的专家体系。

技术专家。一般长期在其专业领域工作,近几年负责过大型项目的建设管理工作,或承担过大型项目技术方案论证、招标评标工作,通常具有深厚的专业知识和技术背景,能够准确判断投标人的技术水平和实施能力,在采购活动中起到对技术方案、技术参数、技术性能等准确对比评估的作用。

商务专家。一般长期从事评标工作,对专业相关的采购对象市场情况有深刻认识,通常具有丰富的商务经验和谈判技巧,能够准确评估投标人的商务实力和信誉。

监督专家。一般是链主单位监督部门人员担任,主要负责监督整个评标过程的公正性、公平性和透明性,确保评标活动符合法律法规和招标文件的要求。他们通常具有丰富的监督经验和独立的工作能力,能够对评标过程进行全程跟踪和监督。

枢纽平台可以提供专业管理需要以架构树的形式进行可视化管理及应用,按照业务颗粒度等级设定架构树的层级,灵活适配采购业务发展需要。

2) 专家准入管理

为保证评标活动的高质量执行,避免不满足业务能力的专家参与评标,需要制定切实有效的专家入围管理机制。专家准入机制可根据采购业务特性、范围进行条件设定(如年龄上限要求、职称要求、执业资格要求、工作年限要求、无不良记录要求、计算机使用熟练度要求等),还需要考虑对先进技术理解把握等同等专业水平的评价,以适应新兴业务的评标需求。

外部专家可通过枢纽平台对外开放的门户渠道完成线上注册,提报入库申请,将个人信息、资质证照进行上传,根据准入机制要求统一审核入库;内部专家可通过推荐形式,由采购部门在枢纽平台内部发起邀请入库流程,待内部专家确认入库后,完成个人信息录入。每一个合格专家可以获得独立账号,专家凭此账号可以在访问终端及时更新本人资质信息,并自行更新证照和形成安排,为后续的分级抽取奠定数据基础。采购管理部门可以实时浏览专家信息,并对专家的个人资质证照进行定期审核。

3) 分级分类管理

为保障根据不同规模、不同等级的采购项目能够快速完成专家抽取工作,需要制定分级分类制度,依托定期考核活动动态更新分级分类结果,为高质量评标奠定坚实基础。

对于专家资源池建立的初期,可以简单定义初级专家、高级专家的分级指标,例如,具备高级职称、获得相关专业重要奖项、承担过大型方案论证的专家,可定义为高级专家。在业务运转过程中,可根据业务需要,扩充专家分级类型,根据定期业务能力考核结果、评标服务打分绩效、职称变更、工作年限增加等指标项的变化,动态更新各级别专家名单。对于出现围串标等违规情况的专家,专家资源库永久冻结该专家,并将专家信息在行业内进行黑名单共享。

4)评审专家抽取

随机抽取专家进行评标是一种科学、公正、高效的方法,通过解决过去可能存在的"关系标""人情标"等问题,进一步增加评标专家独立性,助力廉政工作实施。

在具体采购项目执行时,获取项目立项数据中的专业范围、专家级别、专家数量、利害关联单位等指标,统一通过专家资源库进行专家抽取。抽取结果在评标前应该处于保密状态,由连接到通信网络的智能化设备代替人工进行语音或文字信息通知,杜绝因专家名单泄露而造成围串标隐患。

一般情况下,被抽取的专家数量会高于实际评审专家数量,以应对评标时间不满足专家工作安排的情况。因此,在满足随机抽取要求的情况下,可对被抽取的专家进行排序,按照专家绩效评分顺序进行通知,让服务水平较高的专家更多地参与到评标活动中,倒逼专家间的良性竞争,有效提升专家的服务水平。

考虑部分地区本地评审专家数量匮乏,同时兼顾差旅成本等因素影响,让专家少跑路,保障专家资源的充分利用,降低因评标带来的开销成本。通过枢纽平台可实施远程在线评标,组织抽取异地专家,实现多地互联的线上化开标评审,满足多元化评标需求。

(四)合同管理

合同管理是链主单位与物资供应企业依据采购结果、协商协议等共识,以自身为当事人,依法进行合同订立、履行、变更、解除、终止以及审查、监督、控制等一系列活动,最终形成具备法律效力合同文件的过程,如图4-27所示。

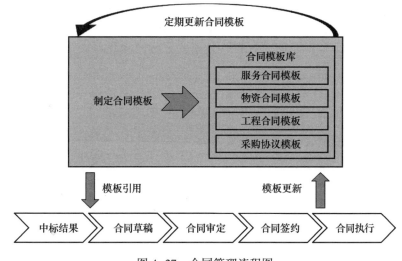

图4-27 合同管理流程图

从地位作用看,合同管理是供应链信息流、实物流、资金流合一流转的开端,向前承接招标采购,向后指导物资生产、供应和资金排程、支付等保障活动。同时,合同作为供应链中最具备法律效力和共识的凭据,是供应链各方协同合作的重要纽带。

从服务对象看,合同管理主要面向物资需求部门、供应链管理部门、财务管理部门、法务部门等用户。其中,物资需求部门审查合同标的物与需求的一致性,供应链管理部门整体主导合同管理全过程,财务管理部门关注付款和违约赔偿条款,法务部门审查合同法律合规风险。

从工作内容看,合同管理主要包括合同模板、合同起草、合同审定、合同签约等全过程,以及物资供应或需求变化等风险情况下,合同变更、合同解约等处置问题。合同管理的规范性和有效性,直接关系到项目的顺利实施和供应链各方的合法权益。

从平台支撑看,利用信息化手段,构建合同管理信息系统,集中管理合同全过程,利用电子签章技术,实现甲乙方在线签订合同,会同法务部门在线审定法律风险,全面支撑招标采购、供应履约、财务结算等业务活动。

1. 合同模板

合同模板作为合同管理的基础信息,对于明确合同目的、设置专业条款、控制各类风险、提高合同签订效率和提高准确性具有关键作用,通过制定标准化的合同模板,可在减少重复劳动、提高工作效率的同时,确保合同内容的完整性和准确性。

1)模板规范制定

为确保合同模板的质量和统一性,首先需制定相应的合同模板规范,涵盖合同模板的格式、内容、条款等,并明确各类合同模板的填写要求和审核流程,在起草和修订合同模板规范时,需遵循国家和所属地区的法律法规及自身的相关制度要求。

2)模板创建更新

根据业务需求和模板制定规范,由合同管理人员会同法务人员制定不同类型的合同模板,主要包括合同格式、通用条款、签署规则、附件要求等信息,并定期对模板进行全面更新,包括条款增减、内容修改、风险评估等,并对更新的模板进行重新审查和测试,以确保其可用性和合规性。

3)模板审查应用

合同管理部门会同需求单位、财务部门、法务部门的专业人士对合同模板进行审查和评估,以确保合同模板与最新的业务需求和法律法规保持一致,最终定稿并投入使用。

4)模板自动归档

模板审定后,通过管理中枢自动归档,形成模板库,支撑合同模板分级分类、快速检索、版本控制等事项，进一步提高合同模板的管理效率和准确性。

2. 合同起草

在形成正式合同之前，首先要拟制合同草稿。枢纽平台根据采购策略模型，自动提出合同模板应用建议，并关联中标结果，生成主要业务信息。业务人员可基于枢纽平台智能核对服务范围、价格、付款方式、交付期限、质量标准、违约责任等信息后，根据项目特点补充相关约束条款，有效促进合同质量提升。

1）自动关联中标结果

起草合同的前置业务是招标采购结果，在中标结果公示后，根据采购项目、采购策略等信息，管理中枢可自动识别适宜的合同模板列表，业务人员选定具体模板后，物资属性描述、数量、质量标准、价格、付款方式，交付期限等信息可自动带入，确保合同起草的效率与准确性。

2）选定推荐合同模板

按照选定的合同模板，进一步核对校验合同的物资类型、产品数量、价格、付款方式等信息，在此基础上完善合同各方名称、约定条款、履约方式、履约期限。同时，结合项目特性或甲乙双方之间的特别约定，补充完善特殊条款、争议解决措施、特殊违约责任等信息，在线上传图纸信息、技术规范约定、报价清单等附件材料，推进合同管理实现无纸化、信息化。

3）合同草稿智能校验

合同草稿的文本制定完成后，需对合同草稿信息进行审查和修改。审查主要通过语法、拼写错误、格式错误等内容，确保草稿内容的完整性和准确性。同时，还需确认合同草稿的内容是否符合双方的需求和目的，并对草稿中的所有条款进行逐项审查，确保其符合法律法规以及自身制度要求。若存在任何疑问或不确定性，需及时与业务部门或法务部门等进行沟通，协商修改和完善。

3. 合同审定

合同起草完成后，通过枢纽平台自动将合同信息共享至需求单位，以及法务、财务等职能部门，在线进行联合审定，相关部门可通过平台对合同内容进行标记和修订，采购部门也可召开线上会议进行集中商议修订，需求单位重点关注服务内容、质量参数、数量、价格等信息，财务部门重点关注结算条款、价格、预算等信息，法务部门重点关注法律法规风险等。通过线上协同审定，确保合同内容符合单位利益和战略目标，同时遵守相关法律法规和行业标准，避免潜在的风险和问题。

1）合同流转共享

将编辑完成的合同草稿信息提交给相关部门进行会签，会签部门根据具体情况而定，主要包括但不限于法务、财务、需求、采购等部门。提交会签时可通过平台自动通知会签部门进行会签审批。

2) 合同形式审查

从实际经验看,形式审查通常将合同文件分为三部分:开头(合同名称、编号、双方当事人等),正文(第一条至最后一条),签署部分(即双方签字盖章和签署时间)。基于管理中枢,可自动确认上述三部分内容是否完整,附件是否齐全(如对方营业执照、相关证书、法定代表人身份证明书、委托书、图纸清册等),并智能审查是否存在前后矛盾的地方、所有相关文件之间内容是否有误。

3) 合同实质审查

实质审查主要审查合同条款的完备性、合法性,合同内容的公平性和明晰度,不损害合同双方利益,不存在重大遗漏或严重隐患、陷阱。合同质量应符合国家标准,且具备明确的标准代号全称,同时也要审查合同双方主体应为注册公司且具备各类相应资质。

4. 合同签约

合同内部审定完成后,中标的乙方单位可通过枢纽平台查看合同完整信息,在无异议的情况下,通过电子签章在线完成合同签订,特殊情况也可通过线下进行合同签订,合同信息自动备案、归档,并共享至需求单位和财务部门,使业务正式进入供应履约阶段,如图4-28所示。

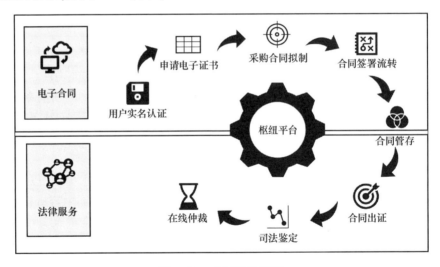

图4-28 合同签约流程

1) 在线签订

依托枢纽平台电子签章、电子签名等数字化证书技术能力,在满足安全、便捷、唯一、合法等前提下,合同甲乙双方对合同的各项条款、权利义务、履约内容、附件等信息逐项完成确认,并根据约定的签署顺序、签署时间、签署方式等规则,在线进行签署和验证,确保合同的签署过程符合法律法规和制度要求。

2）线下签订

针对部分政府部门或其他单位有特殊约定的,可线下开展合同签约,整体合同签署完毕后,将相关签署文件上传至管理中枢,并通过系统平台提醒各方履行合同义务。

3）归档备案

归档备案是指将合同文档自动归类、整理和存储,以便后续查阅和管理。在枢纽平台合同管理模块中设置自动归档功能,根据合同的项目属性、签署时间、签署方等维度自动将合同进行归类、整理,并存储备份至云端数据库、财务结算系统或档案管理系统,确保合同数据的安全性、协同性以及可访问性。同时,可设置关键词搜索、分类查找、附件管理等功能,支撑后续查阅、管理、结算、审计等工作。

5. 合同变更

在合同履约执行过程中,项目范围调整、项目工期调整、供应商产能不足等,导致合同无法按约定执行,甲乙双方均可通过枢纽平台提出合同变更申请,双方达成一致意见后,结合实际对原合同约定内容进行调整或签署补充协议等。

1）变更申请

当发生合同变更时,一方或双方依托枢纽平台,根据合同变更的原因和分类,向另一方或多方提出变更申请。提交的变更申请不限于数量变更、时间变更、物资种类变更、供应商主体变更、合同范围变更、不可抗力变更等多种变更因素,根据变更的不同内容,执行不同的变更流程。

2）变更审批

收到变更申请后,合同相关方可依托枢纽平台进行审批。审批流程可按照合同的约定流程进行,也可根据实际情况协商确定。审批过程中,重点关注变更具体内容,确保符合合同目的及各方利益,不会对项目进度、成本和质量产生影响,且符合国家法律法规和行业标准规范。变更审批的过程,要在管理中枢全程留痕,供事后回溯查证和审计工作使用。

3）合同调整

在审批通过后,双方根据变更内容完成协商,并签订补充协议或对原有合同进行修订。合同条款的调整应明确变更的内容、双方的权利和义务、变更生效时间等关键要素。同时,对于涉及价格、付款方式等敏感条款的变更,也需充分考虑对双方利益的影响,并通过协商达成一致。

6. 合同解约

在合同执行期间,常会出现供应商供货质量下降、交付逾期、破产倒闭等问题及其他不可抗力事件。受此影响,在合同无法继续履约执行的情况下,解约由双方协商一致或一方提出,在遵守相关法律法规和合同约定的前提下,进行解约通知、善后处理、财务结算、争议解决、保密协议、知识产权归属等事项,同时对解约原因进行分析和总结,作为典型案例回传管理中枢,以优化供应链管理和降低风险。

1)解约通知

当有解除合同需求时,基于平台及时向对方发出解约通知。解约通知中要明确说明解除合同的主要原因、解约日期、合同终止等关键信息。同时,在通知中保留双方协商解约或采取其他解决方案的可能性。解约通知通常由管理中枢提供,并对文本内容进行归档。

2)善后处理

在解除合同后,链主单位相关职能部门应及时处理善后事宜。基于枢纽平台,办理结算款项、处理未尽事宜、收回保证金等。在处理善后事宜时,遵循公平、公正、合理的原则,确保双方的合法权益得到保护。

3)财务结算

在解除合同过程中也需进行财务结算。财务结算依据合同约定和实际情况进行,主要包括已支付的款项、未履行的合同义务等。在财务结算过程中,也需在平台保留相应的凭证和记录,确保双方的权益得到保障。

4)争议解决

在解除合同的过程中,若双方发生争议,需及时协商解决。协商解决的方式包括面对面协商、电话会议等,若协商无法解决争议,任何一方均可依据合同约定或相关法律法规提起仲裁或诉讼。在解决争议的过程中,需在管理中枢保留相关证据和记录,以便在仲裁或诉讼中使用。

5)保密协议

在合同解除过程中涉及机密或敏感信息时,需与对方签订保密协议。保密协议中需明确保密信息的范围、保密期限以及保密责任等关键条款。通过签订保密协议,确保链主单位的商业机密和敏感信息得到充分保护。

6)知识产权归属

在解除合同时涉及知识产权转让或使用,需在合同解除前确保知识产权的合法性和有效性。同时,防范对方在解除合同后继续使用或泄露知识产权的风险。

(五)履约管理

广义上的供应履约管理是指甲乙双方按照合同约定,履行物资生产、出厂验收、质量检测、到货签收、合同结算等所有与合同执行相关的业务过程。随着供应链业务领域的细分,履约管理逐渐聚焦于生产协调和物资供应方面,利用枢纽平台打通供应方、生产方和需求方的协同链路,物资管理部门在线制定供应计划,供应商根据供应计划合理调控原材料备货和物资生产排期等,提高物资供应的及时性和精准性,物资到货后需求单位可直接对履约过程进行评价,评价信息会共享至供应商管理,强化供应商绩效评价客观性,促进提升供应链运行的可靠性,履约管理过程如图 4-29 所示。

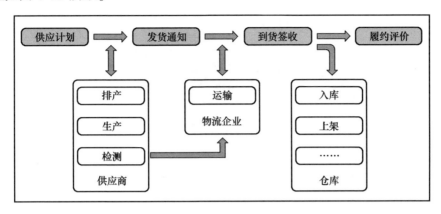

图 4-29　履约管理过程

从地位作用看,供应履约是物资实物价值从产业链向供应链转移和增长的铆点,是采购供应活动的核心环节。精准、及时保障物资供应,是支撑物资需求单位开展各项生产、建设活动的必要前提。

从服务对象看,供应履约面向物资需求单位、供应链管理部门和供应商等用户,多采用三方共同会商的形式,根据合同约定、实际物资需求计划、实际物资生产计划等多方因素,协商制定物资分批交付到货等具体事项安排。

从工作内容看,供应履约主要包括供应计划、发货通知、到货签收、履约评价等业务过程,是从实践层面对合同执行全过程的统筹管理。在供应履约活动中,需要建立完备的履约通知、跟踪、协调等机制,促进履约过程合理、规范、高效运转。

从平台支撑看,由于涉及链主单位内部物资需求单位和供应链管理部门,以及外部的供应商等,目前很多链主单位仍采用线下沟通协商方式为主,仅对协商最终结果进行线上备案。对此,应通过数智供应链平台建设,推动协商、执行、跟踪、评价等过程线上协同,提升供应履约的管理质效。

1. 供应计划管理

供应计划是物资需求单位、物资供应部门和物资生产供应商,三方之间业务协同的工作界面和主要依据。物资管理部门综合考虑物资需求时限、合同约定条款、供应商生产能力、历史供应周期等影响因素,科学制定履约执行计划,用于指导供应商开展生产、发货等业务安排,指导需求单位或仓储单位开展物资收货准备业务,如图 4-30 所示。

1) 供应计划制定

在制定供应计划的过程中,合同履约业务人员首先需要组织各个需求部门、采购部门、仓储管理部门等,就物资供应数量、批次、时间等要素进行协商,同步与供

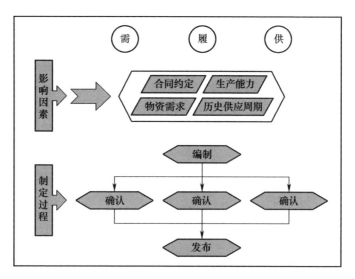

图 4-30 履约供应计划管理

应商进行沟通,掌握生产进度、运输排期等,在遵循合同要约的基础上,合理地制定供应计划,满足对需求部门生产运行计划的供应保障。

2)供应计划确认

合同履约业务人员需要在供应计划组织协调的过程中,初步编制供应计划,并会同需求部门及供应商进行线上确认。在确认供应计划时,需要考虑供应商的生产能力、运输能力、仓储管理部门的实物接收与保管能力等因素,以确保供应计划的准确性和可行性。

3)供应计划发布

在确认供应计划后,可通过管理中枢向相关部门和供应商发布供应计划,以便各个部门和供应商能够统一按照供应计划开展生产、运输、接收等工作的安排与协调。

2. 发货通知管理

发货通知可理解为更精细的供应安排,物资供应部门根据供应计划安排,切实掌握需求单位当前要求和供应商生产实际情况后,制定一系列业务单据,主要明确发货时间、到货时间、发货地点、到货地点等信息。供应商根据业务信息组织物资出厂、质检和发运等后续业务,需求单位或仓储管理单位根据业务信息做好收货准备工作,同时物资需求单位也以此为依据签收物资,如图 4-31 所示。

1)到货安排编制

对于重点采购物资,履约部门应定期组织需求部门和供应商,沟通需求部门生产建设进度与物资需求情况,了解供应商生产进度,同时针对供需双方在物资生产供应过程出现的问题进行磋商,协调解决方案,制定季度、月度物资到货安排。

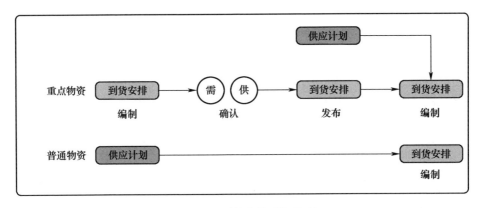

图 4-31 履约发货通知管理

2）到货安排发布

完成到货安排的编制后，履约部门要和需求部门与供应商针对重点采购物资确认季度、月度物资到货安排。经供需双方确认，在确保到货安排的合理性与可行性之后发布，作为中短期物资发货依据，以便供应商更加积极地调动产能和执行发运，满足甲方单位生产运行的物资需求保障。

3）发货通知编制

供应商完成物资设备的生产与检验，具备发运条件后，履约部门应及时编制发货通知，并发送给供应商执行物资发运配送任务。对于重点物资，需根据季度、月度物资到货安排编制发货通知；对于非重点物资，需根据供应计划编制发货通知。发货通知中要明确收货联系人、联系电话和实际交货地点信息，同时应注明组配件要不晚于本体到货时间。

3. 到货签收管理

物资供应部门根据发货通知、供应商物资发运情况等信息，组织物资需求部门、施工单位、监理单位、履约部门、仓储部门、供应商对物资开展现场交接验收，对物资的数量、包装、外观、规格、质检报告等要素进行核验，满足签收条件的情况下，各方通过枢纽平台提供智能终端设备，扫描物资二维码或射频标签，完成物资交接和到货签收确认。履约到货签收管理流程如图 4-32 所示。

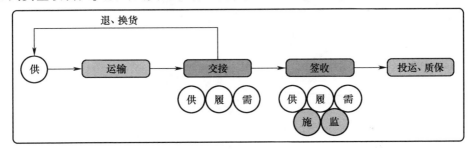

图 4-32 履约到货签收管理

1) 物资实物交接

履约部门根据发货通知和供应商运输安排,通过枢纽平台在线跟踪物资发运情况,提前协调做好现场收货、交接、仓储、转运等准备工作。供应商按合同约定将货物配送至指定地点后,履约部门、物资需求部门、供应商进行物资到货交接,核验物资数量、外观、包装等因素,办理货物交接手续并签署货物交接单。

2) 物资到货签收

完成物资交接工作后,履约部门组织物资需求部门,以及监理、施工、仓储等部门和供应商开展物资验收工作,通过枢纽平台提供的应用服务、APP或便携式手持终端等设备,对货物型号、规格、质量等进行验收并签署到货验收单。对于需要供应商现场服务安装的合同物资,履约部门应负责组织物资到货后的供应商现场服务工作,并协调供应商按照现场管理规定和要求,完成技术服务、消缺补件、设备安装调试等工作。

3) 物资投运质保

在物资设备投产运行后,物资管理部门根据合同约定的投运、质保要求,对接物资需求单位,跟踪设备投产运行状况,在线确认满足合同约定后,办理物资投运、质保等相关手续,完成合同投运款、质保款付款流程。同时,基于管理中枢自动收集线上相关业务凭据,提高付款办理效率,杜绝人工违规操作隐患发生。

4. 履约评价管理

物资到货签收后,由枢纽平台自动生成供应准确率、配送及时率等客观评价要素,物资供应部门和需求单位对物资到货情况、产品质量、供应商现场服务水平等进行主观评价补充。履约评价是合同履约管理水平提升的重要保障,可采取一单一评或周期评价等方式,评价结果信息是供应商绩效评价的主要依据,应加强采购业务协同联动,避免低绩效供应商中标,提高物资供应质量,降低供应履约风险,如图4-33所示。

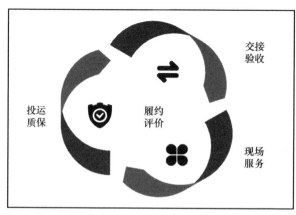

图4-33 履约评价管理

1）交接验收评价

物资全部到货并验收完毕后,履约部门组织相关职能管理部门对物资按期交货、收货检验、文件资料完备性,以及备品备件交付、货物交接单、到货验收单及发票送达情况进行评价,并在线维护交接验收评价信息。

2）现场服务评价

物资全部投运后,履约部门组织生产运行管理部门对安装调试投运期间质量合格情况、安装调试配合人员到场情况及服务水平进行评价,并维护现场服务评价信息。

3）投运质保评价

物资运行质保期满后,履约部门组织运检部门对物资运行情况进行评价,并维护投运质保评价信息。相关质保评价信息由管理中枢归档留存,供相关管理部门和业务执行动态调用,促进供应商履约管理效能提升。

（六）质量管理

质量管理是供应链优质运行的基础保障。在供应链质量管理过程中,往往通过生产监造和质量抽检等方式实现质量监督活动。主要面向质量检测机构、生产厂家及物资管理部门,通过供应链枢纽平台建立质量标准、完善质量管控机制,重点从供应商质量管理、产品质量控制、过程质量控制、持续改进迭代等方面提供质量保证技术手段,如图4-34所示。

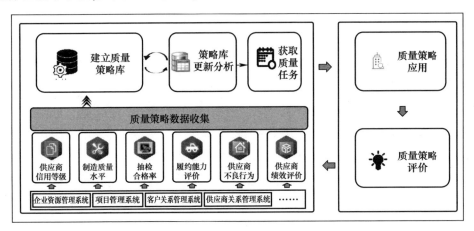

图4-34 供应链质量管理过程图

从地位作用看,质量管理是采购供应物资质量的"吹哨人",是防范残次品、不合格品等流入链主单位的重要关卡。通过对产品质量的监督,识别供应商的生产工艺水平和质量保证能力,馈补采购源头优选优质产品和优质供应商,淘汰低劣产品和供应商,促进供应链质量水平整体提升。

从服务对象看,质量管理主要面向供应链管理部门内的质量监督管控专业服务,支撑制定质量标准、策略,实现质量管控计划、任务等全流程的在线化运作。

从工作内容看,完整的供应链质量管理体系建设包括质量标准管理、质量策略管理、质量计划管理和质量任务管理等,通过构建科学有效的供应链质量保证体系,从质量状态、质量等级、质量问题等方面,对物资生产过程、设备检验质量、服务保障水平等进行追踪监控,实现对物资产品质量控制与质量保证。

从平台支撑看,通过数智化质量管理,提升物资生产和服务的质量水平,增强客户满意度,并为其他业务环节提供数据支撑,尤其是在采购业务方面,通过信息共享精准评价供应商生产质量水平,促进采购业务质效提升。

1. 质量标准管理

物资质量决定了物资的品质,直接关系到生产运行的稳定,同时也直接影响了供应链的效率和效益。如果物资质量不达标,将会导致一系列负面连锁反应,如项目延期、退货率增加、维修成本上升,严重时可能造成供应链断供。质量标准管理包括质量标准范围管理、质量标准库建立、质量标准迭代更新等内容。

1) 质量标准范围管理

质量标准范围通常涉及国际标准、国家标准、行业标准(或部颁标准)和企业标准。在供应链管理中,质量标准的范围通常包括产品质量标准和过程质量控制两个方面,涉及产品的性能、功能、可靠性、安全性等方面多项要求,涵盖生产、服务过程中关键控制点,质量控制方法和检验要求等多项内容。

2) 质量标准库建立

质量标准库是执行质量监造和抽检的业务执行依据,通过建立完善的质量标准库,链主单位可有效实施质量管理,不断提高产品质量和服务水平。在质量管理过程中,要做好物资品类区分、属性特征梳理,建立质量类型、检验频次、检验类型、检验特性、抽检方法、抽样程序、缺陷容差等完善的质量标准库,并通过管理中枢供参与各方和执行主体共享遵循。

3) 质量标准迭代更新

质量标准颁布应严格按照标准要求执行。触发条件主要有法律法规的颁布更新、质量作业人员或供应商等合作单位反馈、实践发现的问题缺陷、系统分析形成的意见建议等。标准的迭代更新,应全程在线实施,必要时可邀请各相关职能部门共同对不完善和不健全的内容进行协商修订,确保标准的合理性和合规性,为后续质量作业提供基础支撑。

2. 质量策略管理

供应链质量管理策略是对最终交付产品或服务的可靠性、符合性保障。基于管理中枢建立健全供应商质量评价策略、产品质量控制策略、质量过程控制策略和持续改进策略,可有效提高质量管理,提升产品与服务质量。

1）供应商质量评价策略

在与供应商建立长期合作关系时，为确保供应商提供的产品和服务符合质量要求，要定期对供应商进行评估和审计，建立供应商质量评价模型，如供应商分级分类，明确战略供应商、优质供应商、一般性供应商、培育型供应商、问题供应商等具体区分，结合产品质量、服务意识等信息综合分析，确保供应商的质量管理体系的有效性和合规性。同时，鼓励供应商持续改进质量，提高整个供应链的质量水平。

2）产品质量控制策略

在产品设计和开发阶段就明确产品的质量标准和要求，并制定相应的质量控制计划。通过采用严格的质量检测和控制手段，如对产品质量的抽样、检测、试验、实验、监造等主要过程，确保产品的性能、功能、可靠性、安全性等方面符合要求。同时，还要关注产品的可维护性和可追溯性，以提高产品的长期可靠性和降低维护成本。

3）质量过程控制策略

通过对生产或服务过程进行监控和优化，确保过程的稳定性和产品的一致性。采用适当的质量控制方法和工具，如供应商生产过程监造、生产过程控制分析、关键过程控制等，及时发现和解决生产过程中的产品质量问题。同时，还要不断优化和改进生产或服务过程，以提高质量水平和降低不良率。

4）持续改进策略

基于管理中枢，通过在线动态收集和分析质量数据，了解产品或服务的质量状况和问题，针对问题进行改进和优化。通过对质量标准和过程质量信息全方位、智能化的分析，评价质量策略的合理性、有效性，并进行动态优化完善。

3. 质量计划管理

质量计划是基于质量标准的要求，对采购物资、供应商生产过程等发起质量作业的计划安排，是质量作业管理的开端。供应链枢纽平台可对质量作业安排和执行提供全过程在线支持，确保质量计划管理准确、高效。质量计划管理包括质量计划制定、计划审核确认、质量计划发布和计划滚动更新。

1）质量计划制定

质量计划包括抽检计划和监造计划，在制定质量计划时需要根据不同的业务场景维护不同的质量计划。

抽检计划需充分考虑招标采购过程，主要对生产供应商及物资品类所属的基本特点进行综合分析。尤其是生产工艺问题较多、设备故障率居高、投标中标频繁或者中标价格严重偏低者，以及入围的新供应商提供新型技术、新型材料、新型组部件的生产物资，需要质量管理部门首抽首检多验收，以免造成质量风险。抽检计划一般包括计划执行日期、抽检物资品类、抽样策略、检验方案、辅助工器具清单、检测结果要求等内容。

监造计划的编织,需综合考虑采购合同的具体签订情况。基于物资供应计划和生产制造商的排产计划和生产进度,应安排现场监造负责人、主要联系人、监造实施日期、监造内容等事项,形成完整的监造任务。

2）计划审核确认

质量计划审核时主要依据审核规则、质量计划和审核问题处理流程等进行确认。审核规则主要基于质量标准和质量策略制定;质量计划审核主要是对质量计划内容的核对,若有任何不合理、不合规或重要信息缺失的问题,可设置审核不通过或直接退回,以便及时进行更正调整,避免将来影响质量作业的执行或引起重大质量事故。

通过供应链枢纽平台进行质量计划审核确认时,可根据计划的主要元素设置重点关注内容提醒,确保做到审核无遗漏,常规计划可参照历史计划信息进行自动对比审核和批量审核,辅助有效地管理质量计划审查过程,提高质量计划的准确性、合规性、缩短审核时长、提高审核效率、降低人力成本。

3）质量计划发布

质量计划经质量监督管理部门主要领导审核确认后进入计划发布环节,可通过供应链枢纽平台与内部公告系统或外部平台集成在线发布质量计划,通知相关质量作业执行小组和相关供应商,确保质量执行部门和被执行供应商能第一时间获取相关计划动态,以便为后续质量作业开展做相关准备。

4）计划滚动更新

质量计划一般情况下不能随意进行改动,并通过枢纽平台加强计划的严肃性管理。但针对重大紧急事件、履约供应计划变更、实际交货期延迟、质量任务提前完工或延期等特殊情况,可以根据历史经验和大数据预测等手段对年度、月度质量计划进行调整,并上报质量管理监督部门审批备案,平台做好记录和更新,确保质量计划的准确性和合理性。

4. 质量任务管理

质量任务是在质量计划审核下达后,质量管理部门依托供应链枢纽平台质量任务管理能力下达的质量作业指令。质量任务载明了质量工作的具体内容,包括抽检监造时间、抽检监造项目、所需工器具、抽检监造策略方案和质量报告要求等。质量任务管理包括质量任务的维护和质量任务的下达。

1）质量任务制定

根据质量计划安排,及时在线维护质量任务,是确保质量工作正常开展的主要手段,是质量计划落地的重要保证。在质量任务维护时,依托供应链枢纽平台完成质量任务模板制定与应用,针对不同的监造项目和物资品类,可以采用不同的质量任务模板。包括物资抽检任务和现场监造任务。除了基于监造计划外,还需要基于供应计划进行合理补充完善相关信息。此外,还可能需要与供应商协商沟通,确认监造场地和进场时间等需要供应商配合的重要元素。

2）质量任务下达

通过供应链平台顺利完成质量任务维护和制定,经核实确认无误后进入质量任务下达阶段,可通过内部通知、门户网站以及 APP 等渠道在线发布质量任务,通知相关质量作业执行小组开展质量作业,同时通知相关供应商做好现场准备,确保质量作业能顺利进行。

3）质量任务跟踪

依托供应链枢纽平台进行质量任务下达后,质量执行人员及时根据任务开展相应质量作业工作,基于质量任务管理功能对任务整体进度和质量进行监督和管控,以及对质量结果进行归集整理和分析。对于需协调处理的事项,职权范围内能处理的应及时调度协调,权限范围内无法解决的事宜应及时向上级领导反馈,确保质量工作进度无延误,作业过程管理在控、可控。

4）质量问题分析

质量任务执行期间,依托供应链枢纽平台开展问题上报,对抽检监造作业过程中遇到的质量问题、进度问题或其他违约违纪行为展开深入分析,总结问题形成的原因、经过和处理挽救措施方案,整理形成经典问题案例库,为后续质量工作的开展提供有力指导。

（七）供应商管理

供应商是保障供应链运行的重要战略资源。供应商管理的目标是实现供应商准入、资质核实、业务风险、绩效评价到竞争淘汰的全生命周期管理。早期供应商管理仅能依人工和制度,供应商信息变化难以及时捕获,更难以预判供应商的各种风险,供应商评价常常靠"拍脑袋",招标过程中更是频频发生"黑名单""低绩效"等企业中标的情况,严重时更会导致供应链断链断供。通过数智聚能枢纽平台整合供应商资源,打通国家征信平台,协同招标采购、供应履约等业务环节,构建科学的绩效评级指标体系,对供应商投标行为、生产产能、服务水平、生产质量、履约能力进行综合量化,实现战略合作伙伴的挖掘和培养,促进产业链创新升级,提升供应链韧性。

从地位作用看,优质供应商是与链主单位共同成长的重要战略伙伴。供应商管理是确保产品和服务质量的重要抓手,通过建立管理标准和配套机制,实现对供应链伙伴信息流、实物流和资金流的合理干涉,促进供应链上下游协同成长。

从服务对象看,供应商管理面向供应链相关职能部门和管理人员,主要对供应商的准入、评审、质量、交期、绩效、风险和关系等进行有力管控,并以供应商碎片化数据为基础,结合风险事件、前瞻性指标实现供应商管理的多层级量化评估,为采购团队提供可靠信息,更有效地管理供应商生命周期和风险,帮助企业提高供应链透明度,为采购供应提质增效。

从工作内容看,供应商管理主要包括了供应商准入、供应商资质能力核实、供应商绩效评价、供应商不良行为管理等主要能力,通过对供应商全方位信息等进行集中归集,辅助形成供应商数字画像,支撑遴选优质企业。

从平台支撑看,传统的供应商管理,面临数据分散等"孤岛"效应,需要通过数智供应链建设,对接各类信息源头采集供应商的多渠道数据,汇总采购部门、财务部门、风险(安监、质量)部门关注的全方位信息,并接入外部第三方企业信息资质平台数据,支撑形成供应商全方位信息库。

1. 供应商登记注册

供应商登记注册主要是为供应商提供便捷的账号注册通道,快速实现信息登记、评估和审核,筛选出符合自身需求和标准的优质合作伙伴。在注册过程中自动与相关征信平台连通校验,实现智能化信用背调,防止劣质供应商入池。供应商登记注册流程如图4-35所示。

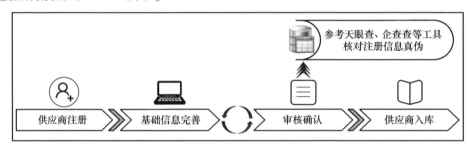

图4-35 供应商登记注册流程

1)供应商账号注册

供应商通过枢纽平台在线注册账号,并提供必要的基本信息和证明材料,如公司名称、地址、联系方式、营业执照、组织机构代码等,以完成在线账号的注册。

2)经营信息完善补充

注册成功后,供应商还需补充企业产品质量认证、管理体系认证、安全体系认证等资质信息,历史业绩信息以及财务审计报告等,由采购管理部门在线对资质文件进行核实确认。

3)供应商现场踏勘

对于重点物资、特殊物资等生产厂商,还需开展实地现场踏勘,深入了解生产工艺、生产规模、生产能力、生产设施等实际情况,进行摸底,调查结果上传平台,形成报告,为准入决策提供更全面、准确的信息支持,进而降低合作风险,提高采购质量。

4)供应商能力评估

对供应商进行全面评估,形成实力、能力、质量、服务等供应商全息画像,实现供应商分类定级,并对供应商准入形成初步意见,在枢纽平台完成信息归档,并及时通知相关供应商。

2. 供应商变更管理

供应商变更主要涉及企业信息变更,如公司名称、地址和联系方式,也会涉及产品信息,如规格、性能和用途变更,还会涉及合同条款变更,如价格、交货期和付款方式等内容;当供应商在枢纽平台提出信息变更申请后,供应商管理部门在线审核变更申请,并核实信息的准确性、完整性。审核通过后,开展变更信息归档工作,如更新合同、更新供应商信息数据库等。通过对以上变更内容进行管理,使供应商之间保持信息同步,避免因信息不同步而导致的沟通障碍、合作延误甚至法律风险。

3. 供应商退出管理

在供应执行完毕后或供应商因其他各类原因需要离链时,触发启动供应商退出程序。由供应商提出注销申请,提交相关证明材料;供应商管理部门确保供应商已完成所有合作事项并符合注销条件后,通过审核,并开展归档工作,如移交供应商提供的资料、清理供应商信息数据库等;当供应商出现严重违规行为,如欺诈、质量问题、不按时交货等情况时,供应商管理部门对违规行为进行调查和核实,确保依据充分,向供应商发出吊销通知,要求其停止违规行为,同时启动注销流程,并将违规行为记录在供应商信息数据库中,以供后续随时调用;通过注销或吊销管理,规范供应商的退出流程、最大限度地保护企业利益,并维持供应链的连续性。

4. 供应商不良行为管理

供应商管理部门针对在招标采购过程中弄虚作假、围标串标、行贿漏税等不良行为,在合同履约过程中存在产品质量、严重延期、拒不履约等不良行为,在售后过程中存在拒绝响应、服务打折、态度恶劣等不良行为,在社会集体中存在违法违规、财务破产、不当竞争、虚假宣传等不良行为,逐项建立不良行为记录,并对供应商以上不良行为进行分类和定义;针对各类不良行为记录,采取相应的处理措施,如警告、整改要求、暂停合作、吊销合作资格等,对于情形严重的不良行为,考虑采取法律手段或向相关监管机构报告。同时,对供应商发生不良行为的原因进行分析,查找自身问题,如管理不善、质量控制不严格等问题,并尽快纠正调整。

1) 不良行为判定机制

通过枢纽平台可精准识别供应商在招标采购、履约行为、售后服务、质量检查等业务中发生的不良行为。业务管理人员主要根据合同条款、法律法规、企业规定,结合供应商历史表现和行业声誉,在线对其不良行为进行分析,判定其不良行为的性质、类型和严重等级,确定后由专业团队、专家或第三方权威机构对判定结果进行审核,最终通过平台公布不良行为结果。

2) 不良行为处置机制

采购管理部门根据判定结果对相关供应商进行相应处置,针对违反合同条例或单位规定的供应商,可进行罚款并降低其付款比例;针对较为严重的不良行为,需对其进行冻结处置,暂停中标资格,停止相关履约工作;针对屡犯不改、性质恶劣的供应商,直接将其拉入黑名单、永不合作,并对其进行索赔处理;针对产生十分严重后果的供应商,须及时提交相关证据材料,移交司法部门进行处置。最后将供应商不良行为及处置结果在平台进行公布,并通报给相关方,包括供应商、采购方以及其他利益相关方;同时将供应商不良行为及处置结果进行归档,为后续作业提供参考。

3) 不良行为反馈机制

通过管理中枢对供应商不良行为深入分析,探究发生诱因,制定针对性的纠正措施和预防策略,通报给其他合作方,预防或减少后续供应商产生同类型的不良行为。同时加强监督力度,形成流程制式监管手段,提高对供应商的审查频率和深度,强化监造、抽检频度,确保有效遏制供应商不良行为的产生。

5. 供应商绩效评价管理

供应商绩效评价是对供应商在一定时期内的表现进行全面的评估和衡量,以确定是否符合预期和要求。在供应商绩效评价过程中,首先,要构建可衡量、可量化的绩效指标体系,如供应商供货质量、价格指标、服务水平、响应速度、配合程度等。然后,整合供应商对应的业务数据,包括供货质量、交货周期、价格折扣、售后服务、配送能力、沟通协调等数据。最终,完成整理和分析,形成供应商绩效评价综合评定结果,并根据评分高低将供应商进行等级划分,后续采购时,可根据不同等级酌情增加采购和优先采购。

1) 评价指标

围绕产品价格、产品质量、供应能力、服务能力、经营能力等方面构建完备的供应商绩效评价指标体系。在产品价格方面,重点设置价格稳定性、折扣比例、附加费用、综合性价比等指标;在产品质量方面,重点设置出厂合格率、物资退货率、设备缺陷率、可维护性等指标;在供应能力方面,重点设置交货准确率、交货及时率、供应计划完整率等指标;在服务能力方面,重点设置服务响应效率、专业服务能力、服务满意度等指标;在经营能力方面,重点设置营业额、利润率、生产工艺水平、库存备料情况等指标,据此对供应商进行综合评价。

2) 分级分类

根据供应商评价指标,对供应商进行分级分类管理,并为不同级别的供应商制定相应的管理策略,以此优化供应商资源,提高采购效率,确保供应链的稳定性。枢纽平台结合分类规则,按照"ABC"分类法,对供应商进行分级分类。其中,A级供应商,是链主单位最高等级的供应商,其产品和服务质量非常优秀,交货时间准确可靠,价格合理,供货能力强等,具有战略性合作价值;B级供应商,产品和服务质量较好,交货时间较稳定,价格适中,供货能力也比较强,属优质供应商,但相对于A级供应商存在一定差距;C级供应商的产品和服务质量一般,交货时间不太稳定,价格可能更低,供货能力较差,具有一定的合作与培育价值;D级供应商的产品和服务质量差,交货时间不可靠,价格不合理,供货能力很差,不适宜合作。

3)数字画像

运用枢纽平台知识图谱及大数据分析等技术能力,构建每个供应商的知识图谱,实现供应商基本信息、经营资质、经营水平、技术水平、资金保障、履约响应、产品质量、服务质量、履约风险、企业潜力等各类关键指标"标签化",形成360度全息画像。根据各类实际业务需求,提供"千人千面"的供应商画像,为招标采购、质量金融等业务提供强有力的数据支撑。

(八)运配管理

运输配送管理是供应链运转的重要环节,是综合运用多种运输方式,将物资交付给供应链末端用户的过程,体现了供应链支撑实物流动的能力,是实现"物"与"流"无缝衔接的关键所在。运输配送管理基础架构如图4-36所示。

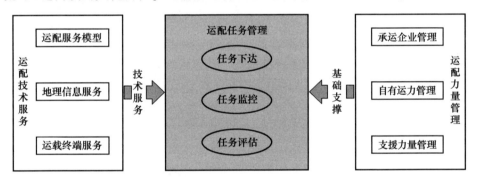

图4-36 运输配送管理基础架构

从地位作用看,运配管理是供应链实物流的中间环节,通过构建一体化的运输配送服务体系,整合内部和外部优质运力资源,形成高效、精准、可靠的配送服务,为需求单位提供运输需求响应、运力资源匹配、运输在途监控等综合能力。

从服务对象看,运配管理主要为物流运输企业、自有运输资源以及链主单位的物资需求部门、供应链管理部门提供服务。物流运输企业和自有运输资源是运配管理的主要对象;物资需求部门作为受供方,监测在途物资的位置轨迹,跟踪运配到货情况;供应链管理部门负责制定运输策略,统筹运输服务和技术管控。

从工作内容看,运配管理重点关注承运企业资源管理、自有运力管理、大件物资运输监管、运输配送策略,以及地理信息资源管理等业务;全面指导和监管运输配送执行层的业务运转,动态衔接采购合同、物资调拨、出入库等前置环节,形成运输配送任务,并在线下达执行层;构建运输策略模型指导配送方式选择、配送价格测算、配送路径规划等,降低运输成本、提升运输效率。

从平台支撑看,运配管理需要基于数智化枢纽平台,构建一个链主单位与承运企业互联互通的开放技术生态,实现自有和外部运配力量的协同统筹,依托大数据、人工智能等新技术构建运输任务策略模型,支撑综合运输、多式联运等能力,并通过枢纽平台与实体终端相结合的方式,实现对物资运输位置、轨迹、速度、加速度等参量的有效采集,如图4-37所示。

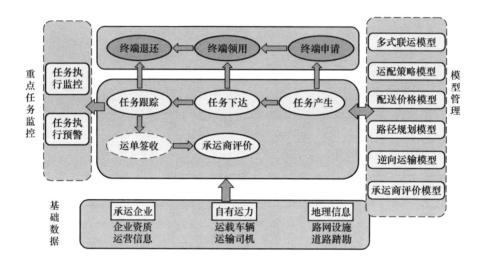

图4-37 运输配送管理

1. 运配力量管理

运配力量是供应链实物流运转的基础支撑,有效的运配力量管理是提升供应链实物流运转能力的重要保障,其管理对象主要包括承运企业、自有运力、支援力量等,如图4-38所示。

图4-38 运配力量管理

承运企业管理。在管理模式上,根据各单位实际情况的不同,有的链主单位将承运企业作为供应商资源管理的一个有机组成部分统一纳管;有的链主单位由运输配送相关职能部门归口直管,目的是提供更加专业化、集约化的运配服务能力。在准入方式上,主要通过框架入围、公开招标和企业备案等方式,吸纳社会优质运力资源,登记企业信息(企业名称、注册地址、法人代表、服务区域、成立日期、银行账户、社会统一信用代码、承运企业编码等),形成承运企业资源池。在能力审核上,综合分析承运企业专业资质、运输能力、运输费用、售后服务等,重点对道路运输经营许可、道路货物运输企业等级证书、道路危险货物运输许可证、经营范围等资质证书进行审核,确保承运企业合法合规。在长效监督上,运用数智化分析手段,对入库承运企业定期进行资质情况、企业征信、违规行为、债务偿还等情况联审,以及对运输业务范围、运力运能变化、绩效考核评价等情况进行会审,及时发现问题、提示风险。在服务反馈上,基于枢纽平台打通承运单位、监管单位、受供单位之间的信息通路,完成任务后,围绕配送时效性、配送精准性、服务质量、售后响应等方面进行量化打分,并将评价结果作为评价模型构建的重要依据。

自有运力管理。主要是指链主单位自行购买(含长期租用)的运载工具及驾驶、配送人员。在效果效益上,相比承运企业,自有运力的掌控性强、稳定性好,标准化程度高,可有针对性地开展专项能力训练,对急难险重任务的适应性强,但相应的管理成本、资产占用成本都相对较高。在管理内容上,主要是在线登记自有运力的牌照、型号、外观、载重等详细参数,对司机姓名、身份证号、性别年龄、手机号、驾驶证、驾龄、健康状况、政治面貌等进行建档管理;对运载工具状况、实时位置进行动态监控;分级分类构建部门和人员绩效评价体系,常态进行专业考核、教育训练,保持和提升业务能力。在运维保障上,基于数智枢纽平台,综合运载工具连续行驶里程、小修大修次数、交通事故处理等信息,分析安全隐患,提出维管建议,定期进行维修保养,确保安全可靠。

支援力量管理。对一些特殊的链主单位(如党政机关),在重大紧急情况下,自身运力不足时,可以依法依规应急征用调配国家、地方、企业、个人运输力量。通过数智化枢纽平台,可对这些多方征调的支援力量实施科学管理。在资源管理上,基于信息化手段,在线遴选任务所需适宜运力资源,并对所有征召入列的运力进行信息完整性补录,赋予唯一ID,对没有监控条件的,配发车载终端,实现在线协同。在协议管理上,根据国家法规或行业约定,应急征用的运力支援力量,要事先签订征用协议,对任务内容、工作范围、权利义务和补偿条款等进行明确,对任务所需临时加装改造内容进行登记,并通过枢纽平台上传云端统一管理,供随时调阅。在补偿管理上,任务完成后,征用运力要进行技术回复和补偿认定,通过枢纽平台智能化计算模型,辅助分析运力毁损情况,测算征用补偿经费,并在线办理付款事宜。

2. 运配任务管理

供应链管理中枢,从职能定位上,对上主要为指挥决策要素提供运输配送的全局性、专业性、关键性信息服务,供决策分析使用;对下主要为专业执行层下达任务、实施监督,确保物资安全高效运配到位。其主要职责包括任务下达、任务监控、任务评估等,如图4-39所示。

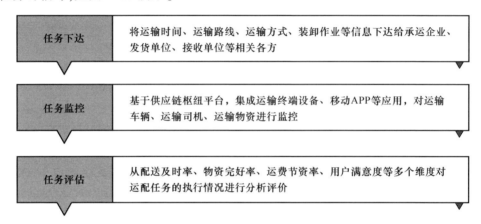

图4-39 运输配送任务管理

任务下达。运配任务下达是在具体任务确定后,将运输时间、运输路线、运输方式、装卸作业等信息下达给承运企业、发货单位、接收单位等相关各方。基于数智供应链枢纽平台,运配任务以业务单据和保障指令方式在线下达,每个任务都有唯一的ID编号。任务一旦创建和下达,枢纽平台将通过工作流引擎,对其参与单位、执行状态和变更情况等实施全生命周期管理。

任务监控。主要基于供应链枢纽平台,集成运输终端设备、移动APP等应用,对运输车辆等载运工具的位置变化、行驶路线、行驶速度和安全状况进行监控,确保车辆按规划路线安全行驶;对运输司机的健康状况、连续驾驶时长、危险驾驶行为进行监控,确保司机合法合规驾驶;对运输物资的姿态、温度、湿度、重量、倾斜度等指标进行监控,确保物资在运输过程中安全稳定。相关监控数据可通过枢纽平台供参与各方随时掌握,遇有突发情况,相关职能部门可通过平台下达调度指令,及时解决问题和调整计划。其间,针对道路损毁、交通拥堵、运力受损等情况,管理中枢可通过平台向区域内各类交通保障力量进行通报,在线开展调度协调,为执行层顺利完成运配任务提供有力保障。

任务评估。供应链相关职能部门,通过建立一系列任务绩效考核措施,结合数智化分析手段和模型工具,主要从配送及时率、物资完好率、运费节资率、用户满意度等多个维度对运配任务的执行情况进行分析评价,并将相关评价结果动态反馈给参与各方,为供应商管理和经费结算等部门及时提供信息参考。运配任务结束后,还可通过数智化手段进行复盘检讨和方案优化,从任务方案、运输路线、交通路况、应急处置等方面积累任务相关数据,为迭代训练评估模型、积累案例数据提供支持。

3. 运配技术服务

为提高运配监控效能,管理中枢层往往会统一提供技术支持、平台服务和手段配备,为运配执行层科技赋能。典型服务包括运配模型服务、地理信息服务、运载终端服务等,如图 4-40 所示。

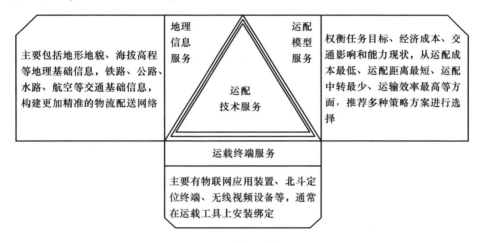

图 4-40　运输配送技术服务

运配模型服务。主要为供应链运输配送的组织管理提供辅助决策支持。在综合分析上,权衡任务目标、经济成本、交通影响和能力现状,从运配成本最低、运配距离最短、运配中转最少、运输效率最高等方面,推荐多种策略方案进行选择。在多式联运上,通过应用遗传算法、蚁群算法等智能优化算法,将运力资源与交通网络、站点设施进行组合,形成多式联运模型,并根据运输物资、装载点和卸载点的不同输入参数,自动匹配对应的运输路线和运力资源,生成多式联运方案。在路线规划上,对历史运输任务的常跑路线、交通状况、消耗时长、天气状况等数据进行分析,建立数学模型,通过模型结果与实际路径进行比较,不断对模型进行优化训练,为运配执行层提供精准高效的路径规划引导。在逆向物流上,基于统一的枢纽平台,整合退货返修等运配需求,结合运力分布、常跑路线、任务热力等模型分析手段,充分挖掘正向运配资源和返空闲置运力潜能,减少运载工具空驶距离,提升供应链运配整体效率效能。在价格计算上,对承运企业运费计价标准进行结构化改造、数字化管理,综合重量计价、体积计价、距离计价、混合计价等多种计价规则,系统构建计算模型,根据每笔任务自动匹配最优价格方案,为供应链降本增效提供支撑。

地理信息服务。为保障运配业务执行,管理中枢需要统筹建设地理信息库,并统一提供地理信息资源服务。结合运配任务需要,在服务内容上,主要包括地形地貌、海拔高程等地理基础信息,铁路、公路、水路、航空等交通基础信息,叠加供应商厂址、仓库点位、需求单位位置、路桥限界等要素数据,构建更加精准的数字化物流配送网络。在服务方式上,基于GIS等技术平台直观展示各类地理信息资源,辅助管理者统筹分析,提高决策质量;提供标准的集成服务,支撑其他平台或应用快速查询调取相应的地理信息;深化地理信息与物流管理的数据融合共享,向链主单位、上下游企业、行业伙伴党政机关等提供全量的数据资源要素。在服务能力上,涵盖路径规划导航、货物运输追踪、仓库网络选址布局、区域性最佳供应商匹配等场景,为链主单位提供全面的空间地理信息支持,有助于提升供应链的运作效率。

运载终端服务。在类型上,主要有物联网应用装置、北斗定位终端、无线视频设备等,通常在运载工具上安装绑定。在功能上,针对大件设备、特种装备、精密仪器等运输过程中对路网通行条件和运输质量安全等监测要求,在线监测物资运输过程中的位置、速度、三轴冲击加速度、内部压力状态等关键元素,多维精准感知运输过程中冲击、跌落、震动、倾斜等状态信息及变化情况,打造"物流+互联网"的监控能力。在模式上,实现在途设备与管理者互联,由传统的"离线式"监管,重塑为可实时监测、可追溯再现的物联网数字化模式,结合传感器量化监测、实时在线监控、可视化展现、数据防篡改、大数据追溯分析等能力,消除传统运输管控模式的盲区,扭转重点物资运输只能在到货后进行受损分析的历史,将运输管控模式由"事后"追溯向"事中"管控转变,更好地实现对运输的实时监测和问题追溯再现。

(九)仓储管理

仓储管理是对整个仓储网络结构持续优化的一个过程,通过枢纽平台与物流网络联通形成综合立体供应保障网络,核心目的是实现高效的物资流动,以满足不同的保障需求。仓储网络设置要综合考虑保障需求的规律特点、各类物资的储存特性、特种资源的储备规模、物流网络的承载能力等因素,合理的仓储网络架构能够大幅降低库存综合管理成本,提高资金利用效率,提升需求响应效能。

从地位作用看,仓储管理作为供应链管理的重要一环,直接影响供应链整体运行效率和成本。通过合理的仓库布局、科学的仓库管理流程、先进的仓储设备和系统化的信息管理,可以缩短物流时间,提高物流效率,保证供应链顺畅。反之,若管理不当,容易导致库存过多或过少,增加库存成本或者造成缺货的情况。

从服务对象看,仓储管理主要面向链主单位供应链管理部门内的仓库管理人员、重要品类物资归口管理的专业用户等。仓库管理人员开展仓储选址、指导仓储业务策略和方案制定,并下达任务计划,确保在库物资流转至下一环节前的质量。重点品类物资归口管理的专业用户关注重点物资的库存动态,及时制定补货、消库存等管理要求。

从工作内容看,仓储管理主要包括仓储网络规划、仓储业务筹划以及仓储作业计划等重点内容,全面规划仓库体系建设,指导基层仓库保管人员开展仓储收发、盘点等具体作业。

从平台支撑看,随着业务的飞速发展和信息技术的变革,仓储管理从原始纸面记账、手搬肩扛的人工方式,转变到机械化仓储、自动化仓储、集成自动化仓储,并通过自动化作业设备与平台的对接,逐步向智能自动化仓储迈进。

1. 仓储网络规划

合理实施仓储网络的规划设计,有利于加快储存物资的流动和周转,综合提升供应链运行效率。相关规划设计过程要综合考虑供需关系、仓库位置、仓库类型、仓库规模、仓间关系等战略要素。综合战略要素对仓储网点的数量、位置、规模、供货范围、直达供货和中转供货的比例等进行研究和设计,从而形成一个科学合理的仓储网络体系,以确保仓库网络能够高效协同运转满足保障需求。

1) 仓储网系布局

仓储网系布局主要根据保障任务需要、转型发展需要,科学设计仓储区划设置、点位配置,区分中心支撑型、周转枢纽型、末端节点型、联储联备型等4种仓库类型,进行体系性、梯次式、网络化布局安排,如图4-41所示。不同的仓库类型有不同的特点和功能,适用于不同的保障任务。中心支撑型适用于需要大量存储和辐射全国或区域性的保障任务;周转枢纽型适用于需要快速周转和高效配送的保障任务;末端节点型适用于需要快速响应终端需求,提供便捷高效的仓储和配送服务;联储联备型适用于需要降低单个企业或仓库的运营成本,资金薄弱情况下提升抗风险能力的任务。

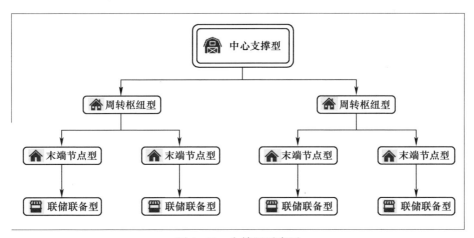

图4-41 仓储网系布局

2) 仓储区域选址

在仓储区域选址时,管理中枢结合业务量、需求分布、交通网络等因素,自动给出初步选址建议,相关管理人员在具体选定时还需如下考虑:根据需求用户的分布情况、配送区域范围确认服务对象;根据业务类型、业务规模和增长趋势,确认储存物资品类;根据靠近铁路货运站、港口和公共交通站确定交通条件;根据现有用地、租用、购买用地确定用地条件;根据当地平均收入、税收政策、仓库规模、储存条件等确定储存成本,综合考虑多种因素完成最终选址。

3) 库房规划设计

仓库容量设计要着眼仓储网络布局,结合各仓库的职能定位,满足预期设计的储存量、吞吐量、周转量等既定目标。在实际业务执行中,要充分考虑存储设备选用、物资存储品类、物资存储要求、作业存储空间等因素。首先,完善流程动线、通道设置、出入口安排、通风采光、安全设施等结构设计。其次,考虑货架安排、片区管理、货位分配、堆垛设计、库区标识、安护标识等库房货位设计。最后,根据智能化管理要求,适度选用自动化货架、AGV 小车、电子托盘、四向穿梭车等智能设备。

2. 仓储业务筹划

仓储业务筹划主要实现仓储内和仓储间的精益化管理,通过构建库存台账,实时监控库存物资的储量、位置、质量等信息,以及建立储备定额机制,为仓管部门提供动态调整库存安全储量的主动预警手段,优化储备策略模型,动态调整各仓库的出入库策略、上下架策略等,引导仓库作业科学合理进行。

1) 库存台账分析

库存台账详细记录了库存物资的种类、数量、金额、批次、状态、存储位置和储存期限等信息,使业务管理人员能够实时掌握库存的最新情况。通过库存台账的信息整合,仓库管理部门可以监控各类物资的流动情况,及时发现库存积压、物资闲置和不可用物资等问题,并采取相应措施进行处理,以提高库存周转和控制库存成本。精细的库存台账管理可以帮助仓库管理员清晰了解仓库中各类物资的分布情况、储存年限、库存规模和周转率等信息,进而分析物资存储的必要性,减少不可用库存,降低库存占用成本和机会成本,严格控制高价值重点物资,降低库存缺货成本。通过持续优化仓库管理结构,促进账物一致,形成全量库存实物资源整合,库存台账管理能够为供应链运行提供有力支持。此外,库存台账还可支持决策分析,为供应链运行决策提供精准信息。

2) 库存定额调配

库存定额是在一定时间范围内,为确保采购、生产和销售的连续性和稳定性而设定的库存数量标准,也称为物资储备定额。库存定额是一个库存数量区间,当库存低于库存定额低点时,进行采购或生产行为以补充库存,直至达到库存定额顶点。计算库存定额时,综合考虑单位时间内物资使用量、供应商交货期、物资生产周期、物资成本及订单处理期等因素,确保物资库存业务的稳定运转。制定补充计划时,主要从生产、调拨和采购三方面考虑,根据生产周期、原材料储存量、生产计划和排产情况等制定生产补充计划；根据紧急程度、运输成本、仓储物资储存量、到货周期等制定调拨补充计划；根据需求总量、订购批量、进货时间、采购周期和采购协议等制定采购补充计划。实施补充计划时，依据库存定额和补充计划策略，当库存低于库存定额时触发补充计划，执行物资生产、调拨和采购等作业事项，直至补充至库存定额顶点，实现仓库的连续而稳定的运行。

3）存储策略模型

存储策略模型用于指导仓库存储策略优化，根据仓库存储策略的不同，存储策略模型也存在着差异。针对时效性要求较高、需要快速周转的物资，如食品、饮料、药品、服装等，可采用先进先出（FIFO）模型，保证最早进入仓库的物资会优先被取出；针对需要长时间保存、价值较高的物资，如原材料、装备、器材、酒品等，可采用后进先出（LIFO）模型，确保最新进入仓库的物资会优先被取出；针对需按照一定顺序进行操作的物资，如零部件、图书、快递，可采用顺序排列模型，根据物资的特性、用途等因素预先规划好货位，并将物资按照预定的顺序进行摆放，可以减少物资在仓库中的搬运距离和次数，提高取货效率；针对规模大、物资品种多而各种物资的数量又较少的物资，如危险品、油料、电子产品，可采用定位存储模型，将每种物资都固定在特定的货位上，避免物资混放或交叉存放的问题，提高仓库的整体整洁度和有序性。

3. 仓储作业计划

仓储作业计划是仓储作业的前序环节，是指挥、调度仓储作业任务的指令。根据保障需求，制定合理的作业计划，并将计划下达至相应仓库的作业人员，作业计划主要包括入库、出库、盘点、移库以及维修保养等。

1）入库计划

基于数智化管理中枢统筹采购合同、供应计划、生产交付、运输计划等业务，预先评估未来一段时间内的物资到货情况，结合当前物资储量、剩余库容、需求位置等信息，动态设置调整入库计划，仓库管理人员也可根据入库计划开展人员编排、设施布置、货位调整等物资接收准备工作。

2）出库计划

统筹销售合同、调拨计划、领用需求、配发要求、处置安排等业务，仓库管理人员结合当前物资储量、存储位置、存储批次、出库时间、接收车辆、发货目的地等信息，制定下达出库计划指令，并进行下架指令、分拣计划、包装安排、运输安排、人员安排、时间安排等一系列出库安排工作。

3）盘点计划

盘点是定期或随机对仓库中的物资进行清点与核对的过程，可进行全面盘点也可针对某些单品类物资进行盘点。在盘点前，首先需制定盘点计划，明确盘点目的、盘点范围（全库、单品类）、盘点时间、盘点人员、盘点方法（全盘、抽盘）等关键事项。以盘点计划为指导,仓库管理人员开展人员组织、工具组织、物资归位、通知相关方、仓库封账等盘点准备工作,确保库存数据的准确性和实时性。

4)移库计划

移库计划是当仓库需要进行物资调整或重新布局时,进行的一系列操作。在开展移库作业之前,仓库管理员需结合布局规划效益评估结果,通过确定移库目的、移库范围、移库时间、移库人员、仓库踏勘、移库路线等事项,形成移库计划,指导开展人员安排、工具安排、区域清理、路线安排、车辆安排、安全措施安排等移库准备工作。

5)维修保养计划

维修保养计划是对仓库设施、设备等定期维修保养的过程。这包括对货架、叉车、升降机等设备进行维修和更换,以及对仓库的消防设施、安全设施等进行检查和维护。通过定期的维修保养,可以确保仓库的正常运转和使用安全,延长仓库的使用寿命和提高工作效率。

4. 仓储效益评估

仓储效益评估是持续优化仓网体系效益效能的主要手段,通过设置库存利用率、库存周转率、物资吞吐量、库存积压率、出入库平衡指数、账物一致率等指标,量化评估单体仓库的运行效能,同时也可综合衡量整个仓储网络的协同运作能力,如图4-42所示。

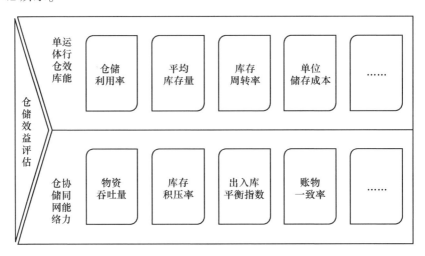

图4-42 仓储效益评估指标

1)仓储利用率

通过计算仓库可利用面积占仓库总建筑面积的比例,获取仓库面积利用率;通过库存物资实际数量或容积占仓库应存放物资总数量或总容积的比例,获取仓库容量利用率;通过仓库面积利用率和仓库容量利用率两部分可获得全面或者仓库整体利用率,进而评价库房规划水平,仓库利用率越高,库房规划水平越好。

2）平均库存量

通过管理中枢动态跟踪、分析计算一定时期内(月份或年份)某种物资的平均库存数量或整个仓库的平均库存量,获取月均库存量和年均库存量。平均库存量反映仓库物资的资金占用结构和仓库的整体存储水平。

3）库存周转率

通过统计仓库的物资周转次数、周转周期等数据,计算一定时间内物资出库金额与库存平均余额之间的比值,获取物资周转率,评价仓库物资流动情况,反映仓库的利用效率,还可以与历史数据或行业标准进行对比,深度评估仓库的周转率。

4）单位储存成本

通过管理中枢,动态收集指定时间内的物资储存费用,如仓库租金、工资、水费、电费、维修保养费、保险费等费用,以及物资库存量,计算物资储存费用与物资库存量之间的比值,获取仓库为储存每件物资所需费用的单位储存成本,进而评价库存资源规划情况,指导仓库更好地管理库存物资,节约库存成本。

5）物资吞吐量

通过计算一定时期内仓库出库、入库或直拨物资的总量,获取库存物资吞吐量,反映这段时期内仓库的工作量和收发能力。物资吞吐量越高,代表仓库效益越好。

6）库存积压率

通过计算一定时间内未发生库存状态变化的积压物资占全部库存物资的比例,获取库存积压率。库存积压率越高,表示协同运转能力越低,需尽快启动积压物资压降工作。

7）出入库平衡指数

通过计算出入库操作次数、操作周期、收发正确性、物资完好性、库存准确性等综合指标,获取出入库平衡指数,该指数越高,表明出入库操作越平衡、高效,仓库管理水平越高,进而仓库的运营效率越高。

8）账物一致率

通过计算仓库电子账册上的物资存储量与实际仓库中保存的物资数量之间的相符合程度,获取账物相符率,反映仓储信息化管理水平,也可进一步评价仓库网络体系构成的合理性。

（十）结算管理

结算管理针对供应链业务所涉及的合同结算业务,通过枢纽平台打通与财务专业的数据交互链路,当合同履约满足支付条件后,平台将所有业务过程的电子单据打包,以结算申请的形式推送至财务结算系统,支撑结算单据电子化落地,推动业财一体化建设。结算管理要素如图4-43所示。

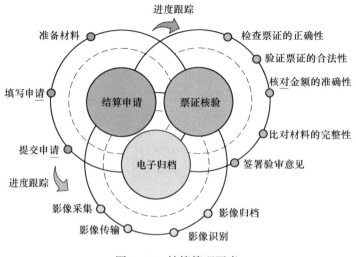

图4-43 结算管理要素

从地位作用看,结算管理是供应链资金流的核心体现,通过与前端需求计划和财务预算、中端合同签约与履约、末端物资交货与签收等环节关联,保障合同款项的准确、及时结算,维护合同双方的利益,同时确保各方资金的安全与使用合规,有效提高资金使用效率、防范财务管理风险、激发民营企业活力、促进供应链可持续发展。

从服务对象看,结算管理主要面向供应商财务人员以及链主单位的供应链管理部门、财务管理部门等用户。供应商负责按照合同约定的付款条款要求,准备发票、到货交接佐证材料,提起结算要求;供应链管理部门针对具备付款条件的合同,开展相关票证的审查,并为财务人员提前进行付款把关;财务管理部门根据财务资金安排,按照付款申请进行资金的支付。

从工作内容看,结算管理主要包括结算申请、票证验审、付款计划和电子化归档等,主要业务活动基于枢纽平台运行。

从平台支撑看,结算管理需要供应链数智化平台和财务系统的高效协同作业,并依托单据电子化等机制和手段,对供应商提交的线下纸质单证等进行扫描和识别,提升自动化校验、比对单证的能力,并与前置的采购合同、物资到货交接等业务自动协同关联,提升支付申请的智能化审查能力。

1. 结算申请

根据合同约定的付款条款信息,满足付款条件时由供应商或物资管理部门通过枢纽平台提出合同结算申请,包括预付款、到货款、投运款和质保款等合同款项,结算申请自动提交到财务管理部门进行付款流程。

1）准备资料

根据合同结算不同阶段，由物资管理部门组织供应商收集整理结算依据资料，首付款主要准备采购合同和发票；到货款主要准备采购合同、发票、到货验收单等票据；投运款主要准备采购合同、发票、试运行报告等票据；质保款主要准备采购合同、发票、质量调查报告等票据。

2）填写申请

根据各单位财务结算管理要求，由供应商或物资管理部门在线填报结算申请表，填写联系人、结算金额、付款方式等信息（部分信息可借助枢纽平台自动填报）。填报过程需重点核对发票和合同金额是否一致，避免出现误差，提交发票时要附带国家税务总局发票查验平台出具的验证单。

3）提交申请

填好结算申请表并准备好相关结算资料后，需将申请表及相关资料，通过枢纽平台在线提交至财务管理部门或财务管理系统，自动建立结算申请与财务结算任务的关联。

4）进度跟踪

通过枢纽平台与财务系统的协同网络，实时跟踪每一笔结算申请的付款进度，并反馈至合同管理模块，物资管理人员可通过合同台账清晰掌握每个合同的结算进度和结算问题。

2. 票证核验

票证验审是指对已填用的票证进行审核，包括检查票证的完整性、正确性和合规性，以及核对填写的内容与实际情况是否一致，具体包括检查票证的正确性、验证票证的合法性、核对金额的准确性、比对资料的完整性以及签署验审意见等环节。

1）检查票证的正确性

确认发票、单据和其他票证的基本信息是否完整，包括发票抬头、发票编号、开票日期、购销双方信息（名称、税号等）、物资或服务描述、数量、单价、金额等。核对这些信息是否与合同、订单等资料一致，避免出现信息不一致或错误的情况。

2）验证票证的合法性

检查票证是否为正规发票、单据，是否加盖了开票单位的公章或财务章。确认票证是否符合国家财税法规和公司相关规定，避免使用不合规的票证。对于电子发票，需要验证其真实性、合法性和有效性，避免出现伪造或篡改的情况。

3）核对金额的准确性

核对发票、单据和其他票证上的金额是否与合同或订单上的金额一致，避免出现金额错误的情况。如果涉及不同货币之间的结算，需要进行汇率换算，确认结算金额准确无误。注意汇率波动的影响，及时更新换算汇率，避免因汇率波动导致结算误差。

4）比对资料的完整性

检查是否存在其他附件或相关资料,如验收报告、合同附件等。确认附件和资料的真实性和完整性,避免出现伪造或篡改的情况。对于重要交易或涉及高价值的票证,需要采取智能化辅助手段进行更加详细的附件审查和资料检查。

5）签署验审意见

完成上述步骤后,验审员需要在线签署验审意见,意见应包括验审结果(合格或不合格)、验审日期、验审员签名等。签署意见后,验审员需要将验审结果在线反馈给相关部门或人员,以便进行后续处理。

3. 电子归档

电子化归档在合同结算管理中具有重要的作用。通过细化影像采集、影像传输、影像识别和影像归档等步骤,进一步提高合同结算管理的效率和准确性。

1）影像采集

在影像采集阶段,选择合适的扫描设备至关重要。对于不同的合同文件类型,可能需要使用不同类型和规格的扫描设备;且在采集过程中,需要注意文件的顺序和完整性,对于大型合同文件,可能需要分页扫描,并在最后进行合并。此外,还需要对扫描参数进行调整,以确保影像的清晰度和准确性。

2）影像传输

影像传输是将采集的影像传输到电子化归档系统中的过程。为了确保数据的安全性,可以选择加密传输方式,如 SSL 或 VPN 等。同时,为了提高传输效率,可以选择压缩传输方式,如 ZIP 或 RAR 等。在传输过程中,需要注意数据的完整性。如果数据在传输过程中损坏或丢失,需要及时进行修复或重新采集。此外,还需要对传输过程进行监控和管理,以确保数据的可靠性和安全性。

3）影像识别

影像识别是电子化归档的关键步骤之一。它包括文字识别和图像识别两个部分。文字识别可以借助 OCR(光学字符识别)技术,将扫描的文字转化为可编辑的文本。图像识别可以用于识别合同中的关键元素,如金额、日期等。识别过程中,需要兼顾准确性和效率。对于复杂的合同文件,需使用深度学习算法等更高级的识别技术,还可通过批量处理、多线程处理等优化识别流程,提高识别效率。此外,还需对识别结果进行校验和修正,以确保数据的准确性和可靠性。

4）影像归档

影像归档是将识别后的影像进行整理和归档的过程。首先,需要根据合同编号、日期等信息对影像进行分类和编号。然后,将分类后的影像存储到电子化归档系统中。在归档过程中,需要注意数据的安全性和可访问性。对于敏感信息,需要进行加密处理,并且要确保归档系统能够支持多用户访问和检索,以便后续的查询和使用。同时,也可以建立完善的备份机制,以防止数据丢失或损坏。此外,还需要对归档过程进行监控和管理,以确保数据的可靠性和安全性。

(十一) 回收管理

回收管理是支撑供应链再生能源利用和绿色发展的重要举措。对失效报废和积压物资,进行退役、鉴定、保管、报废、处置、回收等业务管理,对可再利用的物资进行回流、拍卖处置,可实现物资管理效益、价值的最大化。通过枢纽平台的管理中枢,可跟踪在用物资的运行状态,组织物资退役的退运、鉴定、保管等业务,监管执行层开展具体的报废、拍卖等业务过程,形成回收管理的业务闭环,如图4-44所示。

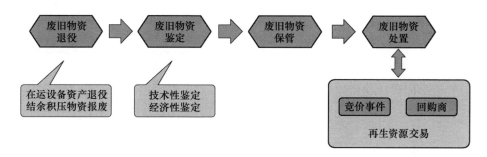

图4-44 回收管理业务流程

从地位作用看,开展回收管理业务,可以及时淘汰过时设备,规避低效设备运行风险,提高生产运行稳定性;清理在库积压物资,节约仓储成本,促进资金回流,减轻管理压力。

从服务对象看,回收管理主要面向末端物资使用单位、供应链管理部门和物资回收处置单位等。使用单位根据物资性能、质量等表现,对不满足使用要求的物资提出回收申请;供应链管理部门组织对物资进行技术、经济性等方面的鉴定分析,分类制定回收策略,指导形成回收任务;回收单位按照回收任务具体实施回收活动等。

从工作内容看,回收管理旨在为整个资产退役、鉴定、保管和处置过程提供保障。回收管理部门应根据制度管理要求,编制废旧物资退役计划,组织设备资产鉴定,协同仓储管理部门办理废旧物资入库,制定废旧物资处置计划,在交易平台组织废旧物资拍卖,签订销售合同,办理废旧物资交割,协同财务部门推进资金回收。

从平台支撑看,回收管理是多部门协作的业务环节,大部分场景集中在实物现场。对此,除进一步规范物资退役、鉴定、保管、处置等流程外,应充分考虑移动应用、射频识别、标签码识别等技术融合应用,提升现场作业的便捷度。

1. 废旧物资退役

废旧物资退役管理是废旧物资从业务现场退出的执行过程,如图4-45所示。相关运行管理部门根据在役设备器材运行寿命和运行状况综合评估,对影响生产运行的物资,通过枢纽平台填报报废申请。回收管理人员根据报废申请编制废旧物资退役计划,组织开展废旧物资退役和转运工作。

图 4-45　废旧物资退役

1）物资报废申请

相关运行管理部门协同运检部门定期对生产和项目现场的运行设备进行巡查,针对设备全寿命周期结束、性能不满足生产运行的需要的进行初步评估后,向回收管理部门提交物资报废申请。仓储管理部门根据平台自动预警提醒的库存积压物资,对产品规格过时、物资库龄超期、保管过程损坏等情况的库存物资进行评估,并向回收管理部门提交物资报废申请。

2）物资退役计划

回收管理单位应对接收到的报废申请进行统筹,编制并下达物资退役计划。退役计划应包括废旧物资品类、规格、数量、拟退役时间,物资退役申请部门、联系人等信息,指导后续废旧物资退役、鉴定和拆解工作。

3）废旧物资退役

回收管理单位基于废旧物资退役计划,组织退役工作。退役前应由物资供应保障部门组织供应商或仓储部门将新设备配送至生产或施工现场,具备新旧设备更换的基本条件。物资回收管理人员组织废旧设备的退役和转运,将废旧设备运输至仓储管理单位指定地点,方便后续废旧物资鉴定工作。

2. 废旧物资鉴定

回收管理部门基于物资退役计划组织鉴定工作,在线下达鉴定任务、组建鉴定专家团队、开展废旧物资鉴定执行,物资鉴定结果全部线上留痕,自动生成废旧物资鉴定报告。

1）废旧物资鉴定任务下达

回收管理部门根据废旧物资退役计划,在线编制下达废旧物资鉴定任务。废旧鉴定任务应包括物资规格、数量,鉴定时间,鉴定地点,建议鉴定方式等关键信息,指导后续废旧物资鉴定专家组织和废旧物资鉴定实施工作。

2）鉴定专家组织

结合退役物资特性,由回收管理人员通过专家资源池,在线抽取相应的技术专家,组建内部专家团队,对于有特殊要求的业务,也可聘请第三方机构专家组成外部专家团队,共同参与废旧物资鉴定工作。

3)废旧物资鉴定组织管理

回收管理部门组织鉴定专家到废旧物资存放场地进行鉴定,鉴定过程中要对废旧物资的技术规格和经济属性等方面进行鉴定监管。

技术性鉴定是指对废旧物资的种类、数量、质量等进行评估和鉴别的过程。技术鉴定应围绕设备的运行效能和稳定性开展,设备的运行效能决定着设备的可用性,稳定性决定着设备的持续运行能力。

经济性鉴定是指对废旧物资的价值、成本、效益等进行评估的过程。经济性鉴定应围绕设备的产能效益开展。设备的产能效益是指设备在可预测的运行周期内创造的价值水平。同时,应综合考虑新购替代设备的产能效益对生产运行的增益,设备续用会产生的维护保养成本,以及设备的残值等因素。

最终,评价专家团队基于对设备的检测结果,综合各方面因素出具鉴定报告,并基于管理中枢进行在线回传和永久留档。

3. 废旧物资保管

完成废旧物资的退役、转运工作后,为方便废旧物资鉴定与集中处置,回收管理人员应会同仓储管理部门组织废旧物资接收与保管工作,待物资处置拍卖时,再开展废旧物资移交工作,如图4-46所示。

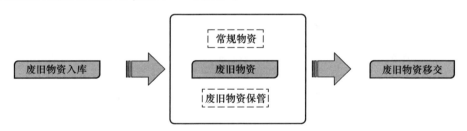

图4-46 废旧物资保管

废旧物资保管是废旧物资退役后暂储的过程,在管理上填补了物资退出后的管理空白,可有效防止退役物资无故丢失,通过集中管理方式降低物资移交成本。

废旧物资应根据废品特性进行归类,不可用设备物资,采用废旧物资代保管存储方式,方便后续处置拍卖后的移交;可用设备物资,入库后更新退役可用物资台账,并同至步计划管理部门与仓储管理部门,后续作为实物资源管理。

1)废旧物资入库

废旧物资退役后,回收管理部门协同仓储管理部门将废旧物资转运至指定堆场或仓库,开展废旧物资接收工作。废旧物资入库后,原设备运行管理部门、回收管理部门和仓储管理部门应签署废旧物资代保管入库单。

2）在库物资保管

废旧物资转运至堆场或仓库后，由仓储管理部门进行代保管。在管理时应与常规物资划清边界，防止物资错领，造成生产运行风险。定期协同回收管理部门开展废旧物资的盘点，妥善安排库内周转工作。

3）废旧物资移交

与回收商签订销售合同后，回收管理人员应按照合同内容约定的交货方式和交货时间，组织废旧物资的移交工作，组织协同仓储管理部门对废旧物资进行下架、捡配、装运等，办理货物移交工作。

4. 废旧物资处置

废旧物资处置主要是针对鉴定明确无法再利用的设备物资，对于有处置价值的通过竞价拍卖回流到社会，无处置价值的协调第三方机构实施无公害化处理。中枢层面主要制定处置计划、管理回收商、下达竞价任务等，全程监管废旧物资拍卖业务运行情况，分析废旧物资拍卖溢价率等，减轻经营资金压力，创造更大的盈利空间。

1）回收商管理

为支撑废旧物资回收工作的正常开展，应规范回收商管理的方法模式。参与废旧物资竞价拍卖活动的回收商需要在回收管理部门统一注册，纳入业务伙伴管理。

回收商需满足以下资质条件：工商部门核定的废旧物资回收经营范围，资源再生综合利用认定证书，良好的商业信誉，对竞买的废旧物资具有储存、拆解及装运能力。具备相应资质的回收商与甲方单位签订竞价销售协议书，并在缴纳竞价保证金后方可参与竞价活动。

回收管理单位定期组织开展回收商不良行为处理。对存在不按时签订废旧物资销售合同、不按照已生效的合同履行义务等不良行为的回收商，除使其承担违约责任、扣除其竞价保证金外，还要在依法依规的前提下进行相应处罚。

2）处置方式确认

回收管理部门根据废旧物资特性确定废旧物资处置方式。对于本身属于无污染、无公害的一般性废旧物资采取有处置价值废旧物资处置和无处置价值废旧物资处置的方式。对于特殊性废旧物资应依据国家法律法规范处置。

有处置价值的废旧物资是指处置收益较高且处置成本（包括废旧物资回收、保管、销售过程中发生的运输、仓储、人工、差旅等费用）相对较低的废旧物资，通过制定废旧物资处置计划，发布废旧物资拍卖信息，在竞价拍卖平台按照公开竞价方式处置。

无处置价值的废旧物资是指处置效率较低且处置成本相对较高的废旧物资，经财务部门、物资管理部门、纪检监察部门审批后，在符合安全、环境等相关要求前提下,自行、委托第三方或社会公共机构实施无公害化处理。

3）废旧物资处置计划

回收管理部门应在确定废旧物资处置方式的基础上编制处置计划,并在线上报至原设备管理部门、物资管理部门及甲方单位分管责任人处进行审核,经审核通过后方可报送至竞价拍卖实施机构,开展废旧物资竞价准备与实施工作。

4）废旧物资竞价准备

回收管理部门基于废旧物资处置计划按月开展废旧物资竞价准备工作,包括在线编制废旧物资竞价计划,确认废旧物资竞价底价,由竞价委员会审核通过后,开展实施竞价活动。

竞价计划应包含废旧物资处置的竞价标的和时间安排等关键信息。竞价底价是竞价委员会以废旧物资评估价为基础,结合市场行情、物资特性、运输距离及交通便利等综合因素确定的最终实施底价。竞价委员会由物资管理部门、纪检监察部门、财务部门、实物资产使用保管单位竞价代理机构等相关人员组成,其对竞价处置过程进行管理和监督,处理突发事件,编制并确认竞价处置结果报告。

5）废旧物资交割

回收管理部门根据废旧物资竞价拍卖结果,与回收商签订销售合同,在物资管理单位财务部门收取废旧物资销售合同货款后,组织回收商、原资产(物资)所属单位进行废旧物资实物交割。废旧物资交割后,回收管理部门、回收商和仓储管理部门在线签署备案废旧物资交接单。

(十二) 监督管理

监督管理主要是供应链管理部门对业务的合规性、运营效率、运营风险等进行内控的手段,及时识别内部控制的薄弱环节、业务流程漏洞和执行风险等,确保符合法律法规和内部规章制度,利用枢纽平台庞大的数据资源整合能力,对业务过程进行数字画像,实时检测业务运行风险,提前消除潜在隐患,及时发现问题、纠正偏差。

从地位作用看,业务监督是供应链健康运行的重要保证,通过风险识别、问题纠正,建立供应链业务合规监督管理机制,保障供应链各环节、各单位从业人员遵纪守法、廉政奉公,提升采购、结算等重点业务的阳光透明度。

从服务对象看,业务监督面向全供应链各环节、各单位的从业人员和专项监督监察人员。从业人员通过风险案例、指标等方面了解业务风险高发情况和后果,促进自我约束;监督监察人员审查全供应链业务的运行运作情况,对违规、违法等风险组织开展监察督导,促进供应链业务健康运行。

从工作内容看,业务监督主要包括风险案例库、风险指标库等基础管理,实现对历史风险问题、高发地带、合规指标等信息的共享和发布,支撑供应链从业人员学习和自查自纠。同时为监察督导工作提供方案制定、问题整改等活动的在线协同运作能力,提高数字化业务监督水平。

从平台支撑看,业务监督工作涉及业务环节多、数据体量大,许多单位尚处于数字化监督体系建设的摸索阶段。对此,立足数智供应链平台,将业务监督与供应链管理嵌入整合,实现业务运行过程中的实时监督和风险控制,提升供应链业务的健康性和健壮性,如图 4-47 所示。

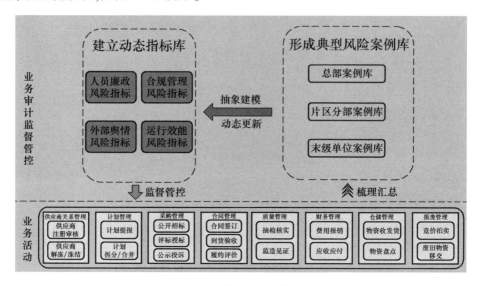

图 4-47　监督管理概览图

1. 风险案例管理

风险案例库是链主单位对历年巡视、监察、审计中遇到的各种违规、违纪问题进行汇总整理,经脱敏和审批后形成的案例清单,经报送上级管理单位,重大经典案例获得授权后可供链主单位内部所有单位共享、借鉴和学习,提高其风险防范意识,避免此类问题再次发生。供应链风险案例库的管理包括案例收集、案例分析、案例入库、案例标签、案例更新和案例查用。

1)案例收集

风险案例库的建立首先要从各单位广泛搜集各类相关问题,包括链主单位内部巡视监督报告、行业研究、公开信息、新闻报道等,案例收集时要涵盖供应链业务的各环节,包括供应商、生产制造商、物流企业等,以及各种可能影响供应链稳定性的因素,如廉政风险、效能风险、经济风险和法规风险等。

2)案例分析

对收集到的案例进行深入分析,提取关键信息,如事件发生的业务环节、风险类型、单位层级、背景、时间、地点、主要内容、业务环节、案例等级等,同时参照具体的法律法规,评估该案例对供应链的影响程度,评价该案例应对方式的实施效果。

通过案例分析,总结相关经验教训,为后续供应链风险监督管控提供重要参考。

3) 案例入库

在线建立完整的供应链经典案例库,案例分析归纳后分类管理,可同步将案例对应的电子文档、音频、视频等进行存档,定期对风险库进行备份和更新,确保案例信息的完整性、安全性和可用性。

4) 案例标签

为了方便后续检索使用和管理,应完善案例标签管理,可通过案例标签和大模型技术快速检索到相关案例,常见的标签包括业务环节、风险类型、风险等级、影响程度、影响范围等。

5) 案例更新

业务监督管理是一个持续的过程,在发生风险后,需要对整个过程进行总结和反思,查找不足,持续改进和优化风险管理策略。同时,也需要定期更新风险案例库,及时将新风险增加到案例库中,以便为未来的风险管理提供更多参考。

6) 案例查用

对于经典风险案例,可在链主单位一定范围内进行共享,为后续审计巡查问题的处理提供参考,对常见、高发案例进行抽象形成模型指标,对业务开展进行预警监控。同时,这些案例也可用于员工培训,提高员工对供应链风险的认识和应付能力。

2. 风险指标管理

风险指标管理是供应链运营监督环节过程中的重要组成部分。通过识别、评估和控制供应链运营中的潜在风险,结合供应链典型案例和相应的法律法规,构建各场景的风险指标,对风险指标进行分类、归纳与整理,形成最终风险指标库,及时定位并处理业务风险因素,提升甲方单位的供应链风险防控水平。

1) 需求计划指标

需求计划方面,主要监督需求历史重复度、需求提报准确率、需求批复及时率、计划下达及时率等业务指标,对需求提报与批复、计划编制与下达等业务场景的风险因素进行监管,以减少需求驳回调整频次、提高需求统筹管理效率、缩短计划编制周期为目标,提高需求计划业务水平。

2) 招标采购指标

招标采购方面,主要监督未采先用、围标串标、专家关联、评分异常、合同签订及时率等业务指标,对投标人招投标合规性、评标专家过程合理性以及合同签订时效性等方面的风险因素进行监控,规范招标采购参与方行为,严控采购合规风险。

3) 供应履约指标

供应履约方面,应构建物资供应准确率、出厂验收通过率、质量抽检合格率、物资到货及时率等指标,对物资供应、生产制造、到货签收等业务环节的风险因素进行监控,提升物资保供水平,降低物资供应风险。

4）仓储配送指标

仓储管理方面,应构建物资配送及时率、库存物资周转率、积压物资清理率、账实对比差异率等指标,对物资运输配送、库存周转、物资积压等方面的风险因素进行监控,保障物资配送时效,控制仓库管理成本,规避库存呆滞风险等。

5）财务结算指标

财务结算方面,应构建结算资料完整率、结算响应及时率、民营企业欠款清偿率等指标,对物资供应与财务结算集成范围的风险隐私进行监控,提升财务结算效率,降低供应链上游企业资金风险。

3. 问题闭环处置

问题处置管理是供应链监督单位发挥风险指标体系作用,对风险指标开展业务分析,对风险问题数据进行识别下达,相关责任部门对风险问题进行相应处理的工作过程。问题处置管理可以促进风险问题的及时妥善处理,是供应链业务健康平稳运行的重要措施。

1）风险识别

供应链监督单位在风险指标体系的基础上,利用各指标设定的风险阈值与风险级别,对监督考核对象的业务数据开展分析,主要从合规性和效能性两个方面进行风险识别。对于识别出的风险问题统一记录,为风险问题处置建立前置条件,同时将识别出的典型问题提报更新风险案例库。

2）问题下达

监督单位通过跨单位协同等方式将识别出的风险问题在线下达至相关责任部门,同步建立问题台账,对于合规性问题,责令其做出相应解释;对于效能性风险,督促其尽快跟进处理,降低或消除业务风险。

3）问题响应

供应链风险问题相关部门有责任对监督单位下达的问题进行及时响应。对已发生的合规性问题进行解释,并在后续业务中采取必要的整改措施,防止该类问题的再次发生;对存在业务风险的效能性问题进行跟进,并在后续工作中合理调整相关工作进度安排,降低风险发生概率,提高供应链业务运营安全性。

4）问题关闭

监督单位根据风险问题反馈并结合风险指标更新结果,对已整改且消除影响的问题进行关闭处理,在线更新问题台账。对于反馈原因不满足监督要求或已反馈但风险仍然存在的问题,应根据实际情况再次下达该问题,直至消除业务风险隐患。问题关闭是监督管理工作闭环的必要环节,也是检验供应链各部门协作效率的重要依据。

四、专业执行

供应链管理中枢负责制定战略,实施统筹协调、资源整合、监控管控以及风险预警等管理。而供应链运行的作业基础则依靠供应链的专业执行。在职能定位上,专业执行是"行动者",主要根据管理中枢发出的各种指令开展流程活动,在具体业务执行中紧密围绕职责、流程、制度、标准和考核,形成"五位一体"的协同运行机制。在专业执行上,按照招标采购、商城选购、质量监督、仓储作业、运输配送、废旧拍卖、结算办理等主要供应链流程和机制,指导业务人员开展工作。通过遵循这些流程机制,业务人员能够确保工作的规范性和准确性,供应链专业执行概览如图4-48所示。

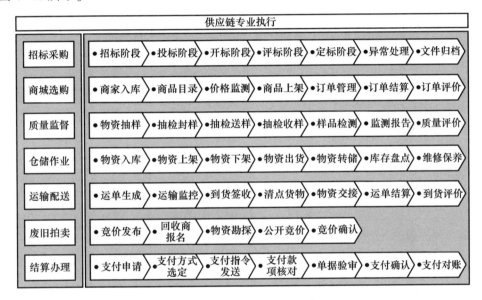

图4-48 供应链专业执行概览图

（一）招标采购

在招标采购方面,通过采购规范、采购策略,指导供应链基层用户开展采购计划编排与采购活动组织,可面向链主单位内部采购机构、招标代理机构、采购服务站等采购用户,提供招标、投标、开标、评标、定标等全流程电子化线上化办理服务。

招标采购过程是执行具体采购业务的手段和方法,通过招标采购,让众多投标人进行公平竞争,帮助需求单位以高性价比获得最优的货物或服务,具体流程通常有招标、投标、开标、评标、定标五个环节。在采购方式上,针对不同的采购对象可以以公开招标、邀请招标方式执行流程健全的招标流程,也可执行竞争性谈判、单一来源采购、询价、框架协议采购等非招标方式采购流程,如图4-49所示。

利用电子化采购方式,可将招标采购环节进行规范、固化,使采购业务的具体

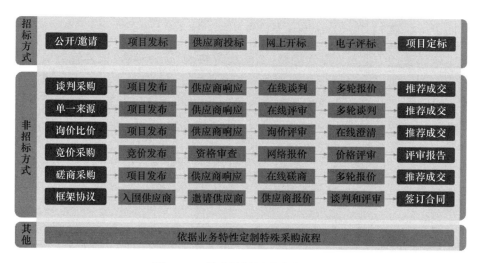

图 4-49 供应链招标采购流程图

执行满足监管审计要求,也可提供处理异常流程的能力及对招标采购过程形成档案并自动归档的能力。

1. 招标阶段

招标阶段主要是招标人确定招标方案的过程,由负责招标工作的单位或个人明确招标主体和项目,并根据采购项目需求,编制招标文件,主要开展招标公告、资格预审文件、招标须知、合同条款等招标活动。首先,招标单位应确定公开招标或邀请招标。公开招标项目,应当通过国家指定公共服务平台发布招标人的名称和地址、项目、数量、实施地点和时间以及获取招标文件的办法等事项。邀请招标项目,应当向三个以上具备承担招标项目的能力、资信良好的特定的法人或者其他组织发出投标邀请书。其次,开展资格预审,组建资格预审委员会对供应商的资格预审申请文件进行审查,资格预审委员会成员查看供应商库,核对企业基本信息、资质、业绩等资格预审所需材料,根据资审要求确定入围供应商。资格预审结果需按规定流程进行审批,如有必要则对外公示资审结果。最后,招标单位针对招标内容进行澄清答疑,采购执行人员编辑整理澄清修改文件,经审批后,发布澄清答疑文件,并通知已报名的投标供应商下载澄清答疑文件。

在招标公告编制上,可依托数智化供应链平台开展招标文件起草发布,通过将招标公告、资格预审文件、招标须知、合同条款内容进行结构化处理,之后由采购业务人员按照公告模板设置报名时间、企业资质、项目负责人资质等招标采购要求,经相关部门及领导逐级审批后,将公告推送至指定渠道进行信息发布。

2. 投标阶段

投标阶段主要是供应商在线查看各类招标采购信息,通过平台查看招标采购信息,并下载招标文件。供应商完成投标文件后可在线上传投标文件,参加后续开标、解密、答疑、澄清、谈判等相关开评标活动。对于招标单位在审查出标书未按规定加密的投标文件,应当拒收并做好提示工作。

3. 开标阶段

投标人在投标截止时间之前递交投标文件,可以现场递交投标文件存储介质,或加密上传投标文件。到达开标时间后,由采购业务人员将投标数据导入评标系统。投标人可在线签到、解密、查看开标记录、加盖电子签章;招标人可在线查看供应商投标响应情况、签到记录并组织开标,开标过程中采购系统自动唱标并生成开标记录。

4. 评标阶段

评标阶段主要是被抽取的评审专家通过在线方式完成电子评标活动。根据评标流程以及应用需求,在线进行评标准备、初步评审、详细评审。在评标准备时,做好各项准备工作,主要包含宣讲评标纪律、确认评标专家回避情况、推荐评委会组长、拟定答辩题目等具体工作。在初步评审时,评标专家审查投标人是否具备资格、是否违反法律强制性规定、投标文件是否实质响应招标文件等。在详细评审时,评标专家主要考察投标人的技术实力,方案的科学性、可靠性及项目的实施能力等,此过程需要依靠专家的业务水平、评标经验、分析能力,对投标人进行基于商务水平、技术能力的综合排序。

在此过程中,可依托供应链平台完成标书内容分析,挖掘围串标线索,对投标文本识别进行结构化处理,提取投标文件中关键信息,形成结构化数据、信息和条款对比,并对投标文件响应的技术参数进行校验,支撑综合评估法的自动打分,进而实现智能评审。

5. 定标阶段

定标阶段主要是采购业务人员根据评标结果完成在线定标,明确项目候选中标供应商,并向指定媒介发布中标候选人的公示信息,公示期满后可在线编辑并发布中标结果公告,经审批后根据需求自动发布至指定媒介。可依托平台采购文件模板库中的文件模板,快速编辑、发布及打印该项目实际中标通知书,向中标人和未中标人分别发放中标通知书和招标结果通知书。

6. 异常处理

在招标采购过程中如有公告信息错误、报名单位不足、招标失败等异常情况,依托信息化系统提供异常情况处理的功能,支持重发公告、现场改变招标采购方式、招标终止、重新招标、重新评标等措施。为满足项目审计要求,对于招标过程信息及招标异常信息,需要进行记录、留档,并需按照规定的流程进行审批。

7. 文件归档

该阶段主要是招标单位可以对已完成的招标采购项目发起归档操作,依托供应链平台将招投标材料整理上传,完成相应档案编号、归档时间、记录入库等信息。移交资料至档案管理人员完成密级、管理期限、档案所属单位、电子档案存放等工作。

(二)商城选购

在商城选购方面,通过可视化选购、商城价格比选、自主订单等模式,指导需求单位在线点选下单,形成购置合同,帮助需求单位实现在线一站式购物办理。商城选购是采购手段的有效补充,解决招标采购外的协议物资、维保备件、低值易耗品等小额采购问题。商城选购注重采购的整体性,推动"以流程为中心"向"以用户为中心"的服务模式转变,以用户视角和需求,有效整合各方资源,促进线上线下深度融合,进一步精简特定物资采购流程。商城选购管理要素如图4-50所示。

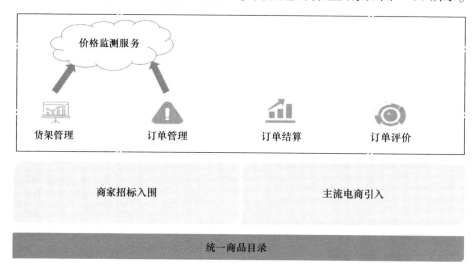

图4-50 商城选购管理要素

1. 商家入库

主要通过向社会广泛征集入驻商城业务的服务供应商,同时根据严格的供应商准入机制,按照标准对申请入库的供应商严格审核,筛选出符合条件的供应商,建立合格的供应商库。供应商来源主要有两种:一种是通过招标采购流程确定的供应商;另一种是京东等国内主流电子商务公司引流。

招标采购入围,通过招标方式确定的供应商,一般具有一定的地域性,可提供纳入招标采购项目的商城目录对应的物资商品,通过枢纽平台与采购系统集成实现供应商入库。

主流电商引入,通过与国内主流电商平台对接,按照物资清单选取供应商进行入库,可为需求单位提供较大的优惠政策,并引入丰富的商品目录,以满足日常业务需求。

2. 商品目录

商品目录的建立是对链主单位采购目录的补充和完善,是开展商品选购、建立商品分类的依据,便于形成标准化商品目录清单和统一商品编码。商品目录中应显示商品的详细信息,包含商品品牌、商品类型、商品档次、商品图片、商品市场价、商品协议价、商品评分、商品介绍、商品详细参数、商品可换组件、售后服务承诺、供应商信息、商品评价等信息。

通过商城目录设置完成商城的商品种类和价格的制定,根据商品选购层级、商品类别、商品品牌、商品价值、商品分类等信息确定商城目录的结构和商品清单,结合枢纽平台协同联动以满足用户浏览和搜索商品,以及查看商品详情时了解商品具体信息的需求。

3. 价格监测

价格监测流程主要应用于商城内比价和价格预警。价格监测依托大数据和先进的信息抓取技术,对商品库中的商品按规定的时间频次自动抓取电商平台的价格信息及商品更新信息,将其记录到价格库中。价格监测应用对电子商城的意义主要体现在实时比价和自动预警两方面。

实时比价,商城内商品进行比价分析,确保购买商品信息的最高性价比。商品比价方式主要包含在电子商城内部,建立比价栏,可快速链接搜索各电商平台同款商品的价格及评价,支持商品实时比价;也可对商城内商品进行比价分析,确保购买商品信息的最高性价比。比价的信息包含有市场价、采购价、商品基本参数、商品详细参数等,可以通过不同颜色区分不同配置情况。

自动预警,电商商品价格变化的后台预警提示,根据设定规则实现自动下架。电子商城预警机制是一个全自动的处理过程,预警的形式可以按照规则自动分配,并根据预警的严重程度对商品进行下架处理,同时约谈供应商改正,约谈记录纳入供应商诚信管理。完成预警处理后,可以在一定的期限内恢复其产品销售或供应商资格。预警全部根据主管部门的要求标准设定,系统设计灵活,自动实现,无需人工干预、处理。

4. 货架管理

管理中枢,提供基于商品类目、商品标题、商品价格、商品属性、质保情况、库存情况、增值服务等多位一体的上架管理功能,供应商可在线维护商品的参数细节并执行上下架管理操作。

对于价格已经变动、售罄或停产等的商品,可以由供应商进行信息维护。信息维护时遵循:小额采购类信息可自由修改,修改后将重新发布,对原有销量进行清零;对限额以上或采购目录以内的物资,入围后参数、服务等内容不可修改,仅可调整库存,价格只可优惠下降,不得高于原报价;对已经售罄或停产的商品可及时下架,不予在商城显示。

5. 订单管理

订单管理主要包含订单确认、订单退货等环节。采购订单提交给相关部门并审核确认后,供应商即可收到采购订单信息,并可根据采购订单归档的要求进行发货等相关处理。订单确认,支持供应商收到采购人的相关订单信息后,可查看订单信息、确认订单。供应商收到采购人的订单信息后,可查看到所需提供的商品、数量等信息,根据自身的实际情况满足供货要求后,可确认该订单。订单退货,供应商查询其商品的所有退货信息,依据实际情况确认是否需要退货。供应商可根据退货订单,查看其具体退货原因,根据实际情况确认是否需要退货,并根据预定的流程执行退货操作。

6. 订单结算

订单结算方式可分为实时结算或账期结算。实时结算主要依托于支付宝、微信支付、网银支付等多种线上支付方式,可以灵活扩展多种线上支付渠道;账期结算,根据不同采购单位账期生成支付单,通过授信的方式,在收货后的结算期限内完成支付。

电商平台支持供应商在规定时间内给予采购下放一定金额的信用额度,采购方在信用额度内不用付款便可进货,采购人收到货品后,在规定时间内完成支付并且可以生成账期支付账单。账期支付可以节省大量的资金,尤其是交易非常快捷,减少了沟通成本。

7. 订单评价

订单评价是对供应商服务及商城选购流程的综合性评判,可以直接反馈使用者在商城选购过程中的用户体验。在设置评价维度时,可以应用商品质量、发货速度、配送服务、价格合理性、售后服务等指标来评价供应商的综合服务能力,也可以应用商城应用体验、支付便捷度、客户服务等指标来评价商城系统设计运行时的客户友好性。

(三) 质量监督

在质量监督方面,遵循管理中枢质量管理调度,通过全方位的质量监督管控流程,指导质量检验监督部门、检验机构、物资管理部门共同开展质量监造和抽检活动。

抽检监造包括物资抽检、产品监造和质量评估等。其中,物资抽检包括抽检组织和抽检实施,是对到货物资的质量检验的最后一道屏障,是确保劣质物资不进入链主单位的重要环节;产品监造包括监造组织、监造实施和智能化监造,是对供应商生产过程中质量的监督管控,确保重要物资不"带病出厂";质量评估是对抽检监造结果的处理和评估,可促进抽检监造策略的优化提升,实现质量作业的闭环管理。抽检监造概览如图 4-51 所示。

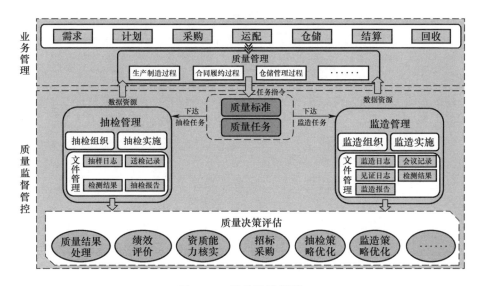

图 4-51 抽检监造概览

1. 物资抽检

物资抽检包括抽检组织和抽检实施,抽检组织主要通过管理中枢下达抽检任务联合第三方检测结构开展抽检作业的组织和实施。在抽检组织层面,抽检工作由物资管理部门发起,采购部门、仓储部门、运配部门以及物资质量检测中心参与配合,对采购项目的物资进行抽检。在抽检实施方面,根据质量标准和检测项目,明确抽检工作流程,理清抽检物资品名范围,确定抽检实施方式。对于不同的供应商或抽检项目,根据抽样地点、物资、样品的不同分类抽检,如供应商厂内抽样、项目施工现场抽样和实验室检测等。抽检工作主要是在抽检计划的指导下,依据抽检任务开展取样、封样、送样、收样、检测以及样品处置与报告编制。

取样环节是按照抽检任务要求,首先核对供应商、物资、品规型号等信息,在有监督人员的陪同下进行样品随机抽取的活动,取样时一般要求佩戴取样记录仪,对抽样的全过程进行摄像,同时记录取样日志。

封样环节是为了保证后续检测的公正性,将样品的所属信息(供应商或厂家)进行隐匿操作,按照一定的编号规则对样品进行编号和粘贴封条、封签,对于易碎、易潮、易腐蚀的物资还需做特殊密闭或包装处理,同时对封样结果进行拍照留存。

送样环节是抽样地点和检测地点不在一起时,需要由专门的人员将样品送到对应检测地点,在送样时应在线做好收样登记、送样保全和交接登记,确保送样过程中样品数量一致、不被调换、安全完好,送样全过程要摄像跟踪,确保能实时监控样品的轨迹和状态。

收样环节是送样人员将样品交接到检测人员的过程,检测人员收到样品后要对封样时的图片进行比对,检查样品数量、外观等是否完好一致,做好收样交接记录,并对收到样品进行拍照留存。对于样品数量不一致或封签脱落、破损或与封样状态不一致的异样样品,应拒收并及时向抽样人员或监督人员反馈,并记录异常。

检测环节是检测人员或第三方检测机构,按照物资检验要求开展实验或测试,检测是最为重要的一个环节,确保该环节不出错是抽检作业的重中之重,检测人员应及时记录检测过程和检测结果,检测全过程都应该有监督人员在场,并进行现场录像,以及平台回传存档。

样品处置环节是对抽检完成后的剩余样品和多余样品的处理,对于有危害的样品要及时进行销毁,对于多余的样品一般要进行备份存留,以便后续对存疑的检测结果进行检测核实复检。

报告编制环节是对整个抽检工作进行结果整理汇总和过程复盘的环节。一般来说,检测结果可通过检测仪器设备或第三方系统自动导入系统,或通过光学字符识别(OCR)识别转换为结构化数据导入供应链平台,避免手工录入出错的概率,提高工作效率,结合抽检过程、日志记录和检测结果,形成规范的报告文档,以便后续留档查阅。

2. 产品监造

产品监造是为了确保供应商在生产制造阶段物资质量与采购合同的要求一致,保证物资品质合格,杜绝不良资产流入,把常见性、多发性和重复性的质量问题消灭在生产环节。主要包括监造组织、监造实施和智能化监造等。

监造组织方面,监造单位收到管理中枢下达的监造任务指令后,根据监造内容、监造场地和监造周期等要素,对监造任务进行拆分、合并,形成最终可执行的任务单元。

监造实施方面,根据监造计划依据监造任务开展监造见证活动,应明确监造项目、被检供应商、监造场地和监造物资范围,依据监造标准和监造策略,由监造单位根据实际情况选择合适的监造方式,开展合规、合理的监造活动,重点对供应商制造质量、监造方式、监造进度、监造问题和监造资料等进行管理和督导。

智能化监造方面,传统的监造内容、监造方式相对固化,缺乏针对不同供应商、不同物资、不同生产阶段、不同工艺工序、生产管理水平等情况的差异化、精准化监造管控策略,缺少对质量容差数据的分析总结,无法对历史质量问题、类型等数据要素进行全方位、多维度的深入分析,不能持续性指导提升现有监造策略。链主单位可依托供应链枢纽平台融合畅通监造数据,集成联通供应商、第三方检测机构等系统数据,构建供应链协同供需、数据共生共享的新态势,根据对大数据智能化分析结果,自动扩展监造物资范围,更新质量监造新标准、优化提升监造策略,智慧化自动生成监造计划,制定差异化和精准化的监造管控策略。

3. 质量评估

质量评估是质量任务执行结束后,质量监督管理部门根据质量结果记录和报告建议形成决策的过程。

质量评估过程,根据抽检监造结果,质量技术监督管理部门可以给出处理意见,如合格、不合格等,检验人员根据处理意见做下一步操作。若质量合格可通过检验,执行后续工序或入库等;若质量处理意见为报废或返工,则可能需要拒收、退换货、修改工艺流程或销毁重新返工等。同时,对于采购物资还可基于质量任务、供应计划或采购合同,记录供应商不良行为、扣除合同款项、将其列入黑名单或终止与其合作。

质量分析过程,由质量管理部门对抽检监造任务、任务类型、抽检结果等维度开展质量分析,可依托枢纽平台智能评估功能开展分析工作,尤其是对逾期未完成的质量任务,通过质量执行环节报送管理中枢质量管控模块进行预警告警。对于抽检监造过程中的记录数据和问题清单,形成异常情况问题资源库,供后续日常运行对照查看,以便在遇到同类问题时快速定位问题原因,提高问题解决效率,降低质量安全风险。

(四)仓储作业

在仓储作业方面,根据仓储管理策略和仓储资源统筹能力要求,指导仓储管理人员按照合理的仓储作业流程保障物资存储,依托枢纽平台仓网规划能力支撑储供流程,规范仓管人员调拨收发、维修保养、轮换调库的作业流程。

仓储作业是仓储管理的下级业务,根据仓储作业计划开展实际业务执行,主要有物资入库、上架、下架、拣货、出货、转储、盘点、保养等多种任务。充分利用仓储感知终端、智能作业设备、实物标识管理、数字孪生等数智手段,打造立体、综合、高效的仓储作业能力,如图4-52所示。

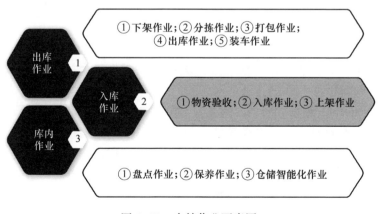

图4-52 仓储作业要素图

1. 入库作业

入库作业是在接收库存管理中枢业务指令后,经与供应商进行沟通、预约,确定收货的时间和地点,完成物资验收和入库作业,如图4-53所示。

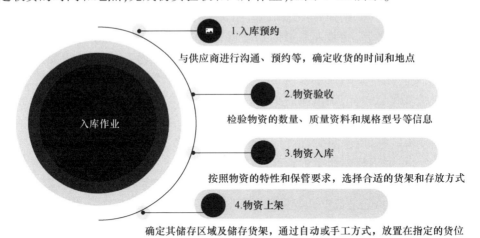

图4-53 入库作业流程

物资验收作业,当物资抵达后,仓库管理员会对物资进行入库前检验,包括物资的数量、质量资料和规格型号等信息是否与业务指令一致,避免出现误差,一旦发现不符,可拒绝接收物资。

物资入库作业,当验收合格后,执行物资入库操作,入库时需要按照物资的特性和保管要求,选择合适的货架和存放方式。同时,物资名称、数量、存放位置、入库时间等信息,自动更新至库存台账。

物资上架作业,物资入库后,根据物资属性、用途、领用规律,结合储存策略确定其储存区域;根据物资的体积、重量和储存条件等特征,确认其储存货架,通过自动或手工方式,将物资放置在指定的货位。

2. 出库作业

出库作业是在接收库存管理中枢业务指令后,根据指令执行下架、分拣、打包、出库、装车等作业。

物资下架作业,根据物资的出库顺序、数量和存放位置等要求,从仓库中选择相应的物资进行拣选下架。仓库智能货架会根据任务指令,按照顺序、数量和存放位置等信息从指定货位上取出物资,并通过输送带或搬运车将物资送至拣选区。

物资分拣作业,根据物资出库要求,从仓库中选择相应的物资进行拣选,拣选时需要根据物资的品种及数量进行拣选。拣选过程中,可将所有出库单据汇总后按路线拣选,也可以按单一出库单据逐一拣选。

物资打包作业,拣选完成后,需根据单据对物资进行分类和打包,确保物资数量、质量和包装方式与出库要求一致。

物资出库作业,在分拣打包完毕后,需再次进行物资核对,确保物资数量、质量和包装方式与出库单要求一致。同时,准备出库单据、发票、装车单据等票据信息,出库时需要仔细核对出货单据和实际货品信息是否一致,确保出库的准确性。

物资装车作业,待出库车辆具备后,将打包好的物资装车发货,同时在枢纽平台记录物流信息,以便在线原位跟踪。

3. 库内作业

库内作业方面以物资盘点作业和物资转移为主。盘点作业是对仓库中的物资进行清点和核查的过程,目的是核实库存数量、质量和状态,确保库存数据的准确性,计算资产损益情况。盘点时需要仔细核对每个货位的物资数量和规格等信息,确保与账面记录一致。物资转移主要是通过仓储管理软件根据转移需求进行移库、搬运作业。

仓储智能化作业,主要应用物联网、人工智能、射频识别(RFID)标签等技术手段,辅助仓管人员开展库内作业。例如,通过在仓库内安装无线射频智能识别设备、红外感应器、激光扫描器等设备,读取标签内容并获取物资的相关信息,进而完成对物资自动标识和跟踪,实现物资的快速、准确识别和定位。

(五)物资配送

在运输配送方面,通过管理中枢层形成的运输需求对接、运力资源撮合、运输任务管理等运配统筹能力,指导参与运输保障和运输任务执行的作业人员、承运企业、运输司机以及运输过程参与人员开展运输活动,确保运输执行安全、运输过程可控、运输信息可查。

依托供应链枢纽平台通过整合内外部物流资源,建设具备运力共享、储力共享、服务共享、信息共享的运输配送业务,主要开展运单生成、到货签收和运单结算等业务,如图4-54所示。

图 4-54　物资配送流程

1. 运单生成

运输订单执行是在运输任务下达后,承运企业管理根据运输计划进行运力资源分配,配送人员接收任务后根据制定的运输计划进行装卸货作业及物资运输。

承运企业分配运力资源后,将运输订单及发物清单等信息依托供应链枢纽平台在线发送至配送人员终端APP,并针对规划的路线重点监控沿线气象信息及道路资源信息,遇到气象灾害或者交通事故时,实现提前预警,及时切换到最优运输路线。车辆运输过程中,司机遇到特殊情况时也可以进行特情上报,运输部门及时协调运力资源进行后续任务运输,确保运输订单按时完成。

在运输订单下达后,供应链枢纽平台会自动将运输订单及实时动态信息推送至物资部门和收发物联系人终端,以使仓库作业人员及时安排调整装卸货作业时间和到货签收工作,实现配送全程安全可靠。

2. 到货签收

在物资到达卸载点前,供应链枢纽平台会根据运输订单的预计到货时间结合运输车辆的实时位置信息预测精确到达时间,将实时位置信息通过供应链枢纽平台发送至收货单位联系人,即可安排仓库卸货作业,并将卸货站点及具体时间发送至配送人员终端。

物资到货后,仓库作业人员根据收货单及发物清单,对物资数量、规格型号、外包装完好性进行初步检验,并确认无误后通过手持PDA对物资拍照进行上传后扫描收货单据条形码,获取具体物资信息,自动匹配生产/调拨订单、运输订单,完成货物的交接。若出现质量问题、数量短缺等情况,收货人员可依托平台完成部分收货或者拒收,以及申请退货或者补发。

3. 运单结算

运费等结算是根据承运商招标协议定期进行配送费用的结算,包括运费、装卸费和其他相关杂费。物资管理部门可通过枢纽平台接收承运商发起的运费结算申请,按照一单一结或合同和框架协议进行结算办理。对于一次性运输任务可按照合同仅对单次运输订单办理结算,且明确规定本次运费及运杂费;若签订了周期框架协议则按照合同规定定期发起结算。

(六)废旧物资拍卖

在废旧物资拍卖方面,通过管理中枢层废旧物资回收管理处置策略和计划,指导项目单位、仓储保管人员、鉴定组织等开展废旧物资处置的在线办理,应用平台完成报废申请、鉴定组织、鉴定评价、回收交接等环节服务,确保废旧物资的科学处置和价值利用。

废旧物资拍卖是通过竞价拍卖的方式确定废旧物资回收商和处置回收价格的过程,可以由报废物资回收管理部门开展实施,也可以委托具备相关资质的代理机构实施。废旧物资回收管理部门完成废旧物资退役鉴定、处置方式确认,对具备回收价值的废旧物资制定处置计划并完成一系列竞价准备工作后,向废旧物资拍卖执行单位下达竞价计划和竞价底价等信息,废旧物资拍卖执行单位接收上述信息并在再生资源交易平台中组织交易实施。

废旧物资拍卖过程包括竞价公告发布、回收商报名、竞价物资踏勘、公开竞价实施、竞价结果确认等环节,如图4-55所示。

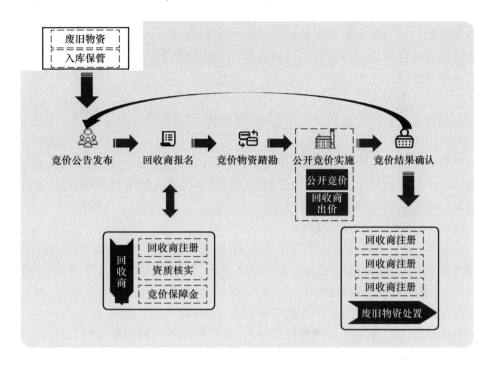

图4-55 废旧物资拍卖流程

1. 竞价公告发布

废旧物资拍卖执行单位接收并确认竞价计划、竞价底价及其关联的废旧物资信息,形成竞价事件并编制竞价公告,在线反馈回收管理部门进行审核,通过后进行发布。

2. 回收商报名

回收商获取竞价公告信息后,通过再生资源交易平台报名。交易执行单位核验回收商注册、保证金缴纳和回收企业资质能力信息,已注册并满足条件的回收商可匹配竞价事件;未注册的回收商反馈回收管理部门组织回收商注册与资质能力核实工作,具备条件且完成保证金缴纳后可匹配竞价事件;已注册但不满足条件的回收商不予匹配竞价事件。完成竞价事件匹配的回收商方可继续参与后续物资踏勘。

3. 竞价物资踏勘

交易执行单位根据竞价事件回收商匹配结果,组织符合条件的回收商相关人员按照竞价事件至废旧物资保管场所进行实地踏勘,由回收商各自评估物资价值,为竞价实施过程中的出价提供依据。

4. 公开竞价实施

组织回收商完成废旧物资踏勘后，交易执行单位在竞价公告指定时间组织公开竞价活动。公开竞价根据交易执行单位的实际条件可线上或现场开展，起拍价设定为甲方单位设定的竞价底价。回收商结合实地踏勘评估结果，对竞价标的以加价竞拍方式进行出价。

5. 竞价结果确认

废旧物资拍卖的竞价结果以出价最高且不低于底价为成交原则。竞价过程中有回收商出价，则与出价最高的回收商确认竞价结果，出具废旧物资处置成交书；竞价过程中无回收商出价，则确认为流拍事件，并将流拍事件对应的竞价计划退回报废物资回收管理部门，待报废物资回收管理部门调整竞价标包规模、竞价底价等信息之后再度执行废旧物资拍卖过程。

（七）结算支付

在结算办理方面，通过结算管理要求，依托采购合同、发票信息、货物交接单等凭证开展具体的结算办理，促进业财一体化运行，指导资金收付人员、供应商等按区域、专业等分别执行资金集中收付流程，提供合同款项的账务处理服务，辅助校核应收、应付账款，实现资金结算的集中管控。

合同结算支付是指在合同履行完毕后，对待相关款项的部分进行支付的交易。这涉及金额、交易方式等多方面的问题，是合同执行过程中的重要环节。在合同结算支付中，双方需要按照合同约定的支付方式和结算条款进行操作，以确保资金的正确流转和合同的有效执行。合同结算支付的方式有多种，包括但不限于现金支付、银行转账、票据支付等。在选择支付方式时，合同当事人应考虑安全性、便捷性和合规性等因素，并在合同中进行明确约定。结算支付流程要素如图 4-56 所示。

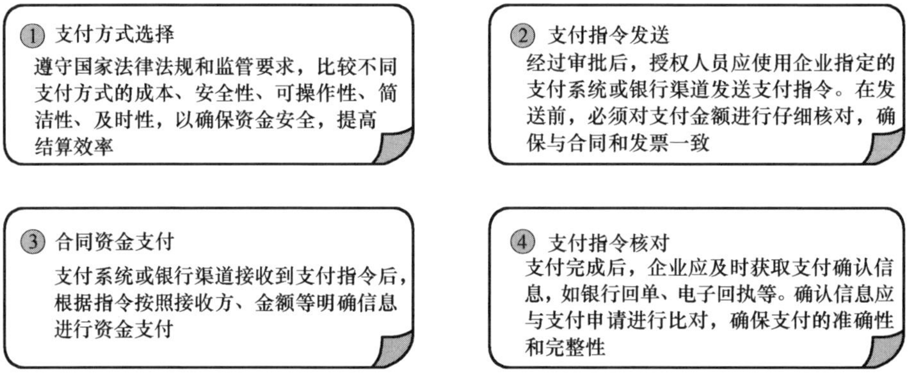

① 支付方式选择
遵守国家法律法规和监管要求，比较不同支付方式的成本、安全性、可操作性、简洁性、及时性，以确保资金安全，提高结算效率

② 支付指令发送
经过审批后，授权人员应使用企业指定的支付系统或银行渠道发送支付指令。在发送前，必须对支付金额进行仔细核对，确保与合同和发票一致

③ 合同资金支付
支付系统或银行渠道接收到支付指令后，根据指令按照接收方、金额等明确信息进行资金支付

④ 支付指令核对
支付完成后，企业应及时获取支付确认信息，如银行回单、电子回执等。确认信息应与支付申请进行比对，确保支付的准确性和完整性

图 4-56 结算支付流程要素

1. 支付方式选择

在遵守国家法律法规和监管要求,比较不同支付方式的成本和服务费,考虑支付方式的操作简便程度和到账时间,选择性价比高的支付方式,并优先选择银行推荐的支付方式,确保资金安全,提高结算效率。

2. 支付指令发送

经过审批后,授权人员应使用链主单位指定的支付系统或银行渠道发送支付指令。在发送前,必须对支付金额进行仔细核对,确保与合同和发票一致。同时,应关注支付指令的加密和安全传输,防止信息泄露和篡改。

3. 合同资金支付

支付系统或银行渠道接收到支付指令后,根据指令并按照合同明确的接收方、金额等信息进行资金支付,相关单据和支付过程信息应在枢纽平台全程留痕。

4. 支付指令核对

支付完成后平台可及时获取支付确认信息,如银行回单、电子回执等。确认信息应与支付申请进行比对,确保支付的准确性和完整性。如有异常或错误,应立即与银行或支付机构联系并采取相应措施。此外,平台还可将支付信息及时反馈给相关部门和人员,以便进行后续的账务处理和对账工作。

五、数据资产

长久以来,很多链主单位在信息化建设进程中,都不同程度经历过有硬件没软件、有软件没数据、有数据难共享的困难被动局面。特别是进入数智化转型时期,数据作为一类关键性、基础性、战略性核心资源,已广泛融入、深刻影响供应链业务运行,数据资产作为新兴业务领域逐步走入管理视角。

面对数据规模日趋庞大的发展趋势,以及当下部分链主单位存在的业务数据家底不清、标准不一、缺乏统筹规划、共享开放不足等问题,迫切需要建立用数据说话、用数据管理、用数据决策、用数据创新的理念指引,系统研究链主单位业务数据管理思路和措施,重点围绕业务数据的产生、流转、应用、归档全生命周期,确定数据管理的基本原则,系统梳理数据管理的关键要素和具体内容,明确数据管理的职责界面和工作流程,健全完善链主单位业务数据管理制度,持续提升供应链的业务数据管理水平。

(一)管理机制建设

数据作为新兴的关键生产资料,其重要性被提升至与采购、合同等供应链本职业务管理对等的高度。从组织职能、管理制度、考核评价等方面,建立健全供应链数据管理机制,是指导供应链数据资产服务能力建设和发展的基础,也是支撑供应链数字化、智能化体系构建的基石。

1. 组织职能设置

在组织职能设置上,重点是建立"数据主人制"或"数据主责制",通过明细数据全生命周期的责任主体,构建数据资产管理责任矩阵,明确各责任主体的管理界面切分,建立"技术驱动、业务引导、责任压实"的协同管理机制,并强化专业支撑队伍和服务能力建设,规范供应链数据管理的职能架构。

数据责任矩阵。提炼供应链主要业务数据项,按其产生的业务环节、流转过程、传输路径及应用主体等维度,明确数据归口管理的责任主体、职责要求等内容,形成数据全生命周期的责任矩阵,纵向细化界面分工,横向指导协同合作,形成数据管理的基础组织架构。

协同管理机制。加强"技术+业务"双驱动,技术部门发挥集团级数据管理归口作用,整体统筹规章制度、技术能力和安全合规等基础体系建设;业务部门强化专业管理职能,统筹专业标准、共享授权和应用服务等能力建设,共同推动数据管理体系落地。

专业服务模式。建立供应链数据管理专业支撑机构,在技术、业务部门共同领导下,具体开展数据清查盘点、标准设计修编、数据汇聚治理和安全合规管控等工作,打造专业化的服务组织,形成数据管理人才队伍培养和成长的摇篮。

2. 数据管理制度

纲举目张、制度先行。在统一的管理组织架构下,围绕供应链数据资产的标准、质量、共享、应用、安全等方面,建立健全规范的管理制度,指导数据管理各项工作按照一致的标准高质量开展,引领形成整齐划一、开放融合的数据管理生态。

标准管理制度。涵盖供应链的全量业务信息要素,建立相关数据模型、主数据、数据字典等基础标准的管理机制,规范数据标准的申请、创建、发布和修编等工作流程,丰富数据标准落地实施指导和应用情况监测措施,统一链主单位供应链数据标准,支撑向上下游延伸覆盖,保障供应链生态聚合形成。

质量管理制度。按照链主单位数据应用规划,发布数据质量检查规则,制定数据质量核查计划,确定数据质量清查范围,建立技术支撑工具开展质量清查,形成质量报告和问题清单。按照责任约谈、问题点名、定期通报、考评挂钩等方式,督导责任单位限期整改,共同促进供应链领域数据质量提升。

数据共享制度。按照"建强水源、疏通水渠、汇成水库"的策略方法,分领域、分部门、分专业建立数据共享渠道,梳理数据共享目录,按照"共享是常态、私有是例外"原则,推动纳入共享目录的数据集中汇聚、统一管理,打造中心化的数据共享渠道,确保"一数一源、数出同源"。分级分类细化数据共享授权要求,强化授权审批流程管理,提高共享数据可控性。

应用管理制度。规范数据分析应用的统一技术平台和路线,形成数据寻源、获取、分析、展示的一站式应用环境。建立数据应用需求统一受理审查流程和规范,加强同类同质需求整合,减少多头重复建设。统筹数据应用成果归集,形成可共享、可复用的数据成果体系。

安全管理制度。按照谁主管谁运行、谁使用谁负责的原则,建立数据采集、传输、存储、处理、使用、销毁等各环节的安全与合规策略,强化数据全生命周期环境安全风险检查,丰富数据安全审计技术手段,加强数据安全宣贯培训,整体提升数据安全管理效能。

3. 考核评价标准

发挥考核评价手段对数据管理的激励促进作用,围绕数据资源情况、数据管理能力和最终的数据应用价值等方面,开展量化评比和对标评价,激发各级单位重视数据管理、狠抓数据管理的决心和动力。

数据资源评价。着眼从"有数据用"到"数据可用",加强数据资源对业务覆盖面、需求支撑度的评估,建立数据的业务完整性、内容丰富性、供给及时性、质量可用性等方面评价指标,识别数据资源自身短板,促进数据管理的基础对象要素齐备、质量优良。

管理能力评价。规范各级单位数据管理工作过程和成果归集,建立反映数据管理工作效率和质量的评价指标,推动数据管理工作客观量化,开放各单位数据成效对标对表服务,激活各级单位数据管理内生动力。

应用价值评价。加强数据应用场景注册用户量、访问量、活跃用户量、收藏量、业务交互量及应用迭代周期等应用量统计,针对不同场景使用关键业务量指标进行评估,分析场景实用化水平趋势,辅助识别"僵尸"应用和"冰点"数据,促进数据管理持续聚焦。

(二) 基础体系设计

加强数据管理应用的基础服务体系建设,以统一的数据模型开展各类异源、异构数据的结构、定义和标准转换,持续推进数据质量在应用和管理环节的规范化、体系化落地,构建全方位覆盖、立体化防控的安全策略,支撑打造具备通用、可用、好用等特性的供应链数据资产,并保障全过程可控受控。

1. 统一模型设计

模型是数据产生、传输、存储和应用的载体,负责对数据内容进行规范化的记录和管理。通过加强源端生产数据模型、分析环节标准业务模型和交互流通中受控共享模型的统一设计,提升各环节数据的标准化水平。

源端数据模型。针对源端生产系统严格遵循数据建模范式,综合业务体量、数据规模、内容结构、更新频度等因素,开展生产数据建模,规范数据字段的名称、描述、用途、含义、业务规则、关系以及其他重要属性,减少数据元素冗余。

标准业务模型。立足全链条视角,提炼各系统有业务价值的数据字段,整合去重形成供应链全量业务字段库,按专业、流程环节等维度,对字段归组聚合,形成业务人员可解读的业务信息模型。建立业务模型各构成字段与源端数据的取值映射关系,形成数据转换规则。

受控共享模型。对于跨专业、跨单位、跨层级共享的数据,按照最小化原则拣选数据字段,组合构建数据共享模型,并补充设置数据共享权限范围标识,控制共享数据分发、传输、使用的范围和层级要求,确保数据共享可控受控。

2. 质量规则设计

以提升数据可用性为核心,对数据产生、传输、转换全过程制定筛查规则,支撑利用技术手段自动化校核数据质量,识别数据在源头误操作、传输过程变形失真等问题,促进数据质量水平提升。

业务稽核规则。针对源端生产系统数据,从业务常识、管理要求、操作规范、数据规律等方面,细化制定各类数据的结构类型、内容范围、参数取值、关联关系等方面的业务约束规则,辅助识别在生产作业过程中产生的数据质量问题。

传输验证规则。针对跨平台的数据传输过程,从技术层面设置数据条目总量、关键字段格式、重点数据内容、传输时间窗口等层次的校验比对规则,支撑数据传输通道的双侧平台开展检查比对,辅助发现传输链路和传输过程不稳定导致的质量问题。

清洗转换规则。针对存在业务质量问题的数据,分类制定问题数据的纠正措施,针对缺失值、重复值、格式错误、度量差异等典型问题,通过抽样检查、原始比对、特征统计等方法,制定数据的清洗转换规则,支撑问题数据的补充修正。

3. 应用保障设计

梳理业务与数据对应关系,构建反映供应链数据分布和业务脉络的资源图谱,统一数据标签和可视展现规范等要素设计,支撑数据分析应用,便于快速检索、理解和规范使用供应链数据资源。

数据资源图谱。以各类业务活动为节点,追溯业务与数据映射关系、数据流转关系等,梳理数据脉络,构建供应链数据资源图谱,"一张图"直观展示数据全貌,建立数据交互检索、溯源分析、业务探索等技术手段,为数据应用赋能。

数据特征标签。按照数据来源、类别等基本属性及其所代表的业务特征、适用场景等扩展内涵,直观建立数据标记,形象化、结构化、业务化反映数据特点,便于快速开展数据检索、推荐和分类。数据标签应综合考量数据的准确性和一致性,兼顾标签粒度和数量,并提升标签的精炼水平。

数据展现规范。针对数据分析场景,建立统一的可视化图表组件库、向导式分析引导、分析展示布局和动态效果等规范,集中管理不同应用风格模板,辅助用户快速创建数据分析应用。强化灵活多样的数据可视成果组合模式,确保生动表达分析结果。

4. 安全策略设计

建立多重数据安全防护策略,指导涉密隐私数据的规范管控。在保障数据应用不受影响的前提下,强化对数据内容的安全保护,确保数据在各环节的安全合规。

受控清单策略。针对涉及国家秘密、商业秘密和个人隐私等数据内容,明确数据使用的业务范围、存储位置和脱敏要求,分级分类制定适度共享的严格授权流程,形成供应链受控清单数据,与其他公开共享数据独立管理。

数据脱敏策略。建立替换、扰乱、加密、截断、掩码及伪装等不同类型的数据脱敏策略,根据具体的数据类型、业务需求和安全管理要求,分类选取使用,在保留数据的可读性、可用性和可分析性时,保护敏感数据不被泄露。

隐私计算策略。针对跨层级、跨单位的数据共享需求,以数据计算服务替代原始数据供给,结合多方安全计算、同态加密、差分隐私、联邦学习和零知识证明等技术方法,构建隐私计算服务能力,屏蔽对原始数据的直接访问。

安全审计策略。建立数据行为监测手段,对各类数据的访问、传输、变更等过程进行全方位记录,对敏感数据的后台篡改、复制或清除等异常行为进行监控,联动触发报警和备份转移机制,防范数据损坏或泄密。加强数据行为审计,及时总结形成审计报告,方便管理人员了解和解决安全问题。

(三) 数据资源汇聚

以链主单位为中心,推动数据资源共享范围向上下游企业、政府及社会平台延伸,适应各类数据来源和结构,构建多渠道的数据采集传输能力,强化不同专业、不同单位数据间的整编融合,形成涵盖供应链全量业务的数据资源池,如图4-57所示。

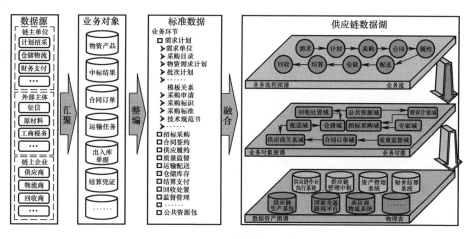

图4-57 数据资源汇聚

1. 数据资源规划

着眼形式统一数据空间,围绕贴源、对象、主题开展数据资源规划,加强供应链自身环节的数据自动集聚,推动链主单位其他相关专业数据接入,并根据业务管理和数据应用需求,开展与政府部门、行业协会以及社会机构的数据合作,加强供应链相关数据引接。

专业要目数据。基于数智供应链的管理中枢,对需求、计划、采购、合同直至结算、回收等全环节的业务信息进行沉淀,开展供应链各业务执行平台、各数据概要、各业务数据和元数据的梳理盘点,明确业务、系统、数据的关联关系,形成供应链内部各类专业的全量对象数据资源。

链上共享数据。依托管理中枢平台与供应链上下游企业、合作伙伴系统连接,推动业务协同要素和共享数据向链主单位的汇聚,形成融合原材料、组部件、生产计划、制造工艺、试验报告等外部数据的供应链资源池。

政府社会数据。推动相关经济运行统计报告、工商税务、企业征信、交通运输、应急管理、基础设施等职能部门数据,以及原材料价格、天气气象等行业共享数据的引接,与供应链专业数据和链上企业数据融合,形成支撑供应链运行发展和数智提升的数据资源。

2. 多源采集服务

数据采集是构建供应链可用数据资源池的开端,通过搭建平台直传、终端采集、介质导入、在线填报等多重数据采集手段,适应不同来源系统的数据采集传输需求,支撑数据高效向供应链枢纽汇聚。

数据平台直传。将集团级数据平台的数据采集、传输等作为多源数据汇聚的重要手段,推动各专业平台与数据平台对接,建立"$T+1$"传输和实时数据传输等多重通道,通过数据复制、数据抽取等不同方式,保障数据传输的可靠性和稳定性。

物联终端采集。针对评标场所、运输车辆、物资仓库等各类设施的环境参数、设备状态、作业行为、位置轨迹等信息,构建全面的物联感知终端网络,开展实时采集。建立感知终端与云上平台的互联通信网络,推动物联感知数据的自动化传输、归集化汇聚。

信息介质引接。对于存在网络、平台等数字化环境隔离的情况,以及出于安全考虑需要线下传递的信息,构建基于物理介质的数据引接导入服务,快捷、批量获取传递的数据信息,并自动校验引接数据与原始信息的一致性和相符性。

人工在线填报。在没有业务系统支撑的情况下,针对用户补录、手工填报等数据补充采集的需求,提供在线填报服务开展数据采集。同时,建立清晰的填报指南和模板,完善数据验证校验机制,引入自动化工具与技术等手段,提升填报效率,降低误操作风险。

3. 跨域整编融合

对来自不同单位、不同专业、不同系统的数据,以供应链统一的业务流程和物资统一的全生命周期编码为基础,开展数据的规约、关联、转换,凝聚各方数据合力,形成覆盖更广、价值更高的供应链数据资源。

数据整编规约。针对来源不同、类型不一、结构各异的供应链数据,在保持数据业务原貌的情况下,开展数据属性、数值内容的一致化和精简化处理,形成同一空间、同一尺度、同一口径下的数据要素信息,简化数据关联的规模和复杂度。

业务关系构建。业务流程上以供应链统一单证为主线,环节作业上以物资唯一编码为纽带,开展跨专业、跨单位数据的关联,形成业务全过程、物资全周期的数据链,全量还原真实的业务形态和业务关系,为数据深层次融合奠定基础。

融合策略设计。择优选取不同的融合方式。数据组合,不改变数据本质属性,依据业务关系,简单进行各方数据的组合拼接,形成多维度刻画业务的基本数据;数据整合,对多方数据进行重构合并,形成共同应用的数据价值,构建新的数据形态;数据融合,开展多方数据的深层次聚合,孵化新的业务形态和管理模式。

实施改进跟踪。持续跟踪跨域数据整编融合的结果应用情况,识别存在"木桶效应"的短板数据,追溯数据来源和整编融合过程,对过程偏差进行改进,对源端问题协调治理,并综合考虑替代数据等备用策略,确保数据整编融合的目标效果。

4. 供应链数据湖

围绕流程作业提升、物资质量管控和厂商绩效评价等方面,依托整编后的数据资源,采取"水面提升""以湖漫库"的方式,构建链主单位数据湖,提前集中管理供应链业务信息、质量要素、厂商评价等主要数据,便捷支撑各类相关数据分析场景的建设与应用。

全链条流程作业信息。围绕供应链端到端流程环节,汇聚整编全量业务信息,形成供应链核心业务、关键环节、重要资源的全息数字画像,实时感知多主体、多场景、全链条的运行状态,提高供应链的可视可调可控水平。

全周期物资质量信息。强化物资全生命周期质量监督,应用物资唯一编码,串联物资生产制造、到货检验、使用维修等各阶段的质量信息,构建全生命周期质量信息库,靶向开展物资质量问题专项治理,提升产业链供应链质量控制水平。

全维度厂商绩效信息。构建供应商、物流商、回收商等上下游厂商的全量信息库,归集厂商产品和服务的质量价格、创新效能、绿色低碳等数据,融合厂商资质能力核实、采购资格审查等信息,常态化开展厂商履约服务能力评价,推进产品和服务采购"选好选优"。

(四)质量治理提升

针对数据产生、传输和应用等全过程环节,适配环节特性精准制定数据质量的检查要点和技术手段,开展数据质量的检查,针对问题数据开展定位、治理及复核,提升业务+技术共同赋能的数据质量治理能力,如图4-58所示。

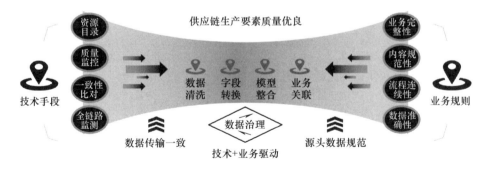

图4-58 供应链质量治理提升要素概览

1. 源头质量治理

强化数据在源头生产系统的质量管控,防范误操作、功能升级等原因导致的生产侧数据质量问题,促进源头系统的数据质量可控可用可信,杜绝"带病"数据进入流通环节。

操作差异纠偏。针对业务用户在源端生产系统误操作、漏操作等导致的线上系统数据与实际线下业务不一致等质量问题,在源端系统前台另行增加修正服务,记录修正操作和结果。后续业务应用及数据分析以修正数据为基准,保留原始数据以便追溯与审计。

模型变更核查。统筹源端系统底层数据结构变更的申请,追溯采集、传输、存储、分析、应用等各环节的数据和功能节点,论证调整必要性和影响,强化模型变更把关,避免非必要调整源端数据结构带来的传输链路、存储模型、计算过程等连锁式调整。

应用缺陷整改。针对平台功能设计、开发缺陷带来的源端系统生产数据质量问题,除影响业务继续执行的阻断问题,可通过运维机制在源端系统处理外,其他基于数据平台的数据修正服务开展,减少建设或技术原因对源端系统的数据改动。

2. 传输质量管控

梳理数据在采集、传输、存储、加工等全过程技术链路的通道和落地环节,形成数据传输质量的管控基准点,强化各基准点的数据质量监测和校核。针对传输过程导致的数据变形、失真等质量问题,建立自动化的技术整改手段,确保数据"一比一"从源端接入。

数据流向图谱。针对数据采集、传输、存储、应用等过程,建立数据在不同过程环节的流转路径,归集所涉及的数据加工处理逻辑和数据分析展示应用,形成体现数据全生命周期的数据流向图谱,支撑数据影响性、关联性分析。

传输链路监测。以可视化方式监测数据分布情况,管理业务流程及环节、各业务环节业务信息、关键业务统计信息,以流程图方式直观呈现业务流程中各环节与数据对应关系,方便用户从全局角度掌握数据流转变化情况,结合数据记录条目数、业务统计汇总值等直观展示数据分布规律,辅助定位数据问题。

传输问题治理。对于传输路径中源端系统与数据平台不同层级间发生数据条目数不一致、业务统计汇总值(如订单金额、采购申请数等关键业务字段的统计值)不一致的情况,在业务数据流图谱通过节点"标红"方式定位链路异常点,在图形上进行预警。

3. 应用质量优化

针对数据应用设计、研发、部署等环节,建立数据质量的验证手段,加强数据异常波动情况监测,打造集数据感知、数据验证、数据校核、数据治理等为一体的数据应用质量管理能力。

可信验证样本。为保障数据设计、研发等过程的正确性,结合数据安全防护要求和数据脱敏应用方式,构建能反映真实业务特征的验证数据,为设计、研发提供可信可靠的仿真模拟数据,提高数据应用在初始阶段的设计研发质量。

关键用户核验。建立数据分析应用的业务核验机制,由归口部门组织关键用户,重点检查功能对业务需求的满足度,通过实际生产数据检验计算结果与业务预期的一致性,对核验通过的功能及时组织上线,对核验不通过的及时组织承建单位进行问题分析。

指标波动监测。建立分析结果的监测比对手段,重点识别变化突然、幅度超出正常业务规律范围的数据,分析该数据的流向图谱,逐一核实各环节的数据处理结果,识别突发性原因导致的数据传输异常、计算异常等情况,有针对性地开展治理。

(五)数据应用支持

建立多元化的数据应用方式,涵盖从基础统计报表到高阶智能决策,全方位服务支撑供应链运行管理。紧跟供应链的发展方向和热点场景,发展产融、绿色、数智等重点领域的服务产品,打造供应链发展的数字新业态。同时,为加强数据应用价值的发挥,建立体系化的应用支持能力,更高效、更安全孵化供应链数据价值。

1. 专业管理赋能

围绕供应链业务日常运营所需的基本能力,打造多维业务报表、量化分析指标、智能决策模型等融合一体的数据应用服务,支撑各类数据分析应用场景快速构建、便捷共享,提升数据价值对专业运营的赋能水平。

多维业务报表。在统一数据空间的基础上,根据业务需要,提供主题服务,开展统计工作,形成业务报表,建立各专业的业务报表库。按照"统一规范、自动生成"的原则,对各类业务报表进行标准化设计,明确统计规则和计算逻辑,根据实际需要确定业务报表的统计口径、统计维度、业务覆盖范围等,满足各方获取供应链运营业务数据的需求。

量化分析指标。在同业对标、业绩对标等指标体系的基础上,结合链主单位供应链发展布局,以及数智、绿色转型要求,客观量化全链业务运营情况、运营绩效,打造统一指标体系。根据业务需要、形势变化,动态更新、迭代优化各类运营指标、评价指数,确保指标体系的先进性和实用性。充分发挥指标引领作用,通过指标及时诊断业务开展异常情况,发现或预测业务偏差,实现事前纠偏、事后及时调整与总结、分析,推动供应链全链业务效率、效益和效能持续提升。

智能决策模型。通过"数据+算法+场景"的模式驱动,将基础型数据资产转化为服务型数据资产,形成统一的供应链数据分析模型库、主题库。按专业条线、主体分类、视角层级等持续归集业务规则和科学模型算法,构建产品质量提升、招标采购提升、仓储物流提升、风险防控提升、提质增效提升、节能减排提升等决策支撑模型,为供应链协同、资源布局优化、价值单元整合提供支撑。

2. 数智产品服务

关注供应链发展的重点领域,响应国家号召,加强供应链与产业链、金融链的数据融合应用,打造产融协同服务,为供应链金融业务提供数据支撑。发展绿色转型、数智升级等供应链新兴业务,创新数字经济服务对象和发展模式,从立足链主单位提质增效,向带动上下游企业高质量发展转变。

产融协同服务。强化厂商在链主单位中标、订单、供货、付款等信息的融合应用,与供应链金融机构授信、贷款等业务相结合,为中小企业提供供应链可持续发展资金保障机制,带动链上企业、金融机构整合上下游金融服务资源,积极纾解中小企业、实体经济发展资金压力。提供"供应链+"大数据场景应用,辅助资金链风险防范、化解和处置机制,推动供应链金融市场稳定发展。

绿色转型服务。通过供应链数据汇聚服务,实现绿色低碳相关政务数据源、第三方数据源、链上企业数据源的信息采集、输入、处理、加工和输出,构建链上企业绿色信息核验模型,结合碳核算、碳评价等结果数据,通过积木化的智能决策引擎,满足绿色转型分析的快速建模以及定制化需求。

数智升级服务。挖掘企业真实投标材料价值,依托供应商资质能力核实等手段,完善供应商数字化发展水平评价等要素信息,分析其数智转型升级需求和难点,创新商业模式、业务模式、运营模式,有针对性地推出供应链数字应用产品,服务链主单位数字化能力提升。

3. 应用保障支持

供应链数据管理服务,应覆盖供应链全业务数据、贯通全链路环节,建立"数据监控—事件告警—问题处置—工作评价"的常态闭环管控机制,结合"定制化""自助式"的数据服务,灵活满足业务用数需要,探索数据推动业务深度优化的新模式。

夯实管理基础。围绕决策指挥、管理中枢、业务执行,分级建立数据目录及管理台账,完善数据业务属性定义及规范,约定数据唯一来源,有效解决数据溯源难度大、溯源结果不唯一等问题,方便数据的查询、使用及管理。

开展日常监控。建立健全数据业务流程图谱,可视化监控数据的业务分布、链路传输、质量水平等,开展管理中枢、业务执行多级数据日常巡检,发现问题实时处置、定期评价,有效解决数据链路及质量问题,提高数据可靠性。

服务业务需求。打造数据应用商城及自助式数据分析环境,满足不同知识背景业务用户的用数需求,结合实用化监测及评价工作,有效解决数据服务不好用、业务用户不爱用的难题,推动数据应用向实用化迈进。

六、基础支撑

基础支撑为供应链业务管理和数智转型提供组织、机制、技术等多重保障。主要包括统筹优化组织体系,加强需求计划、采购供应等物资保供活动的组织协调能力,指导数智平台建设与应用;建立健全运行机制,推动供应链管理制度归并精简、迭代升级;夯实强化技术支持,持续完善链主单位网信基础设施,打造统一开放的先进技术生态,推动数智供应链建设运行风险有效防控。

(一)组织体系

各类组织机构是实体供应链业务活动的管理和执行主体,是供应链数智平台中归口业务指挥决策、要素管控配置、流程申请审批的职能用户。链主单位内部往往按照职能分工,设有不同单位、部门、岗位等组织机构,分别开展需求、采购、运输、仓储、结算、回收等业务活动。

1. 组织机构设置

根据业务职能和管理层级的差异,供应链体系的组织机构可以划分为供应链管理机构(简称"管理机构")、物资需求单位(简称"需求单位")和专业协作组织(简称"协作组织"),不同组织机构间协同共生,共同支撑供应链业务端到端的流转办理。

供应链管理机构。主要是指具体负责供应链各环节统筹指导、业务管控和作业执行的机构。从层级上,分为管理机关和作业单位,管理机关从全局统筹供应链管理的制度与规范,制定战略规划和发展目标,组织、指导、监督各级作业单位的供应链业务活动;作业单位按区域、分支机构设置,承担平衡利库、合同签订、履约协调、仓储配送、移交验收、现场服务、物资结算等具体实体作业。在专业上,按照计划、采购、合同、供应、仓储、质量监督、供应商关系、应急物资、废旧物资处置、业务审计等不同业务环节,设置专门的部门、科室等,分别承担相应的职能;在采购供应的物资品类繁多、不同品类物资的采购流程和存储要求差异大时,也按照物资分类设置对应的管理机构,例如,某能源集团招标业务部又具体划分为设备类招标、材料类招标、服务类招标等不同科室。

物资需求单位。主要是指物资的末端用户,如工程项目单位、设备维护部门,以及常规办公物资的使用单位等。在业务职能上,物资需求组织根据实际生产建设、经营管理等需要,编制上报物资需求计划,明确所需物资的种类、数量、质量要求以及采购时间等;物资采购供应过程中,关注跟踪工作进展和物资到位情况,并与生产建设进度关联,提出物资保障计划的调整要求;物资到位后,会同供应保障部门开展到货验收交接,或按照使用需求从仓库开展物资领用,并强化项目现场物资的管理。在某些跨区项目、专项任务等物资保障活动中,经常会临时设置柔性的需求管理部门,在项目或任务期间其负责物资需求的提报、到货物资的签收、库存物资的领用等,此类临时组织通常采用抽组、控制、虚拟等组织形式,在考核评价、业务流程、系统建设及应用等方面,视同常规需求单位进行管理。

专业协作组织。主要是指与供应链存在业务交集的组织机构,如链主单位内部财务、资产等管理部门,以及供应链上下游负责物资检验、回收、拆解、拍卖的单位等。协作组织通过流程对接、信息交换等方式与链主单位的供应链管理机构、需求单位等组织共同合作,推动在供应链业务协同上凝聚共识、形成合力,在保障本专业内要素精益化管理的同时,充分兼顾供应链业务管理中需要本专业提供的服务、信息等要素,基于会商机制确定一致的协同规范并刚性执行,避免出现各专业只关注自身管理提升,忽视供应链业务交互贯通的情况,减少业务断点。

2. 组织关系构成

供应链组织关系作为实体业务和在线流程的体现,主要确定各类组织机构之间的层级隶属、业务流向、物资供需等内容,包括组织领导关系、供应保障关系、应急协调关系等。

组织领导关系。约定供应链各级各类业务管理组织机构之间的工作隶属,按照上下级行政管理架构,细分为领导管理关系和业务指导关系。领导管理关系中,上级供应链管理机关统筹管理目标、制定业务规范,组织形成计划、采购、运配、仓储、结算、回收等业务计划和方案,明确对同级作业单位、下级管理机关的工作分配,组织任务实施,并落实跨单位间业务协调职能。业务指导关系中,上下级可无直接隶属,主要是上级依托其在管理层级、范围等区位优势,为下级提供管理规范、作业规程、风险应对、业务审计等方面的专业指导和工作建议,一般不强制干预下级的供应链业务活动。

供应保障关系。即供应链保障实体与保障对象之间的关系,主要明确谁的物资需求、向谁提报、由谁采购、由谁配送,以确保物资能更高效、精准到达末端用户手中。一般可分为区域型保障关系、行业型保障关系、任务型保障关系。区域型保障关系,根据链主单位分散在全国各地的仓储、运输等能力的辐射广度,确定供应保障的区域或方向范围,位于该范围内的物资需求单位即为其常态化服务对象。

行业型保障关系,物资需求按照品类、行业等,分别报送至归口管理的供应链管理机构,由其组织采购供应等活动。此种情况下,要充分考虑跨行业、跨专业物资的组合使用需求,相关品类间物资供应保障的进展应确保同步。任务型保障关系,对于重点保供任务,往往打破区域、行业的限制,优先制定供应保障能力强、物资服务质量优的组织承担保供职责;对于需求位置随时变化的情况,提前研判每次物资需求发生的时间和区域,按照就近原则指定需求发生区域的供应链单位履行保供职责。

应急协调关系。针对紧急事件、应急灾害等特殊情况,优先以满足应急物资的采购、调拨、运配等需求为主,打破常规应急建立的组织领导和供应保障关系。主要包括:应急协调专班,抽组供应链管理机构、协作组织以及事件发生地的需求单位等共同组成临时专班,开展评估毁伤情况、测算物资需求、制定应急预案、调配应急物资、跟踪保障进度、评估响应质效等工作,具备对应急保障资源和流程的调配能力。应急响应机制,与国家、军队、地方应急管理部门等机构建立应急联动渠道,提前针对典型应急情况(如台风、地震等)做好应急物资的"单元化""成套化""标准化"储备,根据事件类型、程度等快速匹配应急物资种类和数量,并可视统筹全量实物库存、在途物资明细,保障"可见即可调"。应急保障流程,主要包括应急事件响应、应急机构组建、应急方案生成、应急物资调配、应急保障调度和应急保障总结改进等,发现应急过程中组织协调、预案储备、资源调度等方面的难点堵点,推动优化应急协调专班、应急响应机制和应急保障方案。

3. 组织效能评估

供应链体系的组织机构设置,以服务物资的高效、精准供应为根本出发点,从集约调控能力、物资保供质效、数智建运绩效等方面,评估组织机构设置的合理性和运转效能,支撑高层决策优化调整组织机构职能与分工。

集约调控能力。综合性反映供应链管理机构在各项活动中的业务指导和资源调控水平。需求响应上,统筹各单位物资需求、各环节业务需求受理响应,打造区域型、行业型集约响应中心,形成一站式需求统报服务;任务编排上,全面考量保障任务需求、实力分布、资源底数、要求等要素,科学合理制定可落地、可执行的工作方案与保障计划;指令下达上,畅通供应链线上协作渠道,内部环节作业指令依据任务自动生成、自动流转,跨专业指令在线对接、贯通协同,外部协作指令转发响应、结果可溯;过程管控上,全量业务常态化在线运转,流程环节全程留痕,保障要素公开透明、专业交互界面清晰,形成端到端可视可测可控的完整业务链条;资源协调上,打造集链主单位、上下游企业、行业伙伴、国家力量为一体的保障要素资源池,形成区域、行业、社会多层级联合保障和应急统筹能力。

物资保供质效。围绕供应链本质目标,聚焦末端物资用户获得感和满意度,客观量化各级各类组织的专业服务能力。物资需求计划科学反映实际业务,份额调剂、预算调节等依据充分，采购、调拨等筹措策略兼顾保障资源底数，计划报送批复及时顺畅，进度情况及时反馈需求单位；招标采购活动公开透明，技术规范、采购策略、监管要求等标准全层级统一执行，采购范围、采购方式依法合规，采购过程廉洁高效、评审要素客观公正，打造"阳光采购"市场品牌；物资运输配送精准快捷，重点物资、备品备件、低值易耗品等运输配送方式因"物"施策，自有运力、社会运力、国家运力等资源有效统筹，大宗物资集中运输、零星物资集约配送等形式灵活组合，确保物资按时、按地、按需到场；仓储库存物资高效周转，推进标准化、智能化仓网体系建设，物资出入库自动作业，库存动态精确统筹，安全定额策略科学制定，强化盘活利用和老旧清理，逐步实现"零"库存供应。

数智建运绩效。牢固树立数智化发展理念，科学衡量供应链数字平台、智能装备建设应用成效。平台建设上，加快供应链场景数智能力升级和应用范围覆盖，支撑流程线上化运行、运营数据化决策，培育基层单位使用习惯，提升获得感，推动数字平台从"要我用"向"我要用"转变；应用规范上，促进业务管理要求与平台应用规范深度融合，健全各环节业务操作质量和时限要求，建立平台应用率、操作规范性等评价指标，发挥平台应用对业务规范提升的有益补充作用；专业协同上，以供应链为主线贯通财务、资产等专业平台，围绕物资全生命周期建立业务服务总线，强化跨专业流程标准化对接、跨系统服务线上化集成，打造一体化的供应保障支撑平台；数据要素上，构建数据集中汇聚和高效处理平台，分类分级制定数据保鲜标准，强化数据质量协同核验治理，健全数据共享安全风险防控，打造规模大、质量高、覆盖广的供应链数据湖。

（二）运行机制

供应链业务的数智化转型和可持续发展，需要强有力的运行机制予以引导和约束，在管理上，强化制度"灯塔"作用，引领业务发展沿正确航道扬帆奋进；在服务上，建立健全配套机制，为数智供应链建设提升注入源源活力；在规范上，统一基础要素标准，贯穿全链环节应用，保障运行基础同频一致。

1. 业务管理制度

将链式思维、生态思维融入供应链管理，从制度规范、作业流程、知识服务和激励模式等方面，打造成套制度体系，并持续跟踪实际业务的发展，推进制度精简归并和迭代升级。

供应链制度规范。推动采购、合同、仓储等条块化、节点化的管理规范，向涵盖前端需求统报、中端采购供应、后端结算回收的全供应链管理制度升级。向上承接国家、地方、行业政策导向，融入绿色发展、科技创新、数智转型等先进要素，从战略理论、管理规范、实践指导等层次建立健全供应链管理制度，常态评估制度施行成效，对标对表领先企业做法，阶段性开展制度修编完善，形成发展目标明确、战略规划清晰、实施路径有效的供应链制度体系。

标准化作业流程。梳理各层级供应链业务要求,识别主干流程环节,统一设计环节活动、岗位职责、流程步骤、操作方法和工具手段等核心要素,形成供应链标准作业流程。推动流程要素固化嵌入数智平台,强化操作指引与辅助支持服务,加快推广覆盖和刚性应用,整体改善供应链运作质量和效益。加强业务执行监测,持续识别改进标准流程堵点难点,支撑供应链业务活动质效迭代升级。

共享型知识服务。提炼吸收国际国内供应链管理的先进理念、技术、方法和工具,融入链主单位行业特点和业务特色,整合供应链创新实践成果,梳理形成供应链知识图谱。深化供应链知识成果系统性、结构化管理,构建供应链"云书库",丰富"云课堂""云讲坛"等知识共享服务,营造共用共建的供应链文化氛围。推动供应链知识要素向实际管理和作业的嵌入,检验总结形成适应自身发展规律和业务实际的知识体系,打造供应链创新实践的知识品牌。

市场性激励模式。针对供应链采购、物流、仓储等重点环节,探索建立基于数据驱动、绩效激励的内部模拟市场,将供应链管理增效和运营节资的评估指标量化,按照市场化方式模拟收入、成本、费用和利润的核算。仿真应用不同业务管理策略,模拟投入产出效益,结合历史成本数据,量化分析最优方案的增效节资预期,纳入绩效激励和考核评价,激发供应链业务发展内生动力。通过内部模拟市场,实现与外部成熟市场机制的有机对接,形成完善的业务管理预案机制。

2. 配套服务机制

聚焦供应链数智化转型,打造符合链主单位战略目标诉求的配套机制,形成数智、协同、创新、开放一体融合的支撑服务,促进数智供应链规划、建设与应用紧密绞合,打造闭环迭代的运行保障服务。

数智赋能运营。在机制层面,建立数据资源集中化管控的刚性约束,推动供应链数据互联共享范围向跨专业、上下游延伸,加强跨层级、跨企业、跨行业、跨政府部门数据资源引接和整编,提升数据资产管理能力。出台保障机制,引导云原生、大模型等新技术整合,助力形成集内容生成、业务决策、模型构建为一体的供应链大模型生态服务。围绕对内提质增效、对外价值增值,建立供应链数据资产价值管理机制,打造供应链数字经济产品,打通向行业、社会和国家提供数据应用和数字服务的机制渠道,带动上下游协同发展。

内外协同联动。以链主单位为中枢,推动建立供应链统一的业务流程互嵌、信息共享、平台集成等技术规范,用需求侧标准体系引导上下游企业强化数字化协同能力建设。围绕供应链各参与主体、业务活动和信息要素的管理闭环,建立健全前后端业务、横向专业、内外部资源的协同服务的机制措施,增强内外部保障能力的统筹配置和集约调控,支撑形成端到端的闭环联动模式。推动供应链协同向数据价值共享共用进阶升级的配套机制建设,强化需求、库存、物流等环节信息与上下游供应网络的融通共享,形成内外联合的供应链数据挖掘模式,推进链主单位引领的质量和效率变革。

基层创新服务。打造供应链创新中心、创业中心和创新工作室等柔性机构,服务各类创新项目实施。激活基层用户"小创新""微创新"活力,分区域、分行业、分主题开展创新成果展示评选,强化创新思维研讨碰撞,常态化收集分享供应链创新创意,营造万众创新发展氛围。强化科技课题、研究项目成果化管控,畅通孵化扶持渠道和资金保障,推动供应链科创成果实用化、量产化应用,引导战略规划、业务布局和技术架构持续升级。

生态开放融合。建立链主单位引领的产品质量和供应商绩效信息库,面向供应商、行业伙伴、同业单位,倡导形成"质量第一、服务优先"的健康市场生态。聚焦产业链"卡脖子"产品与技术,强化链主单位集中采购,探索行业伙伴和同业单位联合采购,形成规模化采购市场,激励"产学研用"资源与头部供应商专业化协同突破,促进产业改进升级。持续优化营商环境,建设透明阳光可信、公开公正公平的供应链管理服务,发展供应链金融等创新业务,纾解供应链上下游企业资金压力,保障产业链供应链协同可持续发展。

3. 基础要素规范

组织机构、物资编目、业务代码等公共要素,是保障数智供应链各环节业务互通、信息互认、数据互信的重要基础,需要按照主数据管理模式,建立供应链基础要素的编码、命名、定义等规范,纳入在线系统源头化管理,分发各专业、各系统直接应用。

组织机构规范。以链主单位行政管理组织为基准,针对供应链管理组织、物资需求单位、专业协作机构等组织机构,统一定义编码规则、命名规范和层级关系,形成全供应链业务和平台唯一化、通用化的组织机构树。严格防护涉密、敏感组织机构的数据安全,分级分类设置安全许可的密级标准,有序指导组织机构信息授权应用。推动组织机构管理职能和业务界面切分纳入线上统筹,建立组织机构信息申请、维护、分发应用流程,规范组织机构配置管控入口,提升组织机构信息的全局可控性。

物资编目规范。打造链主单位主导、行业协同共建的物资编目编码体系,构建全量物资标准化"分类库"和虚拟化"身份证"。结合物资特性和业务用户,将具备同类特性或用途的物资进行集中归组管理,制定物资分类目录,统筹采购范围、实施方式、仓储规范等管理要求,提升管理的专业化深度和效率。依据实体物资种类唯一性,建立物资编码、描述、计量、包装等编目标准,设置物资特性、采购管理、使用推荐等不同类型标识体系,形成供应链上下游互认的物资字典。建立实物唯一身份编码管理机制,纳入合同订单源头开展赋码贴签,形成物资全生命周期的统一编码,促进业务流程、实物流转、资金流动等信息向统一编码挂接归集。

业务单据规范。构建供应链标准化业务单据体系,统一采购、调拨、运配等重点环节的细分业务,按照标准化流程进行作业设计,规范各项业务活动定义,形成命名、语义、内涵一致的业务代码和标准单据。打造涵盖供应链各项业务的稽核校验规则库,明确其逻辑、适用场景和处置方式,嵌入同类业务场景应用,统一对业务的指导和管控。提炼共性枚举类业务要素,统一编撰数智平台的业务字典,规范各专业系统对同一个业务指代要素定义,减少专业间、系统间要素定义差异带来的整合复杂度。

(三) 技术支持

数智供应链的建设,与链主单位数字化技术体系的整体发展紧密相关,充分融入链主单位的基础网信设施、统一技术底座、集中运维响应等方面的技术保障范畴。

1. 网信基础设施

网络信息基础设施是供应链数智化建设的前提,在通信网络、服务资源、应用终端和辅助设备等方面,需要充分兼顾供应链的业务场景和服务模式要求,推进配套能力建设。

通信网络。强化基层单位、边远地区、临时场所等供应链管理和作业环境的网络覆盖,保障网络带宽和信道通畅。针对不具备固定网络建设的情况,完善通信卫星、电力载波等应急组网手段。因安全、保密等要求,存在物理或逻辑网络隔绝时,充分评估供应链平台及其集成交互平台的网络环境分布,建立跨网交换通信服务,保障终端用户对平台的访问和使用。

服务资源。推动供应链数智平台上云部署,利用云平台的弹性适配机制,保障供应链平台服务的计算、存储等资源可靠供给。落实微服务架构,加大分布式服务负载均衡技术应用,按照同一时期业务频度的差异,动态调节运行资源,强化资源集约利用。建立供应链主要服务的运行资源监控,评估业务高峰期资源挤占情况,综合制定错峰调控策略,主动提升服务资源配额。

应用终端。明确供应链数智平台应用操作的终端配置要求,结合自主可控目标,推动应用终端迭代更新,提供 PC、手机、PDA、PAD 等不同类型的办公终端,丰富基层作业人员的业务办理渠道和手段。深化终端入网管理,确保终端高效安全接入受信网络,保障终端网络联通质效。加强终端实名制登记和使用情况监测,定期开展终端安全情况检查,减少应用终端失泄密风险。

辅助设备。加大仓库 AGV 机器人、配送无人机等国产化物流技术装备部署应用,与数智供应链平台业务流程紧密耦合,实现任务、指令在线下达至作业设备,执行动作、结果等联机反馈平台,形成软硬协同的工作模式。推动物流感知终端设备研制,与生产制造、运输配送和仓储保管等场景相结合,采集实体供应链的位置、状态等物理要素,协同线上流程信息,打造透明可视的供应链。

2. 统一技术底座

数智供应链的建设,基于链主单位统一的技术底座资源,沉淀共性的供应链业务服务、数据和技术能力,在架构上形成"强后台、大中台、活前台、富生态"的技术体系。

统一门户服务。基于链主单位统一的门户系统,与数智供应链各相关平台进行集中对接,按业务流程整合各项应用功能的访问入口,实现所有事项统一推送、集中处理,支撑流程快速发起、跟进,打造协同运作的工作服务模式。

综合集成总线。以供应链业务服务为主线,对各专业系统、数据平台对外提供的集成服务进行封装,形成统一的服务地址、技术协议和通信格式,屏蔽系统间网络位置和技术架构的差异,简化 IT 架构的复杂性和耦合度。

数据处理平台。融汇先进数据中台技术,打造海量多元数据采集、传输、存储及计算的一体化协作处理平台,全面汇聚供应链内外部、各环节数据资源,运用大数据分析、人工智能、自主可视化等技术挖掘数据价值,打造数智化运营场景,指挥供应链各方协同运作,全面提升供应链感知、分析、学习和调度能力。

开放技术中心。推动供应链公共服务、公用技术标准化封装,支撑自主构建业务场景,共享链上企业创新成果,吸收社会资源参与共建。加强数据资源的统一化管控、系统化治理和规范化共享,形成数据应用市场化机制,打造开放的技术应用生态,提升供应链对内对外服务能力。

数字成果商城。打造数据、工具、应用的商城化服务模式,支持各类用户利用平台提供的数据资源,结合个性化需求,开发等系列数据产品,基于平台技术底座,自定义开发适用性微应用、小程序,发布在商城中,提供给各类用户下载使用。

3. 集中运维响应

运维服务作为供应链数智平台和场景应用实施的基础保障,需要从运维工作组织、技术支撑和机制保障等方面建立集中式运维响应模式。

运维响应团队。针对平台重大功能上线、常态业务运行、重要成果展示等,培育专业的运维服务团队,组织业务、信息等部门以及建设厂商,面向基层业务应用,打造运维保障全天候响应、一体化服务和不间断受理渠道,及时发现问题、上报问题和处理问题,落实"零报告"制,为业务推广保驾护航。

智能运维服务。强化自动化运维技术应用,实现服务器资源的自动分配、故障恢复和负载均衡等,提升运维智能化和高效化水平。建立基于人工智能技术的运维监控系统,实现对系统运行状态的智能分析和预测,并及时向运维人员发出告警信息,帮助运维人员快速发现和解决系统故障。

运维保障机制。建立"现场+远程"协同运维保障机制,建立完整的运维管理流程和服务响应规范,对运维质量进行监控评估,不断提高响应及时率、用户满意度,形成统一管理、集约高效的一体化运维服务质量保障体系。

第五章 数智聚能技术场景应用

"知之愈明,则行之愈笃。行之愈笃,则知之愈益明。"本章主要从工程实践和技术应用出发,在学习借鉴国内外应用案例基础上,对数智聚能供应链相关的区块链、大数据、数字孪生、超自动化、现实增强、大语言模型等技术应用场景进行分析探讨,为链主单位推进自身及相关领域技术创新与赋能应用提供有益借鉴,如图 5-1 所示。

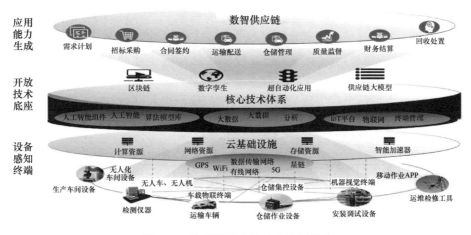

图 5-1 数智聚能关键技术应用概览

一、物联网技术在供应链中的应用

物联网技术是现代供应链较为常用的技术手段,主要通过全面感知、可靠互联、智能处理等优势特征,提升供应链需求可知、资源可视、运行可控等行为能力。

（一）物联网技术概述

物联网是互联网的延伸和拓展,利用各种信息传感设备进行数据采集,并通过互联网实现任何地点、任何时间"万物的互联",让所有独立的物理对象形成互联互通可寻网络,从而实现对物品地址、移动过程以及其他属性的识别、感知和智能化管理。

物联网架构主要由感知层、网络层和应用层构成。其中,感知层通过射频识别

（RFID）、传感器等技术实现标的物数据采集；网络层借助于移动通信、互联网、有线通信等网络通信系统将感知层采集到的数据快速、安全传送到管理系统数据库；应用层通过管理平台进行数据的汇总集成,同时面向用户应用提供数据查询挖掘、分析决策等功能。

感知层:数据采集。通过射频识别技术,借助电子标签、读写设备、发射天线和后台系统,利用射频信号实现对物体的非接触自动识别。传感器技术,通过在设备上安装各类传感器,对特定物品进行温度、湿度、压力、速度、浓度等物理化学信息动态采集,实现远程感知和控制。

网络层:数据传输。借助移动通信、无线通信、有线通信等网络通信系统将感知层采集到的数据快速、安全传送至相应处理模块。不同的供应链应用场景对网络层的技术需求不尽相同。目前,无线接入是主要发展方向。根据传输距离、效率等不同需求场景,又可采用RFID、WiFi、GSM等不同的无线传输方式。

应用层:数据应用。应用层是用户交互的界面,是物联网体系最终的价值体现。应用层的主要目标是将采集到的信息数据及时汇聚存储,便于用户开展查询、挖掘、分析以及感知数据决策等工作。应用层从功能上主要可分为监控型、查询型、控制型、扫描型等类型。

物联网技术目前已经广泛应用于供应链运输配送、仓储管理、生产制造等多个领域,并取得了很好的应用成效,在促进供应链转型发展、降本增效方面发挥了重要的作用,如图5-2所示。

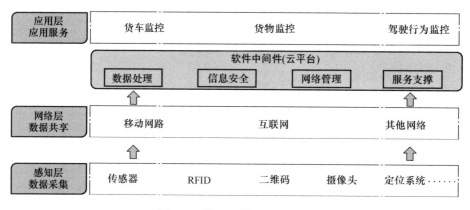

图5-2 物联网技术基础架构

（二）货车运输过程监控

在公路货运领域,基于物联网技术的车辆监控应用趋于成熟,通过安装车载终端和各类传感器设备,实时采集车辆运行的详细状态信息数据,通过网络层将采集到的信息传输到管理平台进行数据汇总和处理,实现对货车运输全过程的动态实时监控。运输过程中对货车的监管监控主要体现在如下三个方面。

1. 车辆位置轨迹监控

主要通过车载终端北斗、GPS 模块实时定位车辆位置、行驶轨迹,如果出现异常情况可通过通信模块及时发送信息到管理平台进行报警。

2. 车辆运营违规监控

主要通过载荷传感器、车速传感器、北斗、GPS 进行车辆载重和行驶速度监控,如出现严重超载超速的情况,及时通过通信模块将违规信息发送到管理平台进行报警。

3. 车辆运行安全监控

主要针对爆胎风险、撞击翻转、刹车急转等车辆安全需求,通过压力传感器、碰撞传感器、倾角传感器实时监控车辆风险隐患,并迅速发送到管理平台进行报警。

(三) 货物运输在途监控

物联网技术为货物运输在途监控带来了显著价值。通过物联网技术,货物运输监控实现了实时性、精确性和智能化,大大提高了物流运输效率,保障了货物安全。主要体现在如下三个方面。

1. 货物运输安全监控

主要目的是防止货物丢失,通过货物标签绑定、车载终端北斗、GPS 模块实时定位货物位置、运输轨迹,保持货物流动轨迹不间断,降低货物丢失风险,如果出现异常情况可通过通信模块及时发送信息到管理平台进行报警。

2. 货物交付进度跟踪

主要通过管理平台实现对货物位置和状态的可视化,以轨迹地图等形式展示货物的全程运输情况,同时可以将数据共享给相关主体,如发货人、收货人、承运物流公司等,实现货物运输过程的全程透明化管理。

3. 货物状态安全监控

主要用于特殊货类运输,如冷链运输、危险品运输等领域,通过在包装或车辆中安装不同类型的传感器,实现对货物的温度、湿度、光照等多种参数的监测和记录,并通过通信模块将数据实时传输到管理平台。管理人员通过平台收到轨迹异常、状态异常等信息后,第一时间进行应急处理。

(四) 司机驾驶行为监控

在供应链运输配送环节中,司机的安全行为监控必不可少。运用互联网技术服务司机驾驶行为管理,主要体现在以下几个方面。

1. 驾驶行为监控

主要通过车载视频摄像头,对司机进行身份识别,对疲劳驾驶、分心驾驶、打电话、吸烟、未系安全带、方向盘脱手、遮挡摄像头等异常驾驶行为进行 24 小时远程自动监控。

2. 异常行为报警

通过固界环境监控等数智化手段对周边车辆、人员行为进行甄别,当出现异常后,由车载设备及时反馈到管理平台,并向当班司机发出警告信息,提示应对异常行为、处理安全风险。

3. 行为分析报告

系统能够记录并且生成司机长期的驾驶行为分析报告,为供应链相关职能部门,遴选优质运力和高素质驾驶人员提供参考,提前规避潜在安全隐患、减少事故风险。

（五）智能仓储作业应用

物联网技术在供应链仓储作业领域应用日益广泛,在提升作业效率、减少人力成本、深化业务协同、打破信息孤岛等方面具有显著应用成效。典型应用主要体现在出入库管理、货位匹配、货物搬运、库存盘点等环节。

1. 货物出库入库管理

在传统仓库的操作中,货物的出入库操作需要人背肩膀扛,效率低、错误率高。通过运用物联网技术,仓内货物均有电子标签赋予的唯一身份,出入库时通过标签感知,可批量快速识别货物,对非法出入的予以告警,合法出入的按系统指定位置进行引导。通过物联网的应用,仓储作业出入库环节能够不断优化作业流程,最大化减少操作失误,达到降本增效的目的。

2. 货物货位精准匹配

货物入库后,需要尽快按指定位置进行入位操作。传统的人工操作过程烦琐、出错率高、随意性大。运用物联网技术,通过通道阅读器、手持终端等方式,实现"货"与"位"的快速精准匹配、智能核验确认、全程信息留痕,确保了货物入位的精准规范操作。

3. 智能机器搬运作业

目前,国内外智能仓库已普遍使用 AGV 智能搬运车进行仓储作业。实际操作中,AGV 设备作为库房物联网的接入终端,根据作业指令引导、货物位置识别、货位感知定位等技术手段和工作方式,按要求将货物自动搬运到指定位置。智能机器搬运相比人工操作,更加精准高效。

4. 库存智能高效盘点

运用物联网技术,彻底变革人工盘库的传统模式,通过一体识别货区、货架、货位、货物上的标签信息,快速核对货物名称、实物数量。盘点完成后,自动生成当次盘点记录,供应链相关职能部门和管理人员,据此对比系统数据,辅助分析库存账目和积压货损等情况,促进了管库用库质效整体跃升。

（六）生产环节流程优化

智能制造是当今制造业的前沿领域。物联网技术是制造业由工业化向智能化升级的催化剂。运用物联网技术对生产设备、原材料、工艺流程等各方面进行智能化管控,为生产过程的信息可视和流程优化奠定基础。生产环节流程优化主要体现在生产数据自动采集、生产流程智能协同、生产计划辅助优化、生产过程质量追溯等方面。

1. 生产数据自动采集

通过物联网技术,利用各种传感器设备对生产现场的原材料、零部件、半成品、成品等物料质量、数量、位置进行实时采集,实现生产数据的全面监控,并对异常情况进行及时告警,为提高生产质量和效益提供保障。

2. 生产流程智能协同

通过物联网技术对生产过程进行动态感知和全面监控,依托数智化系统平台对协同难点、流程堵点、耗时重点等问题进行分析,结合工作流优化配置工具,对生产流程提出局部调整和全局优化建议,增强生产流程协同作业效率。

3. 生产计划辅助优化

通过物联网技术,供应链职能部门和管理人员可实时获取生产一线数据,及时了解生产进度和质量情况,针对隐患问题,合理调度保障资源,同步完善供应策略,及时调整生产计划,确保供应链可靠稳定运行。

4. 生产过程质量追溯

通过对物联网采集数据的记录留存,建立起高效的质量控制体系。管理部门可随时调阅生产过程中各类流程信息、质量数据、生产日志,出现问题后可快速进行回溯复盘,及时定位问题隐患,不断改进生产质效。

二、区块链技术在供应链中的应用

区块链技术是保障供应链安全运转的新质手段,主要通过去中心化、不可篡改、安全透明等优势特点,有效解决信任安全问题,促进供应链一致性、可信性、可溯性提升。

(一)区块链技术概述

区块链本质上是一种可共享、不可篡改的分布式数据库技术,技术要点包括分布式账本、共识机制、加密算法、智能合约等。

分布式账本技术。作为区块链的核心组成部分,主要将账本数据分散存储在区块链网络中的多个节点,每个节点都保存有完整的账本副本,保证整个链条上数据的一致。

共识机制。侧重用于解决分布式系统的一致性问题,其核心为基于特定共识算法,在有限的时间内,保障数据在分布式网络中是一致的、被承认的、不可篡改的。

加密算法。通过对称与非对称加密、哈希算法、数字签名等技术运用,确保数据的安全传输、身份验证,以及整体系统的防篡改,为供应链构建安全可信任的分布式环境奠定了基础。

智能合约。作为部署在区块链上的自动化合约,当满足预设的特定条件时,会被自动触发执行相应操作,并允许在不依赖第三方的情况下进行可信、可追踪且不可逆的合约交易。

上述区块链的集成应用,为供应链运行和管理带来了全新的解决方案,从国内外实践案例看,主要在商品防伪追溯、电子提单、供应链金融等方面得到成功运用。

（二）物品防伪追溯

传统的物品防伪主要采取纸质标签或条形码等方式实施,往往存在打印成本较高、条码受损快、信息易篡改等问题。通过区块链技术构建数字化防伪追溯平台能够有效解决上述问题,并逐渐在各类应用中发挥成效。主要体现在数字化防伪验证、自动化核对处理、全流程状态追溯等方面。

1. 物品数字化防伪验证

基于区块链技术的商品数字化防伪验证功能,通过 RFID 标签、二维码等物理标记,为每件物品赋予唯一的数字身份（区块链中唯一且无法复制和伪造）。在物品生产流通和销售过程中,相关过程信息会被收集记录并加密写入区块链,基于区块链的分布式账本技术,将信息同步共享相关方知悉,扫描物品上的数字身份,可追溯查看区块链数据,确定物品真伪。同时,监管部门可以作为其中一个节点加入整个链条,在发现问题时快速定位问题,实现来源可查、去向可追、责任可究。

2. 物品自动化核对处理

通过区块链智能合约技术,预先设定触发条件、办理流程,当物品到达某个地点或作业环节时,无需人工操作,仅需扫描标签、核对数据,如果满足条件,则通过预定程序自动化开展下步操作。每次智能合约的执行都会生成一项新的记录,并被记录在区块链上,所有的记录都是公开透明的,可供所有参与者查看和验证。

3. 物品全流程状态追溯

从原料开始到生产加工、仓储配送、供应中转、终端零售,全链条的信息通过区块链分布式账本进行维护和共同监督,实现对物品生命周期的透明化、可视化管理。上下游伙伴和用户之间通过共享信息,可以实时了解物品状态,为强化供应链全流程追溯的准确性、可靠性提供了技术支撑。

（三）电子单据应用

数智化供应链高度依赖电子单据的流转处理,电子单据的可信性尤为重要。运用区块链技术,可显著提升供应链单据电子化、签章数字化、结算自动化水平。

1. 单据电子化

供应链单据是货物收据、运输合约、物权凭证等重要载体。传统单据为纸质,存在易伪造、传递时效性差、协调效率低等问题。通过区块链技术,可辅助业务单据进行创建注册、安全加密、可靠传输、时间记戳、受控保管。由于所有的单证交易记录都在区块链上,不再需要纸质文件传递信息和下线认证,促进了供应链无纸化,节省了资源,提高了效率。

2. 签章数字化

数智供应链的业务办理,离不开用数字签名的应用。数字签名的真实性验证成为关键。运用区块链加密技术,可创建全网公认的唯一数字签名。业务单据办理时,区块链会对单据对应的签名进行解密与认证,以确保其真实性和未篡改。当岗位人员调整变化时,可基于区块链办理签名转移,新的所有者会在区块链上进行签名并更新状态。基于区块链的数字签名,参与各方可对单据业务进行集体确认,无法造假、否认和篡改,从而为供应链安全可信运行提供了保障。

3. 结算自动化

传统线下结算业务办理,耗时长、票据多、隐患大。供应链结算业务办理,可基于区块链技术部署智能合约,在系统中约定可能涉及的折扣、税费等,设定自动结算的触发条件(如货物到达特定地点时进行支付),一旦满足预设支付条件,智能合约会自动执行电子单证对应的付款操作。支付完成后,系统会更新单据执行情况和财务记录状态供参与方知晓,从而确保了单据结算交易的一致性,使整个支付过程变得更加安全高效。

(四)供应链金融应用

供应链金融是金融机构和供应链参与者之间的一种合作形式,旨在通过融资解决方案优化供应链的资金流动和运营效率。通过与区块链的结合,金融机构能够更准确地评估供应链上的企业信用,减少信息不对称带来的风险,解决信息孤岛问题,同时还能为中小企业提供信用担保,实现自由化、多元化、市场化发展。区块链技术在供应链金融中的应用主要体现在交易真实性管理、资金流通性管理、风险防范性管理等方面。

1. 交易真实性管理

区块链技术使用分布式账本和哈希算法,确保供应链交易记录一旦写入则无法修改或删除。同时,共识机制确保了交易数据在所有参与节点间共享,每笔交易都将被所有参与者共同见证。此外,基于区块链技术,金融监管部门和审计机构可有效参与其中,通过智能合约嵌入法规要求,进一步增强交易的真实性、合规性、可溯性。

2. 资金流通性管理

资金流优化是供应链金融管理的核心内容之一。基于区块链技术,链主单位、金融机构、供应商等参与者共享一个不可篡改的交易记录数据库,使得所有参与者能够实时查看到资金流动的状态和过程,有助于聚焦流通性堵点,在无法抵赖的共识环境中协商解决问题,降低了错误和欺诈的可能性,提高了供应链交易的速率效能。

3. 风险防范性管理

防范金融风险是数智供应链必须解决的重要课题。供应链基于区块链技术,可以将链主单位、商业银行、供应商和监管部门等相关主体共同建立一体化供应链联盟,采用随机性共识机制打造出多中心、高效率的供应链风险管理业务体系。还可建立供应链金融风险评估模型,利用智能合约设定风险阈值和应对规则,当满足条件时自动触发相应的风险管理措施,及时提醒供应链参与各方采取有效措施加以应对。

三、大数据技术在供应链中的应用

作为信息化发展的新阶段,大数据对经济发展、国家治理、人民生活都产生了重要影响。大数据技术的迅猛发展与广泛应用,对供应链的业务管理、方式创新也产生了深刻影响。

(一)大数据技术概述

大数据技术可以简单理解为一种处理海量数据的理论方法和技术体系。它利用先进计算技术,对海量数据资源进行采集、存储、处理、分析和挖掘,发现数据中的规律趋势,挖掘提取价值信息,为决策管理提供丰富的信息支持。IBM 认为,大数据具有 5V 特征:Volume(大量)、Velocity(高速)、Variety(多样)、Value(低价值密度)、Veracity(真实性)。在供应链业务中,大数据技术应用广泛,典型场景有订单库存管理、车货匹配应用、运输路线优化等。

(二)智能仓储管理

智能仓储管理是指综合利用大数据等先进技术手段,对仓库数据进行全景可视化展示,对库存和成本管理形成决策支持,对仓库运营进行安全监控,整体上实现仓储运营的智能化管理。大数据技术应用于智能仓储管理,在提高管理效率、降低库存成本、提高客户满意度等方面具有重要意义,具体场景主要体现在以下几个方面。

1. 仓库数据全景可视

仓库数据可视化是智能仓储管理的重要支撑,通过大数据技术对链主单位散布各地的库存信息、作业数据进行加工处理,以可视化的形式展现出来,能够更清晰地反映仓库运行的过程,帮助管理者更好地理解数据和掌握仓库运行情况。例如,通过大数据分析运算,以图形化方式直观地展示库存量、库存周转率、货物在库时间等关键指标,便于管理者做出决策;结合数字孪生、虚拟现实等形式对仓库数据进行三维可视化展示,能够实现对仓库运作过程的模拟和演示,提高决策的准确性和效率。

2. 仓储管理智能决策

通过数据立方技术对历史库存数量、库存结构、库存周转率、销售数据等多指标建立多维数据分析模型,并进行深入挖掘分析,预测未来库存需求,制定更加精准的库存计划和采购计划。同时,还可利用该技术识别库存管理中的产品积压过期等问题,从而采取相应措施进行优化调整。另外,还可通过数据立方技术建立历史库存成本多维模型,对货物采购成本、仓储费用、保险费、人工成本等方面进行深入挖掘和分析,解析库存成本的构成和变化趋势,在此基础上制定更加合理的成本控制策略,不断优化降低库存成本,提高盈利能力。

3. 安全生产实时监控

大数据技术可以用于仓储作业安全的实时监控,通过在仓库内安装摄像头和传感器等设备实时采集仓库内全量监控数据。利用大数据流式计算技术可以对仓库内的海量监控数据进行快速分析和处理,自动检测异常事件,如叉车货架作业事故、货物盗抢丢失、火灾水灾等安全事故,并及时发出警报通知相关人员进行处理。同时,还可以根据分析数据对仓库安全状况进行评估和优化建议,开展预防性的安全措施落实。

(三)车货匹配应用

在传统货运市场,碍于需求迷雾、资源迷雾和信息壁垒,"车找货"与"货找车"的矛盾始终难以调和。基于大数据技术,构建为车主、货主服务的公共信息产品,可实现"车"与"货"的精准匹配,激发业界活力,提高货运效益,减少空跑现象,助力绿色低碳。

1. 货运需求可知

基于大数据技术,可对货运服务公共信息平台中各类货运需求进行分析运算,对常见类型、重点区域、热点时节和趋势变化等情况进行挖掘提取,以数据产品、信息公告、平台福利等方式,向车主、货主提供相关信息,以有效解决货运市场的需求迷雾问题。

2. 运力资源可控

通过对货运服务公共信息平台运力资源的分析运算,对货运车辆的类型结构、分布情况、常跑路线、质量状态,以及驾驶人员的职业技能、政治面貌、违章失信等情况进行挖掘。在此基础上,结合智能预测模型,对特定区域、给定时间内的货车可用潜力进行预测,为链主单位有效掌控运力资源提供保障。

3. 车货精准撮合

通过平台采集并分析货主需求和司机车辆相关信息,利用大数据技术进行相关数据清洗、预处理、特征提取和模型构建,综合市场价格、交通状况、运输需求等多种因素,就具体货运需求形成多选的运力匹配建议,就空载货运车辆推荐不同的需求响应方案,为实现供需在线撮合、车货精准匹配提供有力支撑。

(四)运输路线优化

运输路线优化是指通过合理的规划、选择和设计运输路线,以最少的运输环节、最佳的运输线路、最低的运输费用,将货物及时、准确、安全地运至目的地。基于大数据技术,可通过挖掘丰富的交通运输信息,针对不同应用场景提出常跑路线推荐、限行条件规避、综合权衡优化等多种方案建议。

1. 常跑路线推荐

通过长期跟踪记录全国全网各型车辆的常跑路线,重点面向危险品运输、大件运输、重载运输、警卫运输等特殊情况,提取调阅某一区间、某一单位、某一车型相应的历史运输路线,为其他承运单位提供参考。

2. 限行条件规避

针对交通管制、环境影响、道路拥堵等交通限制因素,基于大数据技术全量分析路网结构,结合路线优化算法,可按推荐程度,科学提出多种绕行替代建议,为车辆驾驶和运输组织实施提供有效的调度手段。

3. 综合权衡优化

运用大数据技术,针对具体运输需求,对车种车型条件、交通路网限制、运输常跑路线、交通现实影响、经费限额要求、司机个人情况等进行权衡计算,综合得出推荐路线方案,有效提升供应链运输交付能力。

四、数字孪生技术在供应链中的应用

近年来,元宇宙、虚拟现实等技术备受关注,数字孪生作为其重要的技术实现手段,得到了多领域广泛应用。通过数字孪生技术,可显著提升供应链可视化、数字化、智能化水平,促进提升管理效能。

(一)数字孪生技术概述

数字孪生系统可以理解为实体对象在虚拟环境的"投影"与实时映射。数字孪生通过数字化仿真技术手段,在数字空间创建了与现实世界实体对象极度相似的虚拟数字模型(孪生兄弟)。这种数字模型通过采集分析实体对象行为数据,在虚拟空间实现同步映射、动态可视、状态预测、仿真分析,如图5-3所示。目前,在供应链管理中,针对生产过程监测、库房三维可视等方面应用逐渐增多,为管理者提供了更为丰富的技术手段。

(二)生产过程监管

传统的生产过程管理,实时监测能力有限,生产设备的状态与性能难以即时获取,生产过程的可视化程度不足,容易导致管理延迟和决策偏差。通过数字孪生技术,建立生产车间的数字化模型并利用实时数据分析和仿真技术,实现虚拟仿真与优化,可以辅助制造管理部门自动化、智能化管理生产过程,提高生产效率。典型应用场景主要有零件虚拟调试、机床模拟交互、生产过程优化。

1. 零件虚拟调试

利用CAD等技术手段对生产零部件进行三维建模,虚拟呈现零部件几何结

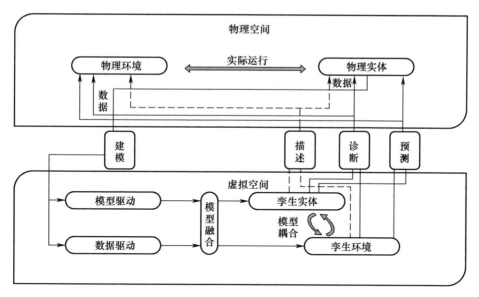

图 5-3 数字孪生技术概览图

构、材料属性、工艺参数、物理特性和应用功能,并基于建模数据建立数字孪生模型。在此基础上,对多个零件的相互工作关系进行仿真设计,并结合集成要求、工作环境、故障异常等因素,对数字孪生模型进行指标测试和仿真调试,模拟不同工况下的应力、温度、振动,以及相互协同等情况,评估零部件在各种条件下的性能表现。

2. 机床模拟交互

对机床进行数字化建模,实现机床结构、运动系统、控制系统多要素三维可视。同时,还可对机床关键节点安装传感器,动态采集设备运行状态,实时传输到数字孪生系统。系统接收数据后,可通过设置异常监控指标,对相关运行状况、潜在故障进行分析预判。在此基础上,数字孪生系统还可通过人机交互技术,增加人的干预影响,模拟复杂操作,降低实机实操风险。

3. 生产过程优化

将数控系统程序与数字孪生技术相结合,通过在虚拟环境中仿真生产加工过程,可及时发现潜在的参数异常、流程堵点、生产隐患。操作人员可据此调整生产工序、优化生产流程、提高生产效率,减少可能出现的错误和浪费。有条件的链主单位,可将上述信息接入数智供应链枢纽平台,实现生产监造延伸、质量关口前移,为掌握生产质量、调整供应计划提供依据。

(三)库房三维可视

链主单位往往掌握丰富的库存资源,但由于空间位置分散,给集约化管理带来困难。通过数字孪生技术,建立仓库数字化模型,实现库房三维可视,并基于监控情况智能决策,显著增强库房管理的精细化、信息化、集约化水平。

1. 库存状态三维可视化管理

通过运用数字孪生技术,能够对库存环节、库存实力、库存货物、库存变化进行数字建模,辅助管理人员以"亲临其境"的沉浸感,直观了解仓库状况,实时监控货物存储位置、库存量、货物类型、温湿度等各种参数。通过接入数智供应链平台,相关职能部门可远程访问仓库数字孪生系统,进而实现"一屏"看库存、"一网"管资源,有力提升仓储管理可视化水平。

2. 作业过程三维可视化监控

对于自动化程度较高的库房,由于普遍采用了物联传感等先进技术,可将传感器采集的各类信息,统一接入仓库数字孪生系统,辅助管理人员在数字化的虚拟仿真空间定位作业设备、分析作业流程、查看作业动线,辅助形成优化建议,不断提升仓储作业效率和用库管库效能。

3. 库区环境三维可视化漫游

运用数字孪生技术,对各个库区的内外环境、交通路网、建筑坐落、库房主体、附属设施等进行仿真建模,并提供多种视角的库区观察模式,使管理者足不出户即可直观查看所辖各类仓储设施实景实情。同时,还可集成库房安全周界、消防监控、值班巡更等功能,使库房数字孪生系统具有更为丰富的管理能力。

五、计算机视觉技术在供应链中的应用

进入信息化发展新阶段,计算机视觉技术蓬勃兴起,为计算机学习世界、认识世界安上了"智慧的眼睛"。视觉技术的整体突破与广泛运用,给供应链的创新发展也注入了生机。

(一)计算机视觉技术概述

计算机视觉技术是利用计算机模拟人的视觉功能,实现对客观世界的感知和理解。简单来说,计算机视觉就是使机器发挥"眼睛"作用的技术,让机器对"看"到的图像进行处理和分析。主要包括图像分类、物体检测、图像分割、目标跟踪、场景理解等方面。图像分类技术可以将图片识别划分为不同的类别;物体检测技术可以在图像中检测出不同类别的事物并划定界限;图像分割技术可将图像分割成不同的区域,并赋予每个区域对应的标签;目标跟踪技术可在一系列视频中寻找到特定目标的轨迹;场景理解技术可从图像中分析场景中不同对象的关联。在供应链领域,计算机视觉技术在货物分类分拣、货物外观测量、包装损坏监测等方面应用成效显著,如图5-4所示。

(二)货物分类分拣

货物分拣是供应链运转的重要操作,分拣作业快慢直接决定整个供应保障效率。传统人工分拣作业需要耗费大量人力和时间,出错率高。通过计算机视觉技

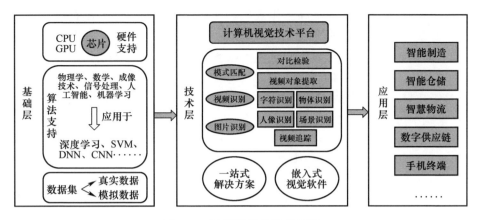

图 5-4　计算机视觉技术概览

术,运用 3D 相机和传感器,当货物进入分拣区域时,通过视觉数据采集和智能算法进行目标识别和分类,可以精准地捕捉货物的 3D 形状参数,并将货物精准分配到指定的位置,指导操作单元精准实施分拣操作,及时纠正差错发生,为提高分拣速度和准确性提供了技术保障。

（三）货物外观测量

货物的包装尺寸和体积参数直接影响装载规划、运输组织和费用计算。传统的人工测量误差大、耗时多,基于计算机视觉技术,利用 3D 相机在货物分拣通道进行检测,当货物经过时,能够快速获取和分析货物的 3D 形状数据,通过计算和处理,得到货物精准的体积和尺寸,实现了效率和精度双提高。

（四）货物损坏检测

对大量货物进行损坏甄别,给人工处理带来了极大挑战,计算机视觉技术为解决这一难题提供了解决方案。通过视觉技术,可以实现对货物及包装表面的缺陷、破损情况进行快速监测和智能分辨,当货物经过 3D 相机时,能够快速生成精准的三维图像数据,通过计算机的智能算法进行表面缺陷检测,及时发现货损问题,并自动触发货损警报,启动相应的处理流程。相关数据回传至供应链枢纽平台后,可对损坏率高的情况进行定位排名,从管理层面加以干预,这对确保货物价值安全具有重要意义。

六、超自动化技术在供应链中的应用

超自动化是当今工业和商业领域崭新的自动化概念,旨在综合运用数字技术、人工智能和机器学习等先进技术,实现高度自动化和智能化的生产和业务流程。

（一）超自动化技术概述

简单来说,超自动化就是利用多种先进的技术工具和方法,实现任务流程自动化和机器作业自动化,促进提高工作效率和质量。超自动化的关键特征是数字技术的全面整合,通过将物理系统数字化,从物联网设备的实时数据采集中获取信息,超自动化系统能够实现对供应链整个业务流程的实时监测和控制。

(二)任务流程自动化

基于超自动化技术的流程自动化应用,在供应链管理中有多种业务场景。例如,在采购中可以自动化进行供应商筛选、价格比较、采购订单生成、合同签署,提高采购效率,降低采购成本;在生产中可以自动化进行生产计划制定、生产进度跟踪,提高生产效率;在库存管理中可以自动化进行库存盘点、库存预警、补货计划,优化库存结构和提高库存周转率;在订单处理中可以自动进行订单接收、确认、分配,缩短订单处理周期,提高客户满意度和忠诚度。

(三)机器作业自动化

基于超自动化技术,可显著提升机器作业自动化水平。例如,在生产作业中可以自动化进行零部件取放和装配,实现生产过程的自动控制和管理,提高生产效率和产品质量;在仓储作业中可以自动化进行货物的分拣、包装、贴标,提高分拣包装的效率和准确性;在质量控制中可以自动化进行产品质量检测,提高检测效率和准确性;在货物运输中可以自动识别跟踪车辆和货物的位置、状态,提升运输过程透明度。

七、无人化技术在供应链中的应用

无人化技术在人工智能的技术加持下,在当今时代幻化出新的生机与活力,对供应链数智化转型发展具有重要促进作用。

(一)无人化装备技术概述

无人化智能机器装备在供应链管理中有着广泛的应用,如无人仓库、无人车、无人机等。无人仓库能够实现仓库的自动化管理,包括货物的入库、存储、拣选和出库等,大大提高了仓库管理的效率和准确性。无人车可以自主完成陆地货物配送,无人机则可以在空中自主完成货物配送,减少了对人工的依赖,提高了运输效率。这些智能机器装备的应用,不仅提高了供应链的效率和准确性,降低了运营成本,同时也减少了人为因素对供应链的影响,增强了供应链的可靠性。

(二)无人仓库应用

无人仓库是智能机器装备在供应链业务中的重要应用场景,主要由智能仓储货架、智能分拣系统、智能搬运机器人等智能机器装备进行场景搭建,并由智能管理系统进行自主管理运行。无人仓库通过智能机器装备和智能算法,实现了仓库的自主管理,涉及货物入库、存储、分拣和出库等环节,减少了人工干预和人为错误,大大提高了仓库管理的效率和准确性。同时,还能够根据货物的属性、数量和存放要求进行智能化的货位匹配,优化仓库空间利用,为精确的库存管理提供数据支持,辅助链主单位进行科学决策。

（三）无人配送应用

数智化时代,无人机和无人车技术越发成熟,在供应链领域也得到了广泛应用。无人车在物流配送中发挥着越来越重要的作用。它们能够完成自主导航,准确快速地完成货物配送任务,节省大量人力成本,同时避免人为因素导致的配送延误或事故,通过精确的路线规划和最优化的货物配载有效降低运输成本,提高物流效率。无人机在供应链运行管理中也展现出巨大的潜力。借助先进的导航和传感器技术,无人机能够在复杂的环境中实现精确的定位和飞行控制,通过不断提升飞机业载,可为离岸、偏远地区提供快速、安全的配送服务,并且能够减少中间环节和配送延误,其在供应链运输配送中已经成为不可或缺的运载工具。

八、大模型在供应链中的应用

大模型一度被提升到"未来工业级革命"的高度看待。人工智能的飞速发展促进了自然语言、机器学习等技术的孕育成熟。大模型作为人工智能领域综合型的创新成果,正在为经济发展和产业变革注入新动能,被认为是人工智能技术创新的拐点。数智化供应链的建设管理,对大模型的科技赋能需求与日俱增,相关典型应用层出不穷。

（一）大模型技术概述

大模型技术是一种具有数十、上百亿参数的深度学习模型,是人工智能预训练大模型的简称。其主要特征:一是体量规模大,计算参数、模型算法、基础数据类型多、规模大,有的模型大小可以达到数百 GB;二是多任务学习,可以对泛在化知识,建立不同学习任务,并进行联动学习;三是大数据训练,可根据海量数据进行样本管理和模型训练;四是知识蒸馏,通过训练教师模型,指导下级学生模型进行快速学习,加速模型训练过程;五是强大的计算资源,通常包括数百甚至上千个 GPU,计算周期可长达几周,甚至数月。随着技术的不断进步和优化,大模型在供应链管理中发挥着越来越重要的作用,在资源查询、统计分析、自主决策等方面的应用逐渐广泛。

（二）供应链资源查询

在供应链管理中,通过大模型可以理解和解析大量复杂的供应链资源信息,从而快速进行各类物资和知识等资源检索查询。

物资查询。物资属性复杂多维,传统的查询方式效率低、信息量小。基于大模型,可以通过输入描述关键词,快速检索和提取相关的物料的编目分类、属性信息、性能参数、市场价值、在用状态和权属关系等,使查询更加便捷、信息更加丰富、管理更加高效。

供应商查询。供应链管理涉及大量的供应商信息,包括供应商资质、合作历史、产品范围等。使用大模型技术,可以通过输入供应商名称或关键词,从海量数据中快速查询和获取供应商自身信息和关联数据,从多个维度自动生成内容丰富、描述翔实、客观公正的供应商描述报告。

知识资源服务。典型案例是基于大模型的自动客服与知识问答服务。基于大模型技术,对知识库、产品库、问题库等资源进行学习理解,不断迭代优化和改进训练问答模型。针对客户问题和请求,基于大模型的知识问答服务可迅速解析问题内容,快速形成回答文本,交互响应用户提问,为供应链运维服务提供了无人值守的全新技术手段。

(三)供应链统计分析

大模型为供应链的数据统计分析带来显著提升。依托其强大的模型构建、数据分析和语言理解能力,通过人机自然交互方式,为供应链运行分析、库存管理、运输建议等业务提供智能辅助手段。

运行分析。大模型可以帮助整理供应链不同环节、不同层级、不同系统的指标参数、运行报表、业务单据,通过将相关数据进行采集分析和加工处理,结合数据可视化工具,自动生成图表结合的分析报告,极大提高了分析效率。

库存管理。大模型可自动对库存管理情况进行持续学习训练,提升统计分析能力,针对用户需求形成库存实力、专业分布、质量效期、周转轮换等业务分析报告,并采取自然语言、图形图表等方式进行交互展示,为管理分析工作带来了便利。

运输建议。大模型基于运输计划、运单凭证、历史轨迹和运费信息等业务数据的深度学习,可以针对某项运输任务,根据用户提出的货物规格、数量、目的地、发货日期、运输方式等信息,自动给出车型选择、路线推荐、经费概算等分析建议,为快速形成运输方案提供参考。

(四)供应链自主决策

基于大模型的自主学习能力,利用海量历史数据和已构建的供应链智能决策类模型(如年度需求预测、采购策略推荐等),打造供应链决策类场景的自主建模、训练和应用能力,培育供应链发展提升的"数字智囊"。

决策模型自主生成。针对年度需求预测、采购策略推荐、供需方案生成等高阶决策类场景,利用大模型学习模型的构建逻辑、核心算法和参数设置,结合历史数据样本,实现同类场景模型的自主生成和自主训练,模拟评估决策结果,自主改进决策模型参数,为后续决策类场景应用提供自动化建模服务,让大模型成为供应链数据挖掘侧建模专家。

业务规律自主探索。打破现有基于应用需求开展数据分析的技术局限,利用大模型和供应链业务知识,自动对供应链数据进行特征分析和关联分析,培育业务数据的深层次感知能力,通过机器学习自主研判业务趋势和隐藏规律,形成数字化的"参谋团队",启发管理人员和业务专家探寻供应链发展提升的契机和方向,引导数据分析的重心更聚焦。

九、边缘计算技术在供应链中的应用

近年来,边缘计算技术发展迅猛、应用广泛。通过边缘计算,大量处理工作就地实施,无需交由云端,极大提升了业务处理效率。数智供应链运转高度依赖"网云边端"一体协同,对边缘技术有着更加现实的应用需求。

（一）边缘计算技术概述

边缘计算是基于设备、网络、云端和应用程序之间的联动互通交互操作,在靠近物体或数据源头的一侧就近提供的计算服务。采用网云一体的开放终端平台,可将计算任务从远程云服务器转移到更接近数据源头的地方进行处理,从而减少数据传输的延迟和带宽需求,提供更快速、更实时的计算能力和应用服务。其主要技术特征有：分布式架构,可将计算任务分散到多个边缘节点进行处理；靠近源头,尽可能将计算任务推送到数据源头附近处理,减少数据传输,提高处理效率；实时性,具备快速响应和处理数据的能力,能够在数据产生后尽快进行处理和分析,如图5-5所示。对数智供应链而言,边缘计算常见于物联网设备管理、生产设备预测性维护、车货实时跟踪监控等典型场景。

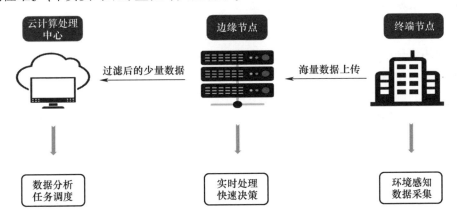

图5-5　边缘计算技术概述

（二）物联网设备管理

随着供应链中物联网设备数量和数据量的爆炸性增长,为了更好地管理和维护这些设备,边缘计算技术正逐渐成为一种关键的解决方案,主要表现在以下方面：一是设备远程管理,利用边缘计算,设备可以就近接入边缘服务器,进行实时的数据交换和命令传输。二是数据预处理与存储,边缘计算能够实现数据的初步筛选和处理,只将关键数据发送到数据中心。三是保护隐私信息,通过边缘计算,许多敏感数据的处理和分析可在本地完成,大大降低了数据泄露的风险。四是实现设备间的即时通信,边缘计算使得设备能够就近接入网络,快速交换信息,大大提高了设备间的通信效率。边缘计算技术应用于物联网设备管理,在减少数据传输量、降低网络负载、节省存储空间、增强网络安全等方面都起到了重要的作用。

(三) 生产设备预测性维护

预测性维护作为一种先进的维护方式,在智能制造中,边缘计算设备安装于生产设备上,实时接收运行数据,如温度、振动、压力等信息,并通过边缘计算设备进行本地实时分析和处理,可以快速发现设备潜在的问题和异常,避免了大量数据上传到远程服务器造成的延迟,使得维护人员能够更快得到分析结果,提前进行维护和保养,帮助节省大量的维修成本和停机时间,提高生产效率。

(四) 车货安全隐患监控

基于边缘计算,车辆终端传感器、摄像头、货物标签采集车辆和货物在输状况,如位置、速度、货仓温度等数据,并将这些数据传输到边缘设备进行实时分析和处理,避免了GPS信号差、网络负载大等原因导致控制中心处理速度慢、反馈延迟以及安全隐患处理不及时等问题,极大提高了运输过程的透明度,提升了货物运输安全性和可追踪性。

十、星链技术在供应链中的应用

星链技术作为近年来通信技术领域中皇冠上的"明珠",在突破现有地面基站范围和环境局限方面,有不可替代的优势。供应链业务中,涉及数量庞大的保障设施和保障力量,在地面基站无法覆盖的环境下,利用星链技术保障供应链通信、定位等方面的顺畅应用,是确保极端环境供应链韧性的重要支撑。

(一) 星链技术概述

星链技术是一种基于轨道卫星和星间链路传递通信信号,实现与地面基站、网络终端进行通信的技术,具备广域覆盖、高速高效等特点,适合地面基站无法覆盖的非常规通信环境、灾害区域和战场阵地等环境。与传统基站通信技术相比,星链通信技术无需铺设线缆、无视地理障碍,对特殊环境的物资供应保障具备极大的支撑能力,在边远地区组网、应急状态通信、游离末端定位等方面具备强大的应用前景,如图5-6所示。

(二) 边远地区便捷组网

在极地、海洋、岛屿、山区和沙漠、森林等边远地区,受限于地面基站通信距离过长、障碍干扰过多、线路铺设复杂等情况,供应链相关的组织活动难以依赖通信网络进行及时组织。利用星链技术,可在边远地区快速搭建供应链通信网络,通过轨道卫星的信号放大、定向传输、无线连接等能力,支撑供应链平台的访问使用,打造基础设施远在天边、保障活动近在眼前的数智供应空间。

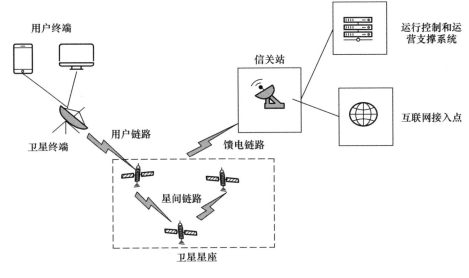

图 5-6 星链技术概述

(三) 应急状态紧急用网

针对灾害抢险、战场支援等应急物资保供场景,利用星链技术和具备卫星连接能力的手机、电台等通信设备,快速构建音频视频紧急通信平台,实现供应链一线指挥人员与后端保障力量顺畅沟通,支撑现场环境毁伤情况、物资库存损耗情况、交通路网拥堵情况等信息快速反馈,确保物资筹措精准施策、调拨供应快速有力、运输配送及时到位,为应急状态下的供应链指挥调度提供手段保障。

(四) 游离末端随遇入网

对于广域空间及复杂地形等环境中,供应链存在范围散布大、位置距离远的末端用户和资源力量,通过星链技术,供应链末端设备、办公终端、离散用户可随时接入供应链平台,进而精准定位所处地域,动态实施线上管理。针对具体保障任务,还可随时随地应用平台能力,动态分析周边资源状况,辅助规划物资配送路线,结合无人机投送、机器人运输等手段,在线提供复杂环境、多元目标和运动过程等多模态精准保障服务,确保物资快速送达。

十一、移动 5G 技术在供应链中的应用

移动 5G 技术在供应链数智化转型中发挥着重要作用,基于移动 5G 技术,可支撑供应链各环节实现信息的实时互联,提高供应链在线协同运行、移动终端作业等能力水平。

(一) 移动 5G 技术概述

移动 5G 技术是新一代的宽带移动通信技术,峰值理论传输速度可达每秒

10Gb以上,能够提供更快的网络连接速度和更低的延迟,支持大规模的设备连接,为用户提供更好的网络体验。移动5G技术具有高速率、低时延和大连接的特点:高速率,5G技术提供了更高的数据传输速度,可满足大规模数据传输和高清视频等高带宽应用的需求;低时延,5G技术的时延可以降低到毫秒级别,能够满足实时应用和服务的需要;大连接,5G技术能够支持大规模的设备连接,可以在各个领域全面支持大规模物联网设备连接应用。对数智供应链而言,移动5G技术在物流移动作业、人车货场协同等方面发挥着重要的作用。

(二)物流移动作业服务

5G技术的高速率处理能力,极大地推动了移动作业在物流管理中的应用,为物流管理带来更大的便利性和灵活性。在订单处理方面,基于5G技术的移动作业有助于加速处理物流订单,提升处理效率;在库存管理方面,可以随时更新和查询库存情况,及时开展补货等工作;在货物追踪方面,可以随时追踪货物的位置状态,为所有主体展示精准的状态更新和交付过程,提升客户满意度。

(三)仓储人车货场协同

在场站货仓作业中,依托5G技术,可以打通物联感知终端、智能作业装备、业务操作应用、平台响应服务等各类硬件和软件的通信链路,实现场、仓、车、人之间的实时通信和数据共享,提高协同作业的效率。基于5G技术的高速通信能力,驾驶员和车辆能够被快速识别和放行入场,并根据仓储管理平台的指令精准停靠装卸平台,同时装卸人员可以按照平台传送到移动终端的待装和卸货信息进行操作。整个业务过程中,5G技术全面支撑了信息的高效流转,推动了供应链末端业务执行的无缝衔接。

第六章　数智供应链未来展望

"三万里河东入海,五千仞岳上摩天。"供应链数智化进程势不可挡,供应链跨越式发展恰逢其时。本章主要着眼国际形势变化、政策环境导向、产业变革趋势、能力竞争要求等方面,对供应链发展的侧重方向、未来前景进行探寻展望,为链主单位前瞻布局规划、把握行业先机、争取战略主动提供参考借鉴。

一、平台能力向产业链供应链协同延伸

数智供应链平台能力发展的一个重要趋势就是向产业链供应链协同延伸,包括链主平台辐射引领多循环生态、开放服务赋能中小微企业转型、供应链数字经济生态加速培育等方面,推动形成行业级的供应链协同平台,构筑开放合作、多方共赢的供应链生态。这些是促进供应链打破地区、行业局限,走向国家级、国际化的重要基础。

（一）链主平台辐射引领多循环生态

2023年,国家印发《关于中央企业在建设世界一流企业中加强供应链管理的指导意见》,明确要求发挥中央企业的区位优势和平台优势,加快建设行业级供应链协同平台。对此,链主单位应加快推动供应链平台与内部各专业平台整合,形成一体化协同平台服务,联通链上企业、合作单位业务系统,支撑链主单位与链上企业、链主单位内部、链上企业之间的三大循环体系建设发展。

在大循环方面,关注链主单位对产业链供应链协同流程与资源配置的优化能力提升。以链主单位为核心,涵盖与其供应链业务直接关联的供应商、物流商、回收商等上下游企业,以及招标、设计、质检等合作单位,构建基于链主枢纽平台的供应链各主体间端到端协作生态。链主单位依托其在供需关系中的主导地位,通过实施激励性交易政策、制定惩戒性评价标准等措施,推动链上企业、合作单位的业务平台等与链主平台实现互联互通,形成以链主平台为中心、多主体平台环绕对接的数字平台集群。在此基础上,构建供应链与产业链数字协同生态,实现采购、合同、供应、质控、结算等业务流程的线上对接,以及上下游原材料储备、产能、库存等要素的在线分发共享。这将有助于促进全量流程、要素等数据资源向链主平台集聚与沉淀,一方面为链主单位的供应链数智化升级提供支撑,另一方面强化链主业务干预指令、资源调配任务的线上调控,提升对产业链供应链数字生态的领导

能力。

在内循环方面,聚焦链主单位供应链管理的质效水平提升。充分利用供应链平台,实现需求计划、招标采购、合同履约、仓储运配等各环节活动的在线化作业,同时结合仓储、运输等领域的先进技术装备,构建全流程自动化、无人化的业务执行能力。构建数据赋能的决策指挥体系,强化态势感知、应急指挥、运营分析、资源统筹、风险监控和绩效评价等能力,以引导供应链管理效能的提升。同时,加强与其他专业平台的互动协作,围绕供应链主干流程构建链主单位整体性的数智平台体系,形成一体化的数字平台生态,促进供应链与规划、财务、资产、维修等专业深度协同,实现供应链业务全过程和物资全生命周期的覆盖,打造供应链"三流"合一的发展模式。通过这些措施的实施,为链主单位提供更加严谨规范的管理支持,服务供应链管理水平的不断提升。

在外循环方面,注重推动链主单位向供应链产业链的前端进行精细化深度拓展。不仅关注设备制造企业的上级供应商,如提供原材料、组部件和产线设备的厂家,更致力于与它们建立紧密的合作关系,通过在线协作方式,以提升交付产品的质量效率为核心目标,加强设备制造企业与供应商之间的顺畅沟通与协同。设备质量上,不再局限于成品的质量控制,而是将其延伸至原材料和产线等更前端环节,通过建立各批次原材料与成品物资的追溯关系,精确追踪每一原材料的质量问题,迅速定位其影响范围,从而采取有效的应对措施,也增强质量风险的防范能力。同时,强化设计与制造协同,注重提升产品设计确认过程的效率与准确性,通过在线交互方式开展设计参数与产线工艺的实时耦合校验,确保产品设计制造的一致性;强化制造与物流的协同,依托链主单位平台,将物流运输过程中的位置、轨迹和安全参量等信息进行可视共享,加强对物资运输过程的监控和管理,确保运输过程的安全可控,提高物流运输的效率。

(二)开放服务赋能中小微企业转型

中小微企业是产业链供应链的重要组成,数量多、分布广,数字化发展水平参差不齐,供应链平台基础更是薄弱。依托链主单位主导的行业级供应链平台,综合考虑行业内中小微企业的数字化、智能化发展诉求,打造适应中小微企业管理机制、业务流程和业务体量的应用场景;打通供应链与金融体系的融合渠道,多措并举疏解中小微企业发展的资金压力,打造链主单位与中小微企业协同发展的供应链新格局。

在业务上,重点发展轻量化寻源采购、电商交易、合同履约、仓储管理和物流运配等服务。基于链主单位的枢纽平台,沉淀稳定的货源、客源和大宗市场交易渠道,为中小微企业提供质优价廉的商品和规范透明的采购服务。提供种类丰富的合同模板和权威可信的司法认证服务,支撑中小微企业在线起草签订交易合同,全方位管理合同履约进度和资金结算收付情况。强化仓储资源、运力资源的共享,依托链主单位吸引社会头部物流服务企业入驻,为中小微企业提供便捷高效的物资库存保管和运输配送服务。

在服务上,积极落实国家扶持中小微企业的发展政策,探索建立市场化、多元化、平台化供应链运营商业模式,采取会员制、佣金制等方式,大幅降低中小微企业建设、运维费用成本。加强供应链枢纽平台与链上金融服务机构的引流对接,依托对中小微企业供应链数据资产的沉淀,发展订单融资、仓单融资、应收账款融资等供应链金融业务,疏解中小微企业的资金压力。发挥链主单位先进性的技术、标准等方面优势,基于平台公开共享,引导中小微企业直接应用先进技术成果,减少重复性研发投资和周期,实现快速发展。

(三) 供应链数字经济生态加速培育

国家《"十四五"数字经济发展规划》鲜明提出:以数据为关键要素,以数字技术与实体经济深度融合为主线,赋能传统产业转型升级,培育新产业新业态新模式,如图6-1所示,这为供应链数字经济的发展指明了方向。依托链主单位行业级的产业链供应链平台,实现跨系统、跨企业、跨地区的数据汇聚,形成具备反映行业发展规律的数据资产,催生供应链行业战略规划、企业经营决策等各层次的数据服务产品,促进供应链数字经济快速发展壮大。

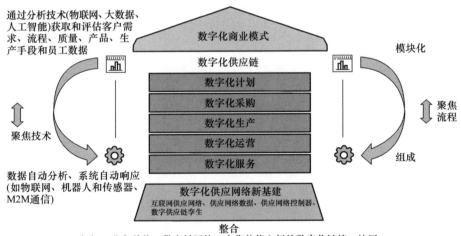

图6-1 供应链数字化商业模式概览

数据资产跨域汇聚。发挥链主单位场景覆盖最全面、数据资源最丰富的独特优势,引导形成对产业链供应链数据价值的客观认识,主导建立跨组织、跨行业、跨地域的统一数据标准和可信共享机制。搭建具备多元异构数据采集传输、整合存储的受信数据平台,推动链上企业、合作单位、政府部门等主体的数据资源广泛汇聚,与链主单位供应链数据深度融合,构建行业级的数据湖。建立多组织协同的数据质量治理机制,强化数据主人责任落实,以实用化导向有序核验、应用数据,精准推动源头数据治理提升,形成高质量、高可信的数据供给,通过技术+业务双驱动的治理模式,保障供应链数据生产要素的整体质量。

数据服务多元开放。聚焦影响产业链供应链高质量发展的堵点难点,深化供应链数据服务和分析模型构建应用。面向链上企业,构建采购节资增效、供应精准集约、质量精益提升等方面的增值服务,为市场趋势分析、供应需求预测、库存周转管理等提供支撑,帮助企业优化采购策略、降低成本、提高运营效率。面向行业管理机构和政府部门,构建产业链供应链环节、区域、规模等细分领域分析服务,实时收集和分析各类供应链数据,支撑及时发现和解决产业链供应链中的问题。面向第三方服务机构,提供开放共享的数据产品创新研制平台,便捷获取供应链各类数据,开展数据分析和应用研究,为产业链供应链高质量发展提供有力支撑。

数据交易安全有序。以相关数据安全法规制度为基础,强化组织体系、安全防控机制、安全管理技术联合应用,建立集数据确权、服务定价、交易流通等于一体的供应链数据交易市场机制,充分保障数据提供方、购买方、中间商等各方的权益和合法性。依托链主单位建立一个稳定、安全的数据交易环境,保护个人隐私和国家核心利益,并建立严格的数据安全审查制度,强化政府监管部门和链主单位监管体系对数据交易的监管,确保敏感信息不被非法获取或外泄,维护国家安全和商业利益。

二、发展理念向带动全链绿色低碳转型

"绿水青山就是金山银山",中国式现代化明确提出人与自然和谐共生的战略要求,强调要加快绿色低碳经济转型发展,凸显了国家推进"双碳"目标落地的决心力度。供应链作为突破产业、行业界限的整体性链条,将绿色低碳理念贯彻和融入物资产品、链上企业、上游产业的高质量发展要求之中,是数智供应链实现可持续发展的目标诉求和重要保证。

(一)绿色消费驱动产品绿色化升级

链主单位具备超大规模交易的主导作用,具有极强的行业影响力和导向带动力。将绿色低碳作为一项长期的基本战略,利用链主单位采购等权利倡导节能低碳产品使用,有助于发展绿色消费。结合数字技术开展产品碳采集与核算,建立科学、客观、公正的碳评价认证机制,推动形成行业级公开可信的绿色产品目录,引领发展绿色采购新模式,倒逼供应链上游产业绿色化升级。供应链绿色评价标准与采购要素如图6-2所示。

培育绿色消费方式。紧跟国家、行业对节能环保材料和产品的政策要求,推广绿色节能物资采购和绿色包装应用,满足绿色环保、耗能低、易回收利用、无害化要

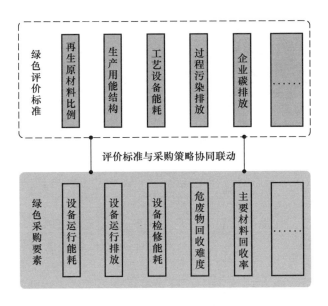

图 6-2 供应链绿色评价标准与采购要素

求,推动高污染、高能耗、高排放"三高"物资加快退出使用,深化废旧物资无害化处理,促进可再生资源回收利用,形成绿色物资的消费习惯。以链主单位绿色物资需求为依据,主导建立行业级的产品绿色低碳因子库,从原材料构成、生产过程能耗及排放情况、运行能耗、回收利用价值等维度,形成反映产品绿色低碳水平的客观评价标准,面向社会公开共享,倡导培育行业级的绿色消费理念和消费方式。

开展碳核算与认证。加强与政府部门、权威机构在碳核算领域的深度合作,考虑化石燃料燃烧、过程排放、废弃物处理等碳排放活动场景,建立由链主单位主导的行业供应链碳采集、碳转换、碳核算等系列标准和技术体系,研制生产制造、物流运输、仓储保管、运行维护等环节的碳采集装置,开展产品碳核算形成供应链碳足迹,推动碳核算应用从行业、区域平均估测,细化至具体产品颗粒度,打造产品的碳画像。联合绿色供应链领域行业协会、评价机构,基于产品碳画像服务,建立综合衡量供应链产品绿色低碳水平的评价指标体系和认证标准,探索开展供应链绿色低碳产品认证。

发布绿色采购目录。积极承接商务部、环境保护部、工业和信息化部颁发的《企业绿色采购指南(试行)》,结合链上企业环保监管、绿色评价等要素信息,探索建立具备链主单位业务特色和行业特点的绿色采购目录,明确绿色物资采购评审的技术要求。优化采购策略,将绿色低碳纳入采购评审要素,分类建立激励型、强制型采购带动手段,推进绿色物料优先采购。持续完善绿色采购目录,面向行业同类企业开放共享,加大对绿色低碳优质企业、产品和服务采购激励力度,带动供应链低碳生产、运行和绿色消费。

(二)绿色责任深化上下游链式传导

实现绿色发展是产业链供应链的整体性目标,只有上下游、全环节、各个企业都能做到绿色低碳,才能真正构建形成供应链整个行业的绿色生态。对此,需要将环保和节约理念贯穿于产品设计到原材料采购、生产、运输、储存、销售、使用和报废处理的全过程,推动链主单位绿色低碳责任意识向产业链供应链上下游传导,协同打造行业级"全绿""深绿"发展模式。

产品设计环节。推进原材料、生产工艺绿色选型,推广可循环利用、高强度高耐久、节水节能环保等绿色材料和组部件,从产品诞生源头降低全过程资源消耗和环境影响,减少碳排放,促进上下游企业绿色发展。

生产制造环节。加强产品制造过程绿色监督,推动制造商产线设备电气化改造升级,淘汰"三高"产线设备和生产工艺。同时,推广清洁能源和储能技术应用,减少车间能耗和碳排放,打造"黑灯工厂"生产模式,促进产品节能低碳。

质量检验环节。将产品节能表现、绿色低碳水平等纳入检验范围,提升与产品功能、性能的质量检验对等的高度,推动链上企业重视和发展绿色制造,强化绿色低碳理念的执行落地。

仓储运输环节。推广简约包装、可回收包装等绿色包装,大力发展新能源车辆、"零碳"仓库等技术装备和设施,减少产品储运过程中的碳排放,提升库存物资周转效率,减少备品备件等物资囤积,避免过度采购导致的能源和资源消耗。

报废回收环节。建设危废物专业化集中拆解中心,减少报废物资拆除、分解过程中的污染和毒害排放。畅通可再生废旧材料回收拍卖渠道,推动资源循环利用,降低原材料重新采买形成的资源浪费。

从产品设计到报废处理,全方位推进绿色理念,实现产业链供应链的绿色低碳发展,并通过整合企业社会责任指标体系相关内容,从环境、社会、公司治理三方面推动开展企业信息披露,推动产业链上下游企业共同迈向绿色、低碳、可持续发展之路,为构建美丽中国和实现全球绿色发展目标贡献力量。

(三)绿色服务助力产业可持续发展

绿色低碳发展离不开资金支持。链主单位未来将更加迫切、更加紧密联合政府部门、金融机构、能源企业、信用服务机构、第三方认证机构,以及高等院校、科研院所、供应商等生态合作伙伴,大力拓展碳交易、绿色金融等增值性服务,为产业链供应链绿色转型注入资金活力,进一步丰富绿色低碳业务合作生态,支撑产业企业绿色可持续发展。

发展绿色低碳商业。链主单位依托数智化枢纽平台,一是提供准确的信息与预测服务,紧跟国际和国内绿色低碳领域的最新政策、技术、市场和产业动态,辅助关联企事业单位深入了解绿色低碳发展趋势,及时调整战略方向;二是量身定制绿色低碳发展路径,发挥链主单位丰富经验,提供个性化的绿色低碳发展规划方案,对合作伙伴现有资源和能力进行全面分析,协助制定切实可行的发展目标,明确实施步骤和时间节点,确保各方在绿色低碳道路上携手前行;三是提供全面的绿色低碳诊断服务,通过现场勘查、数据收集和智能分析,找出在能源利用、环境保护和碳排放等方面的不足,提供针对性的改进建议,助力提升绿色低碳管理水平;四是提供清洁能源利用、电能替代、能效提升、降碳节能减污等技术服务,协助降低能源消耗、减少碳排放,实现环境效益和经济效益的双赢;五是提供绿色低碳相关供需对接服务,助力寻找合作伙伴,拓展业务领域,促进企业之间的资源共享和协同发展,推动整个绿色低碳产业的繁荣壮大。

发展绿色低碳金融。联合金融机构共同提供低息贴息的绿色金融服务。绿色信贷,向环保项目和企业提供贷款支持,引导资金流向低碳、环保的项目及企业,推动产业结构调整和优化。绿色债券,筹集资金用于发行绿色债券,为企业提供低成本的资金支持,推动绿色项目的实施。绿色保险,对环保项目及企业提供风险保障,降低绿色产业发展的不确定性,引导被保险对象积极采取环保措施,降低环境风险。绿色基金,吸引社会资本投入绿色产业,持续推动绿色项目的落地,实现经济效益和环境效益双赢。绿色租赁,为客户提供环保设备和技术租赁服务,帮助企业实现绿色生产,降低绿色投资的门槛,推广绿色技术。绿色票据,以环保项目收益为偿债来源,探索发行绿色票据,为绿色项目提供融资渠道,降低项目融资成本。碳金融,以碳排放权为交易对象,为企业提供碳排放权交易的平台,促进碳排放减少,实现环境效益。

强化政府采购支持。加强绿色低碳产品的采购力度,优先考虑环保性能优良的企业和产品,刺激整个市场对绿色低碳技术的研发和应用,推动产业转型升级。招商引资环节,优先引进具有绿色低碳特点的项目,对企业在环保方面的投入给予政策支持和激励,吸引优质企业投资,推动产业结构调整,实现绿色增长。政策兑付方面,加强对绿色低碳企业的扶持力度,通过税收优惠、项目补贴、融资支持等方式,鼓励企业加大低碳技术研发和产业化进程,培育一批具有国际竞争力的绿色低碳企业。监管科技方面,充分利用大数据、物联网、人工智能等先进技术,加强对能耗和碳排放的监测、分析和预警,实现能耗"双控"向碳排放总量和强度"双控"的转变,提高环保监管效能。同时,加强政府与企业、社会和公众的沟通与协作,推动一流生态环境与一流营商环境协同共建,形成政府引导、企业主体、社会参与的模式,为绿色低碳发展注入强大动力。

三、链主价值向引领产业创新升级聚焦

当前,我国正处在从制造业大国向创新型强国转型迈进的重要时期,推动实体经济创新升级是构建新发展格局的重要支撑。与传统的计划型要素驱动相比,市

场化要素在找准创新突破靶点、激活企业创新活力等方面,具备更加直接、更为灵活等特点。链主单位作为产业链供应链的重要市场主体,是构建"需求驱动-联合创新-产业升级-经济增长"快车道的重要推动力量。发挥链主单位的价值引领作用,有利于促进产业链布局精准调整,激励"卡脖子"核心技术突破,激活产业创新动能,针对薄弱环节建立多元供应策略,进一步保障产业链供应链整体韧性。

(一)市场需求驱动产业链布局优化

发挥链主单位的需求牵引作用,对大宗、成套、组合物资,以及物资配套服务的采购需求进行集中归集,形成具备一定体量的采购市场。在保障物资按时保质保量高效生产供应的前提下,配合政府部门对相关产业的区域、结构布局实施调整,在采购策略中设置对供应商的区域、行业要求,引导主体供应商与配套物资、服务供应商开展专业化联合制造,带动形成"园区型""配套型"产业集群,促进产业链资源集约集中,向预期区域与行业流动,驱动产业链布局优化。

专业联合方面,发挥产业链"一加一大于二"的倍增效应。依托链主单位全面的业务场景和丰富的业务数据,开展产业大摸底,深入分析识别各厂商的优势物资品类,为政府制定产业调整策略提供有力支持。在此基础上,拟定采购分标分包措施,有针对性地将相关厂商的优势物资进行成套化、组合式采购,促进相关厂商联合投标、协同生产,以统一的合同深化相关厂商的设计、生产协同,激发产业链内部的协同效应,形成"强强联合"的产业链合作关系,提升产业整体竞争力。

布局优化方面,通过对大宗、成套物资生产供货区域、交付时间周期等方面提出明确要求,倒逼相关厂商的产业合作关系向物理集聚关系升级。同时,结合政府部门对区域性产业结构的优化调整,催动物资、技术、资金、人才等资源向目标区域、目标产业加速汇聚,推动上下游企业各环节、产品全生命周期的有效衔接、高效运转,带动物流、仓储、数字化建设等配套服务业的联动发展,形成结构优、门类全、质量高、分布均的庞大产业集群。

价值提升方面,配合政府部门围绕打造新支柱产业,强化政策导向,优化目标设置,结合链主单位业务特色,研究采购需求的重心调整策略,在保障物资高效稳定供应的前提下,将政策导向融入采购策略和评审要求,利用市场这只"看不见的手",配合政府宏观调控这只"看得见的手",双管齐下推动上下游企业调整产品倾向,落实国家数智转型、绿色低碳等产业发展要求,形成产业升级的源源动力。

(二)规模订单激励卡脖子技术突破

强化链主单位集中采购的体制机制优势,发挥大规模采购订单的需求牵引价值,利用庞大的市场,将技术创新与运用的规模效应发挥出来,降低研发和交易成本,为企业创新兑现丰厚的市场回报,扎实推进科技强国、创新固链等要求落地。

制定产业创新图谱。围绕提升产业链供应链的韧性和自主可控能力,深入研究产业链中各企业间的上下游配套关系,明确各类产品在上中下游环节中的关键技术、关键组部件、关键原材料,梳理需创新突破的新技术、新产品、新工艺。深入挖掘产业链能力瓶颈和技术短板,通过定位产业链中的"卡脖子"技术与装备,明确提升产业链竞争力的核心方向,引导企业有针对性地进行技术研发和产品创新,从而突破产业链中的瓶颈和短板。

建立市场评价机制。精准把握生产型、服务型企业的创新活动规律与特点,分类建立链上企业创新能力的评价指标体系,关注企业在研发投入、专利申请、技术成果转化等方面的现实表现。通过指标评估,找出具备创新能力和潜在优势的企业,定向鼓励其继续加大研发投入,提升科技创新水平。同时,关注企业在新技术装备的研发、生产和应用等方面的现实表现,推动其在新技术、新装备、新业态等领域发挥引领作用,促进产业链的升级和发展。在此基础上,运用数字化模型对企业的创新能力进行评价,提高评价的客观性和准确性,确保评价结果能够真实反映企业的创新能力。通过与采购环节的联动,将评价结果作为采购决策的重要依据,促进企业加大创新投入,提升创新能力。

实施创新采购激励。发挥集中采购的优势,加强跨专业、跨单位创新类采购需求整合,形成规模化市场订单,为创新产品提供更大的市场空间。用好用活国家关于首台(套)重大技术装备、自主创新产品采购的法规政策,为创新产品提供制度保障,提高企业创新的积极性。利用订单带动头部企业加强创新投入,引导企业将更多的资源投入到创新活动中,进一步提高创新能力。建立健全创新采购的评价体系。通过对采购效果的评估,及时发现问题,调整政策,确保创新采购政策的有效实施。

畅通创新产品采购渠道。对获得链主单位认可和国家认证的创新产品与技术,建立便捷化的采购专区,简化采购流程,将有利于需求单位快速选取和使用创新产品与技术,实现新装备的随需随采。对采购的创新产品与技术进行评价和反馈,不断优化采购渠道,提升采购满意度,推动创新产品与技术的广泛应用,提升国产化产业在全球产业链中的竞争力。

(三)联合战略提升多元化供应韧性

发挥采购交易在供需关系调节中的指挥棒作用,强化产业链供应链韧性,提高自主创新和安全可控能力。围绕供应链重要原材料、创新性技术、关键性产品,制定联合战略,加强战略核心资源和战略性技术储备,加快打造多中心、多节点的并联供应网络,开辟多元化产品供应渠道,避免单一企业的产能供应风险,提升供应链韧性。

建立联储联备机制。针对供应链重点物资、关键技术,建立链主企业与上游供应商联合储备的保障模式,通过数字技术监测物资原材料、产线设备、行业产能等波动情况,研判预警原材料涨价、断供等风险,及时通知供应商提前谋划原材料储备,确保重点物资生产供应不受其他因素影响,强化应急情况下物资协同保供能力。

打造多元供应渠道。识别物资及其原材料的"寡头"供应商,统筹优化重点物资中标面等采购策略,加强同类供应商转型发展的扶持力度,培育可替代厂商。推进供应链关键物资、原材料和技术的迭代升级,加强自主可控物资和技术研发,形成多元化的产品替代渠道和供应保障渠道,避免极端情况下单一企业断供带来的韧性冲击。

强化韧性风险评估。研究关键物资供应链风险,构建核心资源与技术风险评估模型,采集有关数据,建设风险预警平台,建立预警响应机制。着眼极端复杂情况,详细制定"稳链"预案;结合风险评估模型,不断优化"保供"措施。组织供应链压力测试,模拟大宗商品价格波动、疫情管控进出口受阻、碳耗双控等情景下的压力测试,检验预案有效性,循环改进保供预案。

四、竞争水平向出海登陆国际市场迈进

全球产业链供应链的发展历经波折,在当前单边贸易保护、霸权主义横行的复杂局面下,自主可控打造核心能力、优质产品、关键技术,成为提升核心资源控制能力的重要抓手,成为影响全球产业链供应链利益利润分配格局的重要因素。强化链主单位对产业链供应链的扶持孵化作用,依托"一带一路"等多边国际合作渠道,助力我国本土企业、重要产业向中高端升级,持续改善和优化我国产业链供应链发展的国际环境。

（一）精准投资扶持专精特新企业发展

国家高度重视"专精特新"中小企业培育扶持,大力支持向国际市场迈进。2021年,财政部、工业和信息化部联合印发了《关于支持"专精特新"中小企业高质量发展的通知》,要求将培优中小企业与做强产业相结合,加快培育一批专注于细分市场、创新能力强、成长性好的专精特新"小巨人"企业,推动提升专精特新企业数量和质量,助力实体经济特别是制造业做实做强做优,提升产业链供应链内外稳定性和国际竞争力。在供应链领域,可利用链主单位大规模的采购投资,加强"专精特新"企业的梯队化培育,发挥链主资源优势,提升产业创新能力和质量保证水平,引领"专精特新"企业提升"走出去"的竞争能力。

发展扶持方面,依托链主单位,创新发展供应链金融业务,与金融机构建立"专精特新"企业供应链数据共享机制,辅助提升授信额度、延长贷款期限。加强民营企业历史账款清欠、到期款项兑付,加强对"专精特新"企业的合法权益保护。加入政府主导的培育扶持体系,健全对"专精特新"企业的公共服务、市场化服务、社会化公益服务,为企业创新发展打造优质的市场环境。

技术升级方面,着眼提升国际竞争力,深化链主单位与"专精特新"企业的全方位创新合作,建立协同创新的产业生态,实施数字化赋能专项行动,培育一批技

术实力雄厚、服务能力优秀的数字化服务商,引导支持"专精特新"企业上云、上链、上平台,促进企业通过数字化、智能化改造实现创新升级。

质量提升方面,推广链主单位供应链平台协同应用,加强平台质量监督服务和质量检验资源开放共享,面向"专精特新"企业提供可靠、可信的共享监测服务,推动高端设备、绿色装备检测认证,形成全生命周期质量数据。建立链主单位与产品设计单位、生产企业、检测机构等多方协同分析机制,动态完善质量检验规范,周期性发布产品质量监督报告,精准反馈质量分析评价结果,提供优化提升建议,帮助企业改进短板,提升质量。

(二)"一带一路"引领高端品牌协同出海

依托链主单位市场化、规模化效应,推动产品质量高、服务评价优、创新能力强的"专精特新"企业开展专业整合,不断提升供应链核心竞争力。以"一带一路"为载体,以综合成套和整体解决方案为重点,推动核心高端装备和先进生产服务国际对标,打造具有国际先进水平、具备国际权威认证的国际化高端品牌,有力带动"技术、装备、服务"协同出海。

培育成套化竞争力。依托链主单位的全方位、多场景应用,挖掘高端技术、装备、服务的关联性、互补性,带动相关厂商开展协同合作,打造系列化、成套化产品和技术。加强国际同类产品、技术研制情况跟踪,及时识别国内产业发展差距,发挥链主单位主导的"产学研用"联合创新作用,补短板锻长版,形成具备国际一流竞争力的市场化产品。

带动国内产业出海。强化链主单位的全球化战略布局,依托"一带一路"构建国际国内协同发力的供应链生态,积极参与跨境电子商务、跨境数据流动、数字货币等方面的国际合作,引领产业链高端制造企业组团协同出海,提升出海企业在关键技术和生产环节的全球网络黏性,提高产业盈利能力和链主单位的国际地位。

打造国际高端品牌。实施链主单位引领的供应链品牌战略,加快建设产品卓越、创新领先的世界一流供应链体系,通过成果展览、交流论坛等方式,带动链上企业和高端品牌在国际市场崭露头角,指导其不断提升产品的创新力、市场的影响力。借助链主单位国际化合作平台,加强品牌宣传和形象建设,打造具备中国特色的供应链国际一流品牌。

(三)双循环发展格局重塑产业竞争力

着眼支撑构建国内大循环为主体、国内国际双循环相互促进的新发展格局,发挥链主单位需求侧牵引、供给侧改革优势作用,扎根国内大市场,在更高水平扩大对外开放,打通产业链供应链双循环断点堵点卡点,提升供应链核心竞争力。

强化统一市场建设。推动链主单位采购交易融入全国统一大市场体系,打破区域、行业等准入限制,促进产业资源在全国范围内优化配置,打通国内生产堵点,畅通信息流、实物流、资金流,放大需求侧对供给侧高质量发展的引领带动作用,以链主单位高水平的市场标准、竞争规则、透明机制,深化产业融通共享。

推动技术标准升级。发挥链主单位行业聚合力、标准引领力,推动企业标准向团标、行标、国标升级,带动产业链加快国际标准布局研制,强化标准和规则的源头引导能力,以市场为导向,建立链主单位主导的标准化活动,打破国际对国内产业链供应链的技术锁控,促进基础工业体系高质量发展。

发展区域合作模式。发挥链主单位资源掌控优势,与周边地区经贸合作伙伴建立产业链供应链合作关系,推动制造业关键环节、关键资源的布局调整,支撑国家政府部门从科技、标准、政策和治理等机制方面精准施策,推动优质产业核心环节迁回本土,或进行"友岸外包",巩固深化自主可控的区域化、多边化合作,提升产业链供应链抗击外部风险的能力。

参 考 文 献

[1] 寇军,陈鑫,田帅辉.产品服务供应链:起源、内涵与框架分析[J].供应链管理,2022,3(1):17-26.
[2] 中国国家标准化管理委员会.物流术语:GB/T 18354—2021[S].北京:中国标准出版社,2021.
[3] 王术峰,何鹏飞,吴春尚.数字物流理论、技术方法与应用:数字物流学术研讨会观点综述[J].中国流通经济,2021,35(6):3-16.
[4] 吴克昌,唐煜金.边界重塑:数字赋能政府部门协同的内在机理[J].电子政务,2023(2):59-71.
[5] 陈剑,黄朔,刘运辉.从赋能到使能:数字化环境下的企业运营管理[J].管理世界,2020,36(2):117-128,222.
[6] 徐秀军.新国际形势下构建更高水平开放格局的挑战、机遇与对策[J].国际税收,2020(10):23-30.
[7] 翁东辉.欧盟力保供应链安全[N].经济日报,2022-07-18(004).
[8] 孙昌岳.全球产业链供应链深度调整[N].经济日报,2022-12-29(004).
[9] 魏际刚,刘伟华.发达经济体供应链战略动向及启示[N].中国经济时报,2020-04-20(004).
[10] 杨明.国际物流信息化发展趋势及策略[J].中国物流与采购,2023(3):108-109.
[11] 熊乐宁.华为供应链数字化转型实践[J].供应链管理,2022,3(6):54-60.
[12] 百度百科.宝山钢铁股份有限公司[EB/OL].(2023-12-29)[2024-01-03].https://baike.baidu.com/item/宝山钢铁股份有限公司/7823950?fr=ge_ala.
[13] 刘向阳.国有企业供应链商业模式创新路径研究[D].大连:大连理工大学,2022.
[14] 安世亚太.探仓京东北京亚洲一号,供应链物流的数字孪生应用[EB/OL].https://baijiahao.baidu.com/s?id=1676165190904552889&wfr=spider&for=pc.
[15] 周英,王子杰,李海博.新冠肺炎疫情冲击下阿里巴巴供应链弹性的表现及启示[J].供应链管理,2021,2(9):103-115.
[16] 刘晓.关于沃尔玛的供应链分析[J].现代经济信息,2017(10):135,137.
[17] 百度百科.顺丰速运[EB/OL].(2023-12-06)[2024-01-03].https://baike.baidu.com/item/顺丰速运/7616601?fr=ge_ala.
[18] 百度百科.国家电网有限公司[EB/OL].(2024-01-03)[2024-01-03],https://baike.baidu.com/item/国家电网有限公司?fromModule=lemma_search-box.
[19] 王明虎.企业集团财务管理教程[M].上海:立信会计出版社,2009.
[20] 王昕.中国移动:数智一体化哈勃分析平台助力供应链全链路数字化[J].招标采购管理,2020(9):20-22.
[21] 百度百科.中国联合网络通信集团有限公司[EB/OL].(2023-12-25)[2024-01-03].

https://baike.baidu.com/item/中国联合网络通信集团有限公司?fromModule=lemma_search-box.

[22] 联通数字科技.2022国有企业数字化创新优秀案例:联通智慧供应链平台[EB/OL]. (2022-11-11)[2024-01-03]. https://www.iot101.com/news/5649.html.

[23] 中共中央政治局召开会议[N]. 人民日报,2021-01-29(001). DOI:10.28655/n.cnki.nrmrb.2021.001090.

[24] 中华人民共和国国民经济和社会发展第十四个五年规划和2035年远景目标纲要[N]. 人民日报,2021-03-13(001). DOI:10.28655/n.cnki.nrmrb.2021.002455.

[25] 蒋敏辉. 产业互联网推进钢铁供应链绿色发展[J]. 冶金经济与管理,2023(2):32-35.

[26] Islam S, Karia N, Fauzi F B A, et al. A review on green supply chain aspects and practices [J]. Management & Marketing, 2017, 12(1):12-36.

[27] 黎智慧,张偲婧,罗婕. 国有资本投资运营公司产融协同路径研究[J]. 中国集体经济,2022(14):26-28.

[28] 华晓涵."双碳"背景下能源企业产融结合的模式及效果研究[D]. 北京:北京外国语大学,2023.

[29] 孙琴,刘戒骄,徐铮. 中国集成电路产业"三链"融合:理论逻辑、现状与思路[J]. 经济与管理研究,2022,43(12):35-49.

[30] 傅元略. 产业链供应链融合及其价值管理数智化研究[J]. 财务研究,2021(3):3-10.

[31] 邓娴. 推进企业数字化转型:智慧协同平台[J]. 中国物流与采购,2023(19):39-41.

[32] 李眉,庄文英. 数字化转型背景下供应链协同研究现状与发展分析[J]. 今日科苑,2023(2):46-54.

[33] 陈志松,方莉. 线上线下融合模式下考虑战略顾客行为的供应链协调研究[J]. 中国管理科学,2018,26(2):14-24.

[34] 李大坤. 数字化背景下制造企业供应链韧性提升路径研究[D]. 济南:山东大学,2023.

[35] 张树山,谷城.供应链数字化与供应链韧性[J/OL].财经研究:1-15[2024-03-29].https://doi.org/10.16538/j.cnki.jfe.20231017.101.

[36] 工业和信息化部信息技术发展司. 数字化供应链成熟度模型[S]. 2023.

[37] 中国物流与采购联合会. 企业采购供应链数字化成熟度模型[S]. 2023.

[38] 吕台欣,曾志宏,金勇. 场景化运用:物流供应链十二大创新科技及实战案例[M]. 北京:中国经济出版社,2023.

[39] 罗静. 实战供应链:业务梳理、系统设计与项目实战[M]. 北京:电子工业出版社,2022.

[40] 沈孟如,王书成,王喜富. 物联网与供应链[M]. 北京:电子工业出版社,2022.

[41] 唐隆基,潘永刚. 数字化供应链:转型升级路线与价值再造实践[M]. 北京:人民邮电出版社,2021.

[42] 施云. 智慧供应链架构:从商业到技术[M]. 北京:机械工业出版社,2022.

[43] 莫小泉,陈新生,王胜峰. 人工智能应用基础[M]. 北京:电子工业出版社,2021.8.

[44] 何黎明,孔丹,傅成玉,等. 供应链4.0:大数据和工业4.0驱动的效率革命[M]. 广州:广东经济出版社,2022.

[45] 陈晓曦. 数智物流:5G供应链重构的关键技术及案例[M]. 北京:中国经济出版社,2020.

[46] 朱传波,陈威如. 数智物流:柔性供应链激活新商机[M]. 北京:中信出版集团,2022.

[47] 朱传波. 物流与供应链管理:新商业、新链接、新物流[M]. 北京:机械工业出版社,2018.

[48] 马士华. 供应链管理[M]. 5版. 北京:机械工业出版社,2016.

[49] 刘宝红. 采购与供应链管理:一个实践者的角度[M]. 北京:机械工业出版社,2019.

[50] 于晓光. 计划与物流精益改善之道[M]. 北京:中华工商联合出版社,2020.

[51] 李志国. 博弈论与供应链管理[M]. 重庆:重庆大学出版社,2021.

[52] 江世英. 基于博弈论的绿色供应链定价及契约协调研究[M]. 上海:上海交通大学出版社,2021.

[53] 王国文. 区块供应链:流程架构体系与产业应用实践[M]. 北京:人民邮电出版社,2022.

[54] 宋华. 现代物流与供应链管理案例[M]. 北京:经济管理出版社,2003.

[55] 贾平. 供应链管理[M]. 北京:清华大学出版社,2011.

[56] 白光利,马岗. 未来供应链[M]. 北京:清华大学出版社,2023.

[57] 中国物流与采购联合会,中国物流学会. 中国物流发展报告(2017—2018)[M]. 北京:中国财富出版社,2018.

[58] 马越越,王维国. 中国物流业碳排放特征及其影响因素分析:基于LMDI分解技术[J]. 数学的实践与认知,2013,43(10):32-40.

[59] 中国物流与采购联合会. 2022国有企业采购供应链数字化成熟度评价模型[R]. 2022.

[60] 中国物流与采购联合会绿色物流分会. 中国绿色物流发展报告(2023)[R]. 2023.

[61] 罗戈研究. 2023中国低碳供应链&物流创新发展报告[R]. 2023.

[62] 任旭东. 5G时代边缘计算[M]. 北京:机械工业出版社,2021.

[63] 魏琴,欧阳智,袁华. 数融未来:图解大数据+产业融合[M]. 贵阳:贵州人民出版社,2018.

[64] 华为公司企业架构与变革管理部. 华为数字化转型之道[M]. 北京:机械工业出版社,2022.

[65] 杨国安. 数智革新[M]. 北京:中信出版集团,2021.

[66] 林雪萍. 供应链攻防战 从企业到国家的实力之争[M]. 北京:中信出版集团,2023.

[67] 柳荣,杨克亮,包立莉. 库存控制与供应链管理实务[M]. 北京:人民邮电出版社,2021.

[68] 王春强. 打造集成供应链:走出挂一漏十的改善困境[M]. 北京:中国青年出版社,2019.

[69] 刘宝红. 供应链的三道防线:需求预测、库存计划、供应链执行[M]. 北京:机械工业出版社,2022.

[70] 刘宝红. 需求预测和库存计划[M]. 北京:机械工业出版社,2020.